技術者のための
ねじの力学

― 材料力学と数値解析で解き明かす ―

工学博士　福岡俊道　著

コロナ社

まえがき

　ねじは，さまざまな機械構造物，機器類の締結にもっとも広く使用されている機械要素である。その一方で，破壊・破損事故の多くはねじ部から発生しており，1本のねじの破断が大事故につながることがある。これらの事故やトラブルのほとんどは，ねじを目標軸力で締め付けて，使用状態における軸力変化が設計段階で予測した値以下であれば防ぐことができる。そのためには締結部の形状と材料，使用状態に応じたねじの締め付け方法を選択しなければならない。また，ねじの破壊・破損を防止するためには，ねじのゆるみ現象，疲労強度の指標となる，ねじ谷底の応力振幅とその軽減方法に関する知識が不可欠である。

　従来のねじに関する研究は，実験と材料力学，さらには高度な弾性学を組み合わせるという手法が中心であった。コンピュータ解析による本格的なねじの研究は1960年代後半から始まり，CAE（computer aided engineering）が一般化した1990年代に入って実際の設計に応用できるレベルに到達したといえる。しかしながら，複雑な接触問題であるねじの力学特性は，昨今の高度な汎用構造解析用ソフトウェアを使用しても解明が困難なケースが多い。

　本書は，ねじ締結部の設計を担当する技術者，現場の締め付け作業を統括する技術者，ねじ部品の製造に携わる技術者まで，さまざまな形でねじに関わる技術者を対象として，従来の専門書では扱われていなかった現象も含めて，"壊れないねじ締結体"を設計するために必要な知識をまとめたものである。ねじ谷底に沿った応力や応力振幅の分布，多数のボルトを逐次締め付けたときに発生するボルト軸力のばらつき，接触熱抵抗を考慮したねじ締結体の詳細な熱・力学挙動など，高度なコンピュータ解析によってはじめて明らかにされた現象から，締め付け方法の選択，ゆるみの防止策など，通常の設計業務や現場の締め付け作業でしばしば直面する問題について可能な限り平易に解説してい

る。ねじの寸法・形状，使用目的，作用する荷重の形態は千差万別である。そのために，設計の段階で個々の締結部に応じてわずかな工夫を施すことにより，大幅に強度を改善できることがある。本書ではその点を考慮して，詳細な解析を実施することなしに，ねじ固有の現象を材料力学，伝熱工学などの初歩的な知識で理解できるように配慮している。また，技術者にとって，ねじ締結部の力学特性に関連するさまざまな因子の概略の数値を知っておくことは重要である。

　各章に設けた〈数値で学ぶ〉では，読者が理解を深めるために重要と思われる具体的な数値を紹介している。本書をまとめるにあたり，多数の研究論文，著書を引用させていただいたが，特に山本晃先生と酒井智次博士の著書は，全般にわたって参考にさせていただいたことを記しておきたい。

　ねじの力学を有限要素解析により解明するという課題は，三十数年前に大阪大学の濱田實先生からいただいたテーマである。研究の中核をなす数値解析手法については，当時，濱田研究室で助教授を務めておられた北川浩先生から懇切丁寧なご指導をいただいた。ミシガン大学の菊池昇先生には，文部省の在外研究員として受け入れていただき，滞在した期間は計算力学分野における当時の最先端研究に触れる貴重な機会となり，その後の研究を進める原動力となった。以上3名の先生方は，著者がこれまでねじの研究を続けてこられた恩人である。また，神戸商船大学（当時）の古川守先生には，数値解析による材料力学の研究分野に導いていただいた。本書に示した計算結果，実験結果の多くは，神戸大学海事科学研究科，神戸商船大学の設計加工システム学研究室に所属された卒業生，修了生の方々の研究業績と教職員のご協力に負うところが多い。本書をまとめる機会に，以上の皆様方に心からお礼を申し上げたい。

2015年8月

著　　者

記　　　　号

本書で取扱う記号とその意味について，以下にまとめる。

A：ボルト円筒部断面積，その他断面積
A_1, A_2, A_3：ねじの真の断面積（部分）
$A_{\mathrm{I}}, A_{\mathrm{II}}$：真直棒の断面積
A_{ap}, A_{re}：
　　　見かけの接触面積，真実接触面積
A_{cn}：接触面面積
A_e：おねじの真の断面積
A_{ex}, A_{in}：おねじ，めねじの断面積
A_f：被締結体の断面積
A_{fk}：ねじ面の接触面積
A_{ins}：めねじ内側の真の断面積
A_n：ナット座面面積
A_r：おねじ谷底の断面積
A_s：ねじの有効断面積
a, b：
　　　中空ボルト，中空軸の内半径，外半径
a_1, a_2：荷重分布を表すための定数
a_p：微小突起の接触面半径
B：ボルト頭部，ナットの平均直径
B_p：ボルトのピッチ円直径
b_1, b_2：接触面の近寄り量を表す定数
$C_1, C_2, C_3, C_4, C_5, C_{1n}, C_{2n}$：
　　　真の断面積を表す定数
c, c_1, c_2, c_3：定数
c_o, m_o：オストロフスキーの式の定数
c_{sp}：比熱
D, D_1, D_2：めねじの谷の径，内径，有効径
D_o：被締結体（円筒）の外径
d：おねじの外径，呼び径，丸棒の直径
d_1, d_2：おねじの谷の径，有効径

d_{bt}：ボトミングトルクの等価直径
d_c：ボトミングスタッド先端の直径
d_e：真の有効径
d_h：ボルト穴径
d_{nu}：ナット座面の等価摩擦直径
$d_r, d_{r|max}$：
　　　おねじ谷底の直径とその最大値
d_{rm}：リーマボルトの直径
d_s：有効断面積の直径
$E, E_{\mathrm{I}}, E_{\mathrm{II}}$：ヤング率
E_b, E_f：
　　　ボルト・ナット，被締結体のヤング率
E_{ex}, E_{in}：おねじ，めねじのヤング率
F：軸方向荷重，はめあいねじ部に作用
　　する荷重
$F_{0.2}$：0.2%耐力に対する軸力
F_b：ボルト軸力
F_{b1}, F_{b2}, F_{b3}：
　　　多数ボルト締結体のボルト軸力
F_{bi}：初期ボルト軸力
F_{bt}：ボトミングトルクによる圧縮力
F_c：外力による被締結体圧縮力の減少分
F_{cn}：ボルト穴底面に作用する圧縮力
F_f：油圧テンショナの目標軸力
F_i：ボルト i の初期軸力，ボルト i に
　　作用する力
F_i^N, F_i^μ：
　　　ボルト i が受け持つ支圧力と摩擦力
F_{inn}, F_{out}：T_{inn}, T_{out} により発生する軸力
F_n：面に作用する垂直力

記　号

F_{nu}, F_{hd}, F_{pl}:
　継手の接触面に作用する摩擦力
F_o, f_1, f_2: アウターナット締め付け時の軸方向力
F_{rm1}, F_{rm2}: リーマ面に垂直に作用する力
F_s: せん断力，せん断荷重
F_t: 油圧テンショナの初期張力
F_{th}: ボトミングスタッドねじ部に作用する軸力
F_z: へたりによる軸力低下量
f　: 曲げ振動の固有振動数
H　: とがり山の高さ
H_1: ひっかかり高さ
H_{nu}: ナットの高さ
H_V, H_{V1}, H_{V2}: ビッカース硬度
h　: 板厚，はりの高さ
h_c: 接触熱伝達率
h_{cv}: 対流熱伝達率
h_e: 見かけの接触熱伝達率
h_r: ふく射熱伝達率
I　: 断面2次モーメント
i　: ねじの条数，ボルト番号，固有振動の次数
K　: トルク係数
$\overline{K}$　: 拘束係数
K_{cn}, K_{th}, K_{nu}, K_{hd}, K_f:
　接触面剛性を表すばね定数
K_{inn}, K_{out}: インナーナット，アウターナットのトルク係数
k　: ばね定数，真直棒のばね定数
k_A, k_B: 平板と細円筒のばね定数
k_b: ボルト・ナット全体のばね定数
k_{bm}, k_{plc}, k_{ple}: せん断荷重を受ける締結部のばね定数
k_{cyl}: ボルト円筒部のばね定数
k_{ex}, k_{in}: おねじ，めねじ1山当りのばね定数
k_f, k_f^*: 被締結体のばね定数

k_{hd}: ボルト頭部のばね定数
k_n, k_t: 接触面剛性に起因するばね定数
k_s: 遊びねじ部のばね定数
k_{pt}: 引張荷重に対する被締結体ばね定数
k_{th}: はめあいねじ部のばね定数
k_{total}: ボルト締結体全体のばね定数
L　: ねじのリード，真直棒の長さ
L_1, L_2, L_a:
　偏心荷重が作用する締結体の各部寸法
L_{cyl}: ボルト円筒部の長さ
L_{ex}: 締結体端部の延長部分の長さ
L_f: グリップ長さ
L_{fk}: らせんの長さ
L_{hd}: ボルト頭部の等価長さ
L_s: 遊びねじ部の長さ
L_{th}: はめあいねじ部の等価長さ
$[K]$, $[M]$:
　剛性マトリクス，質量マトリクス
m　: 並列ボルト列数
m_h, n_h: 接触熱伝達率評価式の定数
N　: 外力の繰返し数，微小突起の数
n　: ボルト本数，ボルト列数，接触面の対応節点数
n_p: 1ピッチらせんモデルの軸方向分割数
P　: ねじのピッチ
p_m: 材料の塑性流動応力
p_n: 接触面面圧
p_{nu}: ナット座面面圧
p_t: せん断方向の応力
Q_{total}, Q_{th}, Q_{shk}, Q_{hd}, Q_f:
　ボルト締結体を流れる熱量
q　: 熱流束
R, S: Backの式の定数
$\{R\}$: 荷重ベクトル
Ra_1, Ra_2: 対応表面の算術平均粗さ
Rat: 対応表面の算術平均粗さRaの和
R_{cn}: 接触熱抵抗
R_i: ボルトiのせん断荷重分担率

記　号

R_i^N, R_i^μ：支圧力，摩擦力によるせん断荷重分担率
R_{rm}, R_μ：リーマ面と摩擦力よるせん断力分担率
Rzt：対応表面の最大高さ粗さ Rz の和
Rz_1, Rz_2：対応表面の最大高さ粗さ
r, r_1, r_2：半径座標
r_i：節点の半径座標
s, e：ボルト，ナットの二面幅と対角距離
T：温度
T_1, T_2：ねじ部トルク，ナット座面トルク
T_b, T_f：ボルト温度，被締結体温度
T_{bt}：ボトミングトルク
T_{inn}, T_{out}：インナーナット，アウターナットの締め付けトルク
T_l：ゆるめトルク
T_{l1}, T_{lbt}：ボトミングスタッドのゆるめトルク
T_{sng}：弾性域回転角法のスナグトルク
T_t：締め付けトルク
U：ひずみエネルギー
U_f：ねじ部の円周方向に作用する力
u：変位，真直棒の軸方向変位
$\{u\}, \{\ddot{u}\}$：変位ベクトル，加速度ベクトル
$\bar{u}$：ボルト円筒部に与える一様変位
$\bar{u}_{hd}, \bar{u}_{nu}$：ボルト頭部座面，ナット座面の平均変位
u_i：節点変位
$\bar{u}_{up}, \bar{u}_{dw}$：ボルト円筒部に与える一様変位
V：ナット座面が押しのけた体積
v：すべり速度
W：外力
W_{trq}, W_{th}, W_{nu}：締め付けエネルギー
w_{fk}：おねじとめねじの接触幅
Z：へたり係数
z：軸方向座標

α：ねじ山の角度，応力集中係数
α_1：フランク角（ねじ山半角）
α_1'：ねじ山直角断面のフランク角
$\alpha_\mathrm{I} \sim \alpha_\mathrm{IV}$：切欠き底の応力集中係数
α_b, α_f：ボルト・ナット，被締結体の線膨張係数
$\alpha_{ex}, \alpha_{ex\mathrm{I}}, \alpha_{ex\mathrm{II}}$：線膨張係数
β：ねじのリード角，切欠き係数
γ：張力法における有効張力係数
γ_c：接触比
ΔF_b：ボルト軸力変化量
Δr_i：節点間の平均幅
$\Delta T, \Delta T_\mathrm{I}, \Delta T_\mathrm{II}$：温度変化，温度差
$\Delta T_b, \Delta T_f$：ボルト，被締結体の温度変化
ΔT_e：対応表面間の温度差
ΔT_m：微小突起の平均温度上昇
$\Delta \sigma_b$：ボルト軸応力の変化量
$\Delta \sigma_f$：被締結体圧縮応力の変化量
$\Delta \sigma_{rm}$：温度差1℃当りの軸応力低下量
$\Delta \phi$：戻り回転角
δ：ボルトの伸び量，熱膨張量，熱収縮量
δ_{air}：空気層の厚さ
δ_b：ボルト・ナットの伸び
δ_c：リーマボルトのはめあい
δ_f：被締結体の縮み
δ_{pl}：油圧プラグ座面のすきま
δ_z：へたり量
ε^p：塑性ひずみ
ζ：接触面の近寄り量
ζ_{max}：接触面の最大近寄り量
ζ_t：接触面のせん断方向変形量
$\zeta_{th}, \zeta_{nu}, \zeta_{hd}, \zeta_f$：締結部各接触面の近寄り量
η：切欠き感度係数，単位回転角当りの発生軸力
η_3, η_4：三角ねじと四角ねじの効率
θ：角度，円周方向座標
$\theta_1 \sim \theta_6$：ねじ山形状を規定する角度

記　号

θ_{cn}：影響円すいの角度
θ_{tp}：ナット座面の傾斜角度
$\lambda, \lambda_1, \lambda_2$：熱伝導率
λ_{air}：空気の熱伝導率
λ_i：i次モードの固有値
μ, μ_r, μ_θ：摩擦係数
μ_{ith}, μ_{inu}：インナーナット締め付け時の摩擦係数
μ_{oth}, μ_{onu}：アウターナット締め付け時の摩擦係数
μ_{th}, μ_{nu}：ねじ面とナット座面の摩擦係数
ν：ポアソン比
ρ：おねじ谷底の丸み半径
ρ_{dn}：密度
$\rho_{max}, \rho_{n|max}$：ρ, ρ_nの上限値
ρ_n：めねじ谷底の丸み半径
ρ_{th}, ρ_{th}'：
　　四角ねじと三角ねじのねじ面摩擦角
σ：応力，真応力，熱応力
$\bar{\sigma}$：ミーゼス応力
$\sigma_1, \sigma_2, \sigma_3$：主応力の3成分
σ_I, σ_{II}：棒I，棒IIに発生する熱応力

σ_a：応力振幅
σ_B：引張強さ
σ_b：ボルト軸応力
σ_{bi}：初期ボルト軸応力
σ_{bnd}：ボルトに発生する曲げ応力
$\sigma_{IN}, \sigma_{OUT}$：
　　半径方向のボルト表面軸方向応力
σ_L, σ_R：
　　円周方向のボルト表面軸方向応力
σ_{max}：切欠き底に発生する最大応力
$\bar{\sigma}_{max}$：最大ミーゼス応力
σ_n：切欠き断面の平均応力
σ_{th}：ボルトねじ部の引張応力
σ_Y：降伏応力
σ_w：疲労限度
σ_{w0}：平滑試験片の疲労限度
σ_z：軸方向応力
τ：せん断応力
τ_{th}：ねじ部トルクによるせん断応力
τ_w：せん断応力の疲労限度
ϕ：ナット回転角
ϕ_u：内力係数（内外力比）

目　　次

1.　ねじの規格と種類

1.1　ねじとねじ研究の小史 …………………………………………………… 1
1.2　ねじ山の形状と使用目的 ………………………………………………… 3
1.3　ね　じ　の　規　格 ……………………………………………………… 5
　1.3.1　ねじの標準規格 ……………………………………………………… 5
　1.3.2　ねじの基準山形 ……………………………………………………… 6
1.4　ねじのピッチと条数 ……………………………………………………… 9
　1.4.1　つる巻線の数式表示 ………………………………………………… 9
　1.4.2　並目ねじと細目ねじ ………………………………………………… 10
　1.4.3　ねじの条数とリード角 ……………………………………………… 11
　1.4.4　おねじとめねじの接触面積 ………………………………………… 14
　1.4.5　ねじ部品の非相似性 ………………………………………………… 15
1.5　ねじの締め付け形態とねじ部品 ………………………………………… 16
　1.5.1　ボルト・ナットと植込みボルト …………………………………… 16
　1.5.2　ねじの力学特性に影響する幾何学的因子 ………………………… 18
　1.5.3　被締結体界面の面圧分布と影響円すい ……………………………… 20
1.6　ねじ材料の強度と熱・力学特性 ………………………………………… 21
　1.6.1　ねじ部品の材料 ……………………………………………………… 21
　1.6.2　材料の選択と考慮すべき因子 ……………………………………… 26

2.　ねじの基本

2.1　ねじの強度 ………………………………………………………………… 27

2.1.1　ねじ部品の破壊・破損の発生箇所 …………………………… 27
　2.1.2　締め付け時の強度 …………………………………………………… 28
　2.1.3　使用状態における強度 ……………………………………………… 29
　2.1.4　ボルト締結体の力学と摩擦係数 …………………………………… 31
2.2　ねじの剛性 ……………………………………………………………… 33
　2.2.1　ボルト締結体の剛性と力学挙動 …………………………………… 33
　2.2.2　一次元ばねモデルによる剛性の評価 ……………………………… 36
　2.2.3　はめあいねじ部とボルト頭部の等価長さ ………………………… 38
　2.2.4　被締結体の圧縮剛性 ………………………………………………… 41
　2.2.5　有限要素解析によるボルト締結体のばね定数の評価 …………… 46
　2.2.6　ボルト締結体各部のばね定数と力学挙動 ………………………… 52
2.3　ねじの真の断面形状 …………………………………………………… 53
　2.3.1　三角ねじの断面形状 ………………………………………………… 53
　2.3.2　さまざまなねじの断面形状 ………………………………………… 56
2.4　ねじの真の断面積 ……………………………………………………… 58
2.5　ねじ山のらせん形状を再現した有限要素モデル ………………… 61
　2.5.1　種々のらせんモデル作成方法 ……………………………………… 61
　2.5.2　断面の数式表示を用いたらせんモデルの作成 …………………… 63
2.6　ボルト締結体と接触面剛性 …………………………………………… 66
　2.6.1　界面における接触面剛性 …………………………………………… 66
　2.6.2　法線方向と接線方向の接触面剛性 ………………………………… 68
　2.6.3　法線方向剛性の簡易計算式 ………………………………………… 69
2.7　ボルト締結体と接触熱抵抗 …………………………………………… 70

3．ねじの締め付けの力学

3.1　各種締め付け方法とその特性比較 …………………………………… 73
3.2　トルク法 ………………………………………………………………… 76
　3.2.1　トルク－軸力関係式 ………………………………………………… 76
　3.2.2　トルク－軸力関係の簡易式と摩擦係数 …………………………… 81
　3.2.3　トルク法の長所と締め付け精度に影響する因子 ………………… 83

3.2.4	ねじの自立条件と効率 ………………………………………	88
3.2.5	軸力，トルク，摩擦係数の測定方法 …………………………	90
3.2.6	締め付けトルク解放時の軸力とトルクの挙動 ………………	93
3.2.7	ボトミングスタッドの締め付け特性と強度 …………………	95
3.2.8	ボルト締め付け時の強度 ………………………………………	98

3.3 弾性域回転角法 ……………………………………………………… 100
   3.3.1 締め付け原理 ………………………………………………… 100
   3.3.2 表面粗さを考慮した軸力－回転角関係式 ………………… 103
   3.3.3 適用範囲と締め付け指針 …………………………………… 105

3.4 張 力 法 ……………………………………………………………… 108
   3.4.1 締め付け原理 ………………………………………………… 108
   3.4.2 有効張力係数 ………………………………………………… 110
   3.4.3 表面粗さと着座トルクの影響 ……………………………… 112
   3.4.4 適用範囲と締め付け指針 …………………………………… 115

3.5 熱 膨 張 法 …………………………………………………………… 117
   3.5.1 締め付け原理 ………………………………………………… 117
   3.5.2 締結部形状を簡略化した締め付けモデル ………………… 119
   3.5.3 軸力－加熱温度関係式 ……………………………………… 120
   3.5.4 適用範囲と締め付け指針 …………………………………… 122

3.6 多数ボルトの逐次締め付けと弾性相互作用 ……………………… 125
   3.6.1 ボルトの締め付けと弾性相互作用 ………………………… 125
   3.6.2 締結部形状と弾性相互作用 ………………………………… 127
   3.6.3 軸力のばらつきの推定と最適な締め付け手順 …………… 129

3.7 ねじの締め付けに要するエネルギー ……………………………… 132
   3.7.1 トルク法における締め付けエネルギー …………………… 132
   3.7.2 締め付けエネルギーに影響する因子 ……………………… 135

4. ねじの静的強度と疲労強度

4.1 はめあいねじ部の荷重分布とねじ山荷重分担率 ………………… 137
   4.1.1 ボルト・ナットにおける荷重分布 ………………………… 137

x　目　　次

- 4.1.2　アイボルト，アイナットにおける荷重分布 …………… 139
- 4.1.3　有限要素法によるねじ山荷重分担率の解析 …………… 141

4.2　ねじの静的強度と応力集中 …………………………………… 143
- 4.2.1　応力集中と応力集中係数 …………………………………… 143
- 4.2.2　ねじ部品における応力集中 ………………………………… 145
- 4.2.3　ねじ谷底の応力集中現象 …………………………………… 146
- 4.2.4　ねじ谷底応力集中の定量的評価 …………………………… 148
- 4.2.5　応力集中とねじの塑性変形 ………………………………… 150
- 4.2.6　ねじ谷底応力集中の軽減方法 ……………………………… 155

4.3　ねじ谷底に沿った応力分布 …………………………………… 157
- 4.3.1　ボルト・ナット締結体の応力集中 ………………………… 157
- 4.3.2　ねじのピッチと条数の影響 ………………………………… 161
- 4.3.3　本体側はめあいねじ部の応力集中 ………………………… 163

4.4　ねじの疲労破壊 ………………………………………………… 166
- 4.4.1　金属疲労と応力振幅 ………………………………………… 166
- 4.4.2　ねじ部品における疲労破壊 ………………………………… 169
- 4.4.3　ねじの疲労強度に影響する因子 …………………………… 170

4.5　ねじの疲労強度の評価方法 …………………………………… 175
- 4.5.1　ボルト締め付け線図の概要 ………………………………… 175
- 4.5.2　ボルト締め付け線図の問題点 ……………………………… 177
- 4.5.3　有限要素解析による締め付け線図の検証 ………………… 179
- 4.5.4　ボルト軸力－外力線図 ……………………………………… 182
- 4.5.5　ねじの疲労強度と応力振幅の推定方法 …………………… 183

4.6　被締結体界面の離隔と応力振幅 ……………………………… 185
- 4.6.1　偏心外力を受ける締結部の応力振幅 ……………………… 185
- 4.6.2　有限要素解析による界面離隔現象の検証 ………………… 188

4.7　ねじ谷底に沿った応力振幅 …………………………………… 190
- 4.7.1　ねじ山らせんモデルによる解析 …………………………… 190
- 4.7.2　ボルト・ナット締結体の応力振幅特性と疲労破壊 ……… 191
- 4.7.3　本体側はめあいねじ部の応力振幅特性と疲労破壊 ……… 194
- 4.7.4　応力振幅と塑性変形 ………………………………………… 199

4.8　ねじの疲労強度の向上策 …………………………………………… 201

5.　熱負荷を受けるボルト締結体

5.1　ボルト締結体の熱・力学挙動の基礎 ………………………………… 208
　　5.1.1　熱変形と熱応力 …………………………………………… 208
　　5.1.2　ボルト軸力変化の発生メカニズム ……………………… 211
　　5.1.3　ボルト軸力変化の簡易推定式 …………………………… 213
5.2　接触面を伝わる熱の評価方法 ………………………………………… 216
　　5.2.1　接触熱伝達率の測定方法 ………………………………… 216
　　5.2.2　同種材界面における接触熱伝達率 ……………………… 217
　　5.2.3　異材界面における接触熱伝達率 ………………………… 219
5.3　小さなすきまを流れる熱の評価方法 ………………………………… 220
5.4　ボルト締結体における接触熱伝達率と見かけの接触熱伝達率 …… 222
5.5　有限要素法による熱・力学挙動の解析 ……………………………… 224
　　5.5.1　軸対称モデルによる熱・力学特性の評価 ……………… 224
　　5.5.2　三次元モデルによる熱・力学特性の評価 ……………… 227
5.6　ねじの焼き付き ………………………………………………………… 231
　　5.6.1　焼き付きが発生しやすい条件 …………………………… 231
　　5.6.2　焼き付きの発生に関する一仮説 ………………………… 233

6.　ねじのゆるみ

6.1　回転ゆるみと非回転ゆるみ …………………………………………… 236
6.2　ゆるみが発生しやすい締結部 ………………………………………… 236
6.3　回転ゆるみによる軸力低下 …………………………………………… 238
　　6.3.1　回転ゆるみの発生メカニズム …………………………… 238
　　6.3.2　ナットの戻り回転と軸力低下 …………………………… 242
　　6.3.3　回転ゆるみの防止策 ……………………………………… 243

- 6.4 非回転ゆるみによる軸力低下 …………………………………… 246
  - 6.4.1 非回転ゆるみの発生メカニズム ……………………………… 246
  - 6.4.2 へたり量の推定方法 …………………………………………… 248
  - 6.4.3 へたりによる軸力低下 ………………………………………… 250
  - 6.4.4 非回転ゆるみの抑止策 ………………………………………… 253
  - 6.4.5 締結部の熱膨張差によるゆるみ ……………………………… 254

7. 管フランジ締結体の熱・力学挙動

- 7.1 管フランジ締結体固有の力学特性と熱挙動 …………………… 256
- 7.2 ガスケットの圧縮特性とフランジローテーション …………… 257
- 7.3 ガスケット圧縮特性の温度依存性 ……………………………… 258
- 7.4 有限要素法による運転時とシャットダウン時の挙動解析 …… 260

8. ねじのトラブル事例から学ぶ ―原因の究明と解決策―

- 8.1 はじめに ………………………………………………………… 263
- 8.2 JIS方式大型車ホイールボルトの構造と疲労破壊 ……………… 264
  - 8.2.1 車輪脱落事故の概要 …………………………………………… 264
  - 8.2.2 締結部の構造，締め付け方法とねじ部品の疲労破壊 ……… 265
  - 8.2.3 締め付け過程の力学と問題点 ………………………………… 267
  - 8.2.4 軸力と摩擦係数のばらつきとその軽減方法 ………………… 271
  - 8.2.5 ホイールボルトの応力振幅の測定 …………………………… 274
  - 8.2.6 ホイールボルトの応力振幅の有限要素解析 ………………… 277
  - 8.2.7 トルク制御機能付き多軸同時締め付け装置の開発 ………… 278
- 8.3 ジェットコースター車軸の疲労破壊 …………………………… 280
- 8.4 せん断荷重を受ける多数ボルト締結体の力学特性 …………… 282
  - 8.4.1 摩擦接合と支圧接合された多数ボルト締結体 ……………… 282
  - 8.4.2 支圧接合におけるせん断荷重の伝達メカニズム …………… 283
  - 8.4.3 支圧接合された多数ボルト締結体の有限要素解析 ………… 284

	8.4.4 ばねモデルによるせん断荷重分担率の評価 ………………	288
8.5	フランジ形固定軸継手用リーマボルトの強度と負荷特性 ………	290
	8.5.1 リーマボルトの形状と破断現象 ………………………	290
	8.5.2 リーマボルトの力学特性と問題点 ……………………	291
	8.5.3 せん断力分担率と曲げ応力 ……………………………	293
	8.5.4 リーマ部のはめあい，摩擦係数，軸応力の影響 ……	294
	8.5.5 軸力のばらつきとミスアライメントの影響 …………	296
8.6	冷やしばめによるリーマボルトの締め付け …………………	298
	8.6.1 締め付け方法と問題点 …………………………………	298
	8.6.2 温度上昇による軸力低下量の推定 ……………………	299
	8.6.3 締め付け指針の提案 ……………………………………	303
8.7	油圧機器用シールプラグのシール性能 ………………………	304
	8.7.1 プラグの締め付け特性と形状誤差 ……………………	304
	8.7.2 座面面圧の分布特性とシール性能 ……………………	306
	8.7.3 一次元ばねモデルによる動的効果の評価 ……………	307
8.8	ボルト締結体の固有振動解析 …………………………………	309
	8.8.1 ボルト軸力と固有振動数 ………………………………	309
	8.8.2 接触面剛性を考慮した固有振動解析 …………………	311
8.9	ボルト締結体の効率的な有限要素解析 ………………………	313
	8.9.1 ボルト締結体の有限要素モデル ………………………	313
	8.9.2 はめあいねじ部の簡易モデル …………………………	317
	8.9.3 軸力発生を目的とした二次元ボルトモデル …………	318
	8.9.4 対称性の活用による計算効率の改善 …………………	319

あとがき―むすびにかえて ………………………………………… 322

引用・参考文献 ……………………………………………………… 323

索　　引 ……………………………………………………………… 333

1 ねじの規格と種類

1.1 ねじとねじ研究の小史

　ねじの歴史は古く，その起源は紀元前のアルキメデスのねじポンプにまでさかのぼるといわれている。その後，ねじプレスなど木製の大型運動用ねじが使われるようになり，16世紀になると金属製のねじが登場する。日本にねじが持ち込まれたのは，1541年に種子島に鉄砲が伝来したときであり，当時の鉄砲鍛冶は尾栓部分に使われていたねじの加工に苦労したと伝えられている。

　1800年代の産業革命の時代になると，イギリスのモーズレー（H. Maudslay）は，旋盤を用いた近代的な方法によるねじの加工に成功している。モーズレーの工場で働いていたクレメンテ（J. Clement）は，めねじを切削できるタップを考案した。モーズレーの弟子であるウィットウォース（J. Whitworth）は，産業革命初期の1841年，ねじの規格を初めて提案した「近代ねじの父」と呼べる人物である。その頃に考案されたねじ切り旋盤は，現在のものとほとんど形式が同じであり，運動伝達用，締結用ねじの大量生産が可能となった。ねじの転造盤は，1851年にイギリスのブルーマン（Broomann）によって設計され，1938年にはドイツのPW社によって現在のようなねじ転造盤が製作されている。ねじの詳しい歴史については，文献1），2）などに解説されているので参考にしていただきたい。

　本書の目的は，安全で効率的な締結部を設計するために，ねじの力学をできる限り平易に解説することである。以下に，その基礎となったねじの研究がどのように進展してきたのか，時代を追って簡単に振り返ってみたい。

　ねじが壊れるおもな原因は金属疲労である。金属疲労の研究は，**S–N 曲線**で

有名なヴェーラー（A. Wöhler）によって1860年頃から始められた。締結用ねじの疲労強度については1930年代にツーム（A. Thum）によって開始された。わが国では『ねじ接手の疲れ』として昭和18年に翻訳書が出版されている[3]。ねじ部品の疲労強度の評価方法として，今日広く使用されているボルト締め付け線図の考え方は，レッチャー（F. Rötcher）の書物[4]に記載されたのが始まりである。レッチャーは，ボルトの締め付け力によって被締結体界面に面圧が及ぶ範囲について**影響円すい**という考え方を提案している。ティモシェンコ（S.P. Timoshenko）とともに，材料力学分野における歴史的名著『Theory of Elasticity』の共著者として有名なグーディア（J.N. Goodier）は，ボルト・ナットのはめあいねじ部における特徴的な荷重分布を，ナット外表面の変位の測定値に弾性論を適用して求めている[5]。Sopwithは弾性論によるねじの研究をさらに発展させ，はめあいねじ部の荷重分布を改善できるナット形状を提案した[6]。

わが国では1970年代になると，今日につながる特筆すべき研究が発表されるようになった。沢らは，三次元弾性論の高度な応用により，一連の研究を通してはめあいねじ部，ボルト頭部の等価長さをはじめ，ねじ締結体のさまざまな力学特性を明らかにしている[7]。大滝は，複素応力関数を用いてねじ谷底の応力集中[8]，疲労強度[9]に及ぼす呼び径やピッチなど諸因子の影響を明らかにしている。丸山は，数値解析による先駆的な研究として，はめあいねじ部の形状を考慮した解析モデルを用いて，ポイントマッチング法と有限要素法を併用して応力分布を求め，ねじ谷底の応力集中を定量的に評価している[10]。同じくBretlらは，はめあいねじ部を層状の有限要素に置き換えて荷重分布を求めている[11]。Millerら[12]は，本書でも扱う**ばねモデル**を用いてはめあいねじ部の荷重分布を計算する方法を提案している。田中らは，接触問題を扱うことができる有限要素法の一解析手法を提案して，ねじ締結体のさまざまな力学特性を解析し[13]，ばねモデルを用いて，各ねじ山が受け持つ荷重の割合を計算している[14]。

実験によりねじの応力分布を求めた研究としては，応力凍結法光弾性実験によって，さまざまな形状のナットの荷重分布を明らかにしたHetenyiの報告[15]

がある。Hetenyi の研究成果は，はめあいねじ部の荷重分布の平滑化とねじ谷底の応力集中の緩和を目指して，今日までさまざまな形状のナットが考案されるようになった出発点といえる。実際のねじ部品におけるねじ谷底の応力は，銅めっき法と呼ばれる手法により求められている。丸山[10),16)]は，有限要素法により求めたねじ谷底の応力集中係数を実験値と比較しており，清家ら[17)]は，ねじ谷底の最大応力がナット座面から 2/3 ピッチ離れたおねじ谷底で発生するという結果を得ている。

　欧米では，ねじで締め付けた締結部を **bolted joints** と呼び，一つの研究分野として位置付けられている。ねじの基本的な形状や使い方は，産業革命の時代からさほど大きく変化していないにもかかわらず，ねじに関する研究は世界各国で継続的に進められている。その第一の理由は，ねじ部品に作用する荷重が，とどまることなく厳しくなり続けているためである。

1.2　ねじ山の形状と使用目的

　ねじは，使用目的から**締結用ねじ**と**運動伝達用ねじ**に大別される。ボルト・ナットなどほとんどのねじ部品は，機械や構造物を構成する多数の部品を締結するために使用されている。これに対して運動伝達用ねじは，ねじ山のらせん形状を利用して運動を伝達する。運動伝達用ねじには，ジャッキのようにねじの斜面を利用して大きな力を発生することを目的としたねじ，および工作機械の送りねじのように，回転運動を直線運動に変換できる機能を利用したねじがある。寸法計測に使用されるマイクロメータは，大きな回転角を軸方向の小さな動きに変換して，10 μm の精度で測定が可能であり，ディジタル表示タイプでは 1 μm まで計測できるものがある。

　図 1.1 は，さまざまな形状のねじを示している。**三角ねじ**（triangular screw thread）は，締結用としてもっとも広く使用されているねじである。これに対して**台形ねじ**（trapezoidal screw thread）は運動伝達用に使用される。欧米では運動伝達用のねじを **power screw** と呼ぶことがある[18)]。ねじ山の形状と用

4 　1. ねじの規格と種類

　　(a) 三角ねじ　　(b) 台形ねじ　　(c) 管用平行ねじ（おねじ）

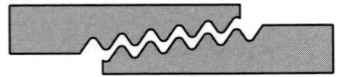

(d) 管用テーパねじ

(e) 四角ねじ　　(f) 丸ねじ　　(g) のこ歯ねじ

図1.1　各種ねじ山の形状

途の関係は3.2.4項で詳述するが，簡単に説明すると，三角ねじは，ゆるみにくいため締結用に，台形ねじや四角ねじは，ねじの効率が高いので運動伝達用として使用される。**管用ねじ**（くだよう）(pipe thread) には**管用平行ねじ**（parallel pipe thread）と**管用テーパねじ**（taper pipe thread）がある。前者は管状構造物の機械的な接合，後者は内部流体のシールなど耐密性が必要な配管の締結部に使用される。管用テーパねじの場合，ねじ山は1/16テーパに沿って切られており，おねじをめねじにねじ込んでいくことにより，ねじ面を密着させる。管用ねじの形状は三角ねじに近いが，**ねじ山の角度**（thread angle）が，三角ねじの60°に対して55°である。

そのほかの形状のねじとして，**四角ねじ**（square thread），**丸ねじ**（round thread），**のこ歯ねじ**（buttress thread）などがある。ねじ山形状が正方形の四角ねじは，台形ねじに比べてねじの効率がさらに高い。しかしながら加工が難しいために，ねじ面に5°程度の傾斜を設けて製作されることがある[18]。丸ねじは，台形ねじの**山の頂**（crest）とねじ**谷底**（root）に大きなアールを付けたねじである。ねじ谷底の応力集中は小さくなるが，ねじ山のひっかかり高さが小さくなるという欠点がある。のこ歯ねじは，ねじ山の形状が左右非対称で，のこぎりの歯のような形状をしており，片側から大きな力が作用する場合に使用される。のこ歯ねじのねじ面には，四角ねじと同じ理由で7°程度の傾斜を

付けることがある[18]）。

　米国の国家規格である **ANSI**（American National Standards Institute）では，台形ねじと類似の形状を持つ**アクメねじ**（Acme thread）や，のこ歯ねじなど，動力伝達用のねじが規格化されている。図 1.1 には示していないが，**タッピンねじ**（tapping screw）は，三角形のねじ山を持つ締結用ねじ部品の一種であり，本体にめねじを加工（タップ立て）しながら締め付けていくおねじである。締め付け対象が木材や金属の薄板など，めねじが加工しやすく，効率の高い締め付け作業が要求される締結部に使用される。タッピンねじの締め付け過程は，めねじを加工するためのねじ込みトルク，頭部を着座させて締結力を発生する締め付けトルク，タッピンねじが破断する締め付け破断トルクの 3 種類のトルクによって評価される[19]）。締め付け作業の観点からは，少々締めすぎても破断しないように，ねじ込みトルクに対して破断トルクが大きいことが望まれる。上記のねじは，いずれも JIS において規格化されている。

　本書では，締結用ねじ部品としてもっとも広く使用されている，ねじ山形状が三角形のボルト・ナットを中心に解説する。

1.3　ねじの規格

1.3.1　ねじの標準規格

　ねじに関するさまざまな規格は，**日本工業規格**（Japanese Industrial Standards, **JIS**）において詳細に規定されている。ねじは，あらゆる機械構造物，機器類に対して共通に使用されることから，規格に関してもっとも国際的な整合性が必要とされる機械要素である。ねじの JIS 規格は，ほとんどの点において**国際標準化機構**（International Organization for Standardization, **ISO**）が制定している ISO 規格に対応しているが，ISO と完全に一致させることが困難なため，対応する ISO 規格との整合性の程度が示されている。以上の状況から，ねじの JIS 規格は重要な点において ISO 規格に対応しているので，本書では JIS 規格を中心に解説する。

ねじには寸法の表示方法により，**メートルねじ**（metric thread）と**インチねじ**（inch thread）がある。通常のねじはメートルねじであるが，配管を中心に使用されている管用ねじはインチねじである。それ以外のインチねじとして，JIS B 0206 と JIS B 0208 に**ユニファイねじ**（unified thread）の規格が示されている。ユニファイねじは航空機などに使用されている。

1.3.2　ねじの基準山形

図 1.2 は JIS B 0205 に規定されている一般用メートルねじの**基準山形**（basic profile）を示している。

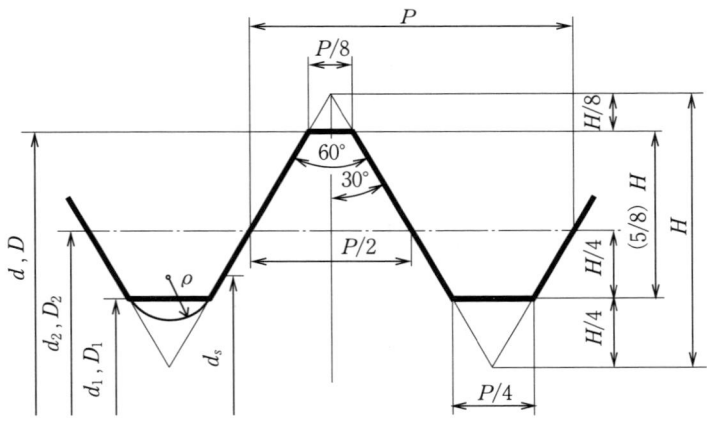

図 1.2　三角ねじの基準山形

おねじ（external thread）は円柱，円すいの外表面に加工されるねじ，**めねじ**（internal thread）は円筒，中空円すいの内表面に加工されるねじの総称である。**おねじの外径**（major diameter of external thread）d は，**めねじの谷の径**（major diameter of internal thread）D に等しく，ねじの寸法を示す基本的な数値であり，**呼び径**（nominal diameter）と呼ばれている。おねじとめねじの**有効径**（pitch diameter）d_2，D_2 は，ねじ溝の幅がねじ山の幅に等しい仮想的な直径であり，ねじ山の強度評価や，ねじの**つる巻線**（helix）の角度である**リード角**（lead angle）の算出などに使用される。また，**おねじの谷の径**

(minor diameter of external thread) d_1 は，**めねじの内径**（minor diameter of internal thread）D_1 と等しい．三角ねじの各部の寸法は，呼び径 d，正三角形である**とがり山の高さ**（fundamental triangle height）H，**ピッチ**（pitch）P を用いて，以下の式で表すことができる．

$$H = \frac{\sqrt{3}}{2}P = 0.8660P \tag{1.1}$$

$$d_2 = D_2 = d - \frac{3}{4}H = d - 0.6495P \tag{1.2}$$

$$d_1 = D_1 = d - \frac{5}{4}H = d - 1.083P \tag{1.3}$$

$$H_1 = \frac{5}{8}H \tag{1.4}$$

ピッチ P は，隣のねじ山との対応する2点間の距離，H_1 は，おねじとめねじがかみ合っている基準の**ひっかかり高さ**（basic thread overlap）である．ねじ山は，らせん状に切欠きが連続しているので，その形状を考慮した厳密な強度評価式を導くことは困難である．そこで，強度が問題となるおねじについては，JIS B 1082 に示された**有効断面積**（stress area）A_s を持つ円柱に置き換えて応力や剛性を評価する．

$$\begin{aligned}A_s &= \frac{\pi}{4}\left(\frac{d_2+d_3}{2}\right)^2 \\ &= \frac{\pi}{4}d_s^2 = 0.7854(d-0.9382P)^2\end{aligned} \tag{1.5}$$

d_3 は，丸み半径を $H/6$ としたときのねじ谷底における直径と一致する．ここで，強度評価の基準となる d_s を**有効断面積の直径**と呼ぶこととする．d_s は呼び径 d とピッチ P から算出できる．

$$d_s = d - 0.9382P \tag{1.6}$$

式 (1.6) を式 (1.2)，式 (1.3) と比較すると，d_s は谷の径 d_1 と有効径 d_2 の間に位置することがわかる．d_s の位置は図 1.2 中に示している．

ねじの谷底は鋭い切欠きとなっているために，大きな応力集中が発生する．そこで，応力集中を緩和するために適当な大きさの丸みが設けられている．お

1. ねじの規格と種類

ねじ谷底の**丸み半径**（root radius）ρ について，1.6.1 項で説明する強度区分が 8.8 以上の場合，JIS B 0209-1 では，$0.125P$ より大きくとるように推奨している。

$$\rho \geqq 0.125P \tag{1.7}$$

図 1.3 は JIS B 0216 で規定されているメートル台形ねじの基準山形を示している。ねじ山の角度は，三角ねじの 60° に対して 30° である。図 1.4 は JIS B 0202 と JIS B 0203 に規定されている管用平行ねじと管用テーパねじの基準山形である。管用ねじの場合，1.2 節で説明したように，ねじ山の角度は三角ねじよりやや小さい 55° であり，管用テーパねじでは，軸方向に 1/16 のテーパが付けられている。

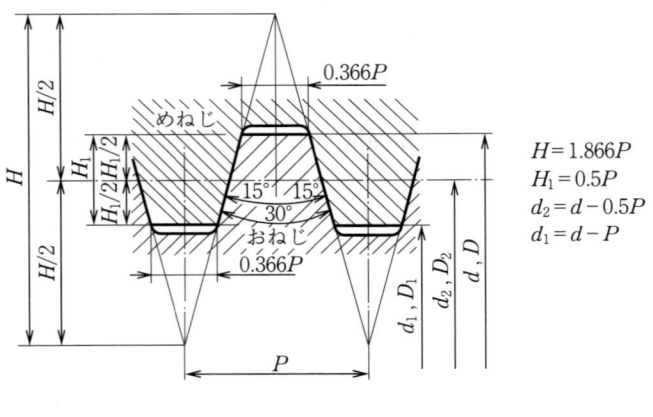

図 1.3　台形ねじの基準山形

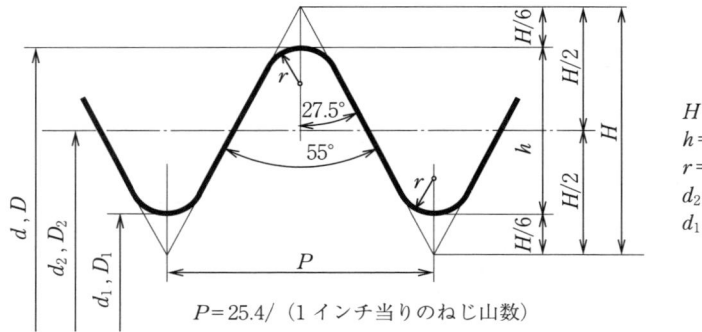

(a) 管用平行ねじ

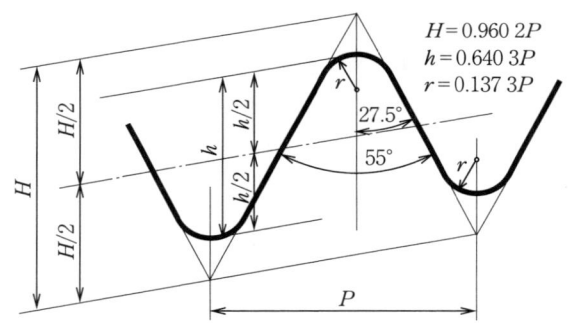

(b) 管用テーパねじ

図1.4 管用平行ねじ，管用テーパねじの基準山形

1.4 ねじのピッチと条数

1.4.1 つる巻線の数式表示

ねじのつる巻線である**らせん**の形状は，らせんの直径を d として，以下の式で表すことができる[20]。

$$x = \frac{d}{2}\cos\theta, \quad y = \frac{d}{2}\sin\theta, \quad z = \frac{d}{2}\theta\tan\beta \tag{1.8}$$

図1.5は式（1.8）を用いて描いたらせんである。直径 d の円柱に直角を挟

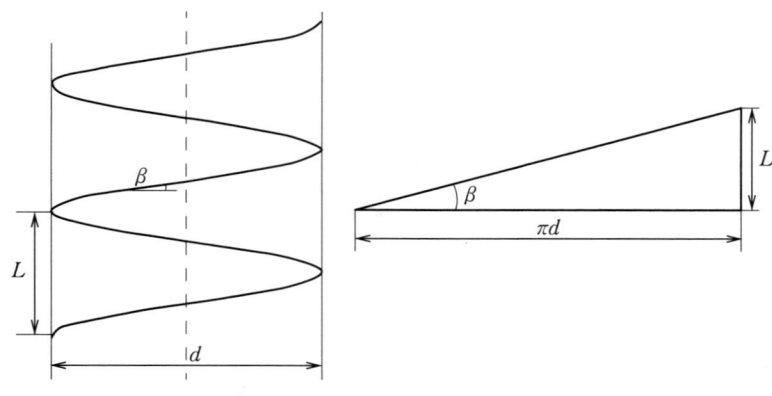

図 1.5 らせんのリードとリード角

む 2 辺の長さが πd と L の直角三角形を巻き付けると，三角形の斜面がらせんとなる．らせんが 1 回転するときに進む距離を**リード**（lead）L，らせんと水平面がなす角を**リード角**（lead angle）β と呼ぶ．d と L と β の関係は次式のとおりである．

$$\tan\beta = \frac{L}{\pi d} \tag{1.9}$$

1.4.2 並目ねじと細目ねじ

ねじ部品は，三角形，台形，四角形など基本となる図形を，円筒，円すいの外表面，内表面に，らせん状に巻き付けたものである．例えば，管用テーパねじのおねじは，中空円すいの外表面に三角形を巻き付けたものである．ねじの種類は 1.2 節で紹介したねじ山の形状だけでなく，ピッチの大きさと条数によっても分類できる．ピッチ P の大きさにより，**並目ねじ**（coarse thread）と**細目ねじ**（fine pitch thread）がある．**図 1.6** に示すように，並目ねじは，ある呼び径 d に対して標準的に使用されるピッチを持つねじであり，細目ねじはそれよりピッチが小さいねじである．

例えば，M16 の場合，並目ねじのピッチは 2 mm，細目ねじのピッチは 1.5 mm と 1 mm である．細目ねじはリード角 β が小さくゆるみにくいので，

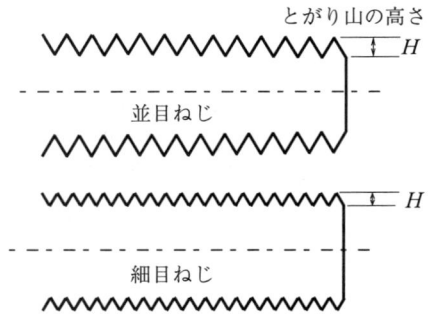

図1.6 並目ねじと細目ねじ

使用条件の厳しい締結部に使用されるケースが多い．並目ねじと細目ねじはピッチの大きさが異なるのみで，図1.2に示した基準山形は同じである．したがって，とがり山の高さ H など各部の寸法は，いずれのねじも式（1.1）〜（1.4）から求められる．強度について，細目ねじはピッチが小さいためにひっかかり高さ H_1 が小さくなり，ねじ山のせん断強度が低くなる場合がある．一方，使用するナットの高さが同じ場合，1.4.4項で示すように，おねじとめねじが接触している圧力側フランクの総面積に大きな差はない．

1.4.3 ねじの条数とリード角

ねじのリードは，ねじを1回転させたときに進む距離であり，図1.5では L が対応している．一般的なねじでは，1回転させると軸方向に1ピッチ進むので，リード L はピッチ P に等しい．このようなねじは**1条ねじ**（single-start thread，single-thread screw）と呼ばれる．これに対して，1回転で2ピッチ進むねじは**2条ねじ**（double-start thread，double-thread screw），3ピッチ進むねじは**3条ねじ**と呼ばれており，まとめて**多条ねじ**（multi-start thread，multiple-thread screw）と呼称される．

図**1.7**は，1条ねじ，2条ねじのおねじの形状を示している．両者のピッチ P は同じであるが，条数が2倍になるとリードが2倍となるため，ねじの斜面の傾きが大きくなっている．

ねじ面の傾斜角度は，図1.5に示したようにリード角と呼ばれている．リー

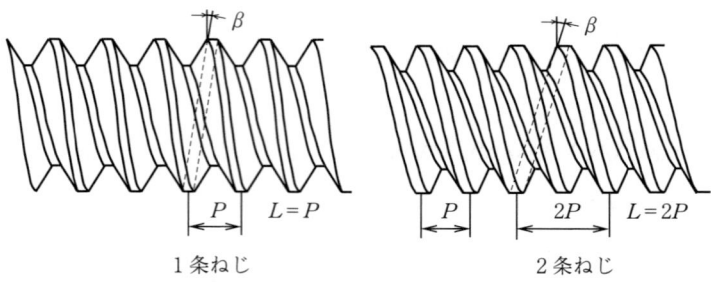

図1.7　1条ねじと2条ねじ

ドLは，ねじの条数iとピッチPの積に等しいことから，ねじのリード角βは，式（1.9）と同じ形の式で計算できる。

$$\tan\beta = \frac{iP}{\pi d_2} \tag{1.10}$$

上述のように，リード角βは，通常，有効径d_2に対して計算される。ねじ面の円周方向の傾斜角度であるβは，おねじでは外径dから谷の径d_1に向かって増加する。したがって，ねじ山の形状を厳密に考慮するためには，βが半径方向にわずかながら変化する点に注意する必要がある。例えば，M16の並目ねじはピッチPが2mmであり，外径d=16 mm，有効径d_2=14.701 mm，谷の径d_1=13.835 mmに対するリード角は，1条ねじでは，それぞれ2.28°，2.48°，2.63°である。リード角が小さい場合は，$\tan\beta \approx \beta$とみなすことができる。したがって，多条ねじのリード角βは，条数iにほぼ比例して増加するので，少ない回転数で軸方向に大きく移動させることができる。その特性を利用して，例えば，短時間で閉止しなければならないプラントの緊急遮断弁では，送りねじに多条ねじを使用することがある。化粧品のキャップに多条ねじを使用すると，少ない回転数で開閉が可能となるので利便性が向上する。

　上記のように，多条ねじはリード角が大きいことに起因してさまざまな特性を有している。三角ねじが四角ねじや台形ねじに比べてゆるみにくく，同時にねじの効率が低いのは3.2.4項で解説するように，ねじ面が軸直角断面に対して30°傾いていることによる。また，ねじの効率はリード角が大きいほど高く

なる。そこで，高いねじ効率と適度なゆるみにくさを持つ**多条の三角ねじ**の特性を利用した運動伝達・静止機構を考案することにより，多条ねじの適用範囲の拡大が期待できる。

〈数値で学ぶ 1.1〉 ねじの各部寸法とリード角

ねじの各部寸法の例として，M6，M10，M12，M16 の並目ねじと細目ねじ，および M30，M64 の並目ねじについて，呼び径 d，ピッチ P，とがり山の高さ H，有効径 d_2，谷の径 d_1，有効断面積の直径 d_s，リード角 β を**表 1.1** に示す。

表 1.1 ねじの呼びと各部の寸法（β の単位は（°），それ以外は mm）

	M6	M10	M12	M16	M30	M64
d	6	10	12	16	30	64
P（並目）	1	1.5	1.75	2	3.5	6
H	0.866	1.299	1.516	1.732	3.031	5.196
d_2	5.350	9.026	10.863	14.701	27.727	60.103
d_1	4.917	8.376	10.106	13.835	26.211	57.505
d_s	5.062	8.593	10.358	14.124	26.716	58.371
β	3.405	3.028	2.935	2.480	2.301	1.820

	M6	M10		M12		M16	
d	6	10	10	12	12	16	16
P（細目）	0.75	1.25	1	1.5	1.25	1.5	1
H	0.650	1.083	0.866	1.299	1.083	1.299	0.866
d_2	5.513	9.188	9.350	11.026	11.188	15.026	15.350
d_1	5.188	8.647	8.917	10.376	10.647	14.376	14.917
d_s	5.296	8.827	9.062	10.593	10.827	14.593	15.062
β	2.480	2.480	1.950	2.480	2.037	1.820	1.188

〈数値で学ぶ 1.2〉 多条ねじのリード角

M10 と M16 の並目ねじについて，有効径 d_2 の位置における 1 条ねじから 7 条ねじのリード角 β を**表 1.2** に示す。

表 1.2 ねじの条数とリード角（単位は（°））

条数 i	1	2	3	4	5	6	7
M10	3.028	6.039	9.018	11.948	14.816	17.610	20.320
M16	2.480	4.950	7.402	9.827	12.217	14.565	16.864

1.4.4　おねじとめねじの接触面積

ねじ山を形成する三角形の二つの辺には，おねじとめねじが接触する**圧力側フランク**（pressure flank）と，通常の，はめあい状態では接触しない**遊び側フランク**（clearance flank）がある。ここでは，"おねじとめねじの接触長さ"と圧力側フランクの総面積である"ねじ面の接触面積"の計算式を示し，ねじのピッチ，ねじの条数 i との関係を考察する。

おねじとめねじの接触幅 w_{fk} は，式（1.4）のひっかかり高さ H_1 とねじ山の角度 α の半分の**フランク角**（flank angle）α_1 から求められる。

$$w_{fk} = \frac{H_1}{\cos \alpha_1} = \frac{5}{8} P \tag{1.11}$$

ナットの高さ（thickness of nut）を H_{nu} とすると，ねじ面の有効径 d_2 上のらせんの長さ L_{fk} は，次式で表される。

$$L_{fk} = \frac{H_{nu}}{iP} \sqrt{(iP)^2 + (\pi d_2)^2} \times i = \frac{H_{nu}}{P} \sqrt{(iP)^2 + (\pi d_2)^2} \tag{1.12}$$

簡単のために，ねじ面の接触面積 A_{fk} は w_{fk} と L_{fk} の積として計算する。

$$A_{fk} = w_{fk} L_{fk} = \frac{5}{8} H_{nu} \sqrt{(iP)^2 + (\pi d_2)^2} \tag{1.13}$$

〈数値で学ぶ 1.3〉　**ねじ面の接触面積**

M16 の $P = 2\,\text{mm}$ の並目ねじと，$P = 1.5\,\text{mm}$，$1\,\text{mm}$ の細目ねじの接触面積を比較する。ナットの高さを $13\,\text{mm}$ とすると，らせんの長さ L_{fk} は，式（1.12）より $300.5\,\text{mm}$，$409.3\,\text{mm}$，$627.0\,\text{mm}$ となり，ピッチにほぼ反比例して大きくなる。接触幅 w_{fk} は，式（1.11）から明らかなようにピッチに比例して大きくなる。

その結果，ねじ面の接触面積 A_{fk} は，$375.6\,\text{mm}^2$，$383.7\,\text{mm}^2$，$391.9\,\text{mm}^2$ と，ピッチが小さくなるとやや大きくなる程度である。また，多条ねじである2条ねじ，3条ねじの A_{fk} は $376.7\,\text{mm}^2$，$378.4\,\text{mm}^2$ である。この A_{fk} は，7条ねじの場合でも $392.1\,\text{mm}^2$ であり，条数の影響は小さいといえる。

以上の結果から，ねじ面の接触面積 A_{fk} について，並目ねじと細目ねじ，1条ねじと多条ねじの間で大きな差はないといえる。

1.4.5 ねじ部品の非相似性

三角ねじの基準山形は，図1.2に示したように，呼び径に関係なくすべて相似である．一方，ボルト・ナットなど**ねじ部品**（threaded fastener）は，呼び径が異なると，ほとんどの場合において相似ではない．**図1.8**は，M6 ～ M64 までの並目ねじのおねじについて，ピッチの大きさを同じ長さで描いて形状を比較したものである．ピッチ P と呼び径 d の比 P/d は，呼び径が大きくなるほど小さくなっている．その結果，表1.1に示したように，リード角 β は呼び径 d が大きいほど小さい．また，呼び径が等しい場合，細目ねじのピッチは並目ねじに比べて小さいためにリード角は小さくなる．したがって，並目ねじの間で比較すると，呼び径が大きくなるほど"細目"になるといえる．

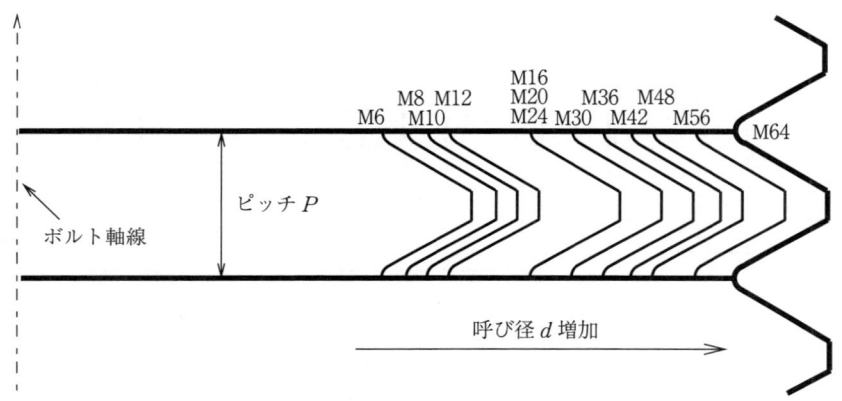

図1.8　ピッチと呼び径の比とねじ部品の形状

一方，呼び径が異なっても P/d の値が同じ場合がある．並目ねじのM16, M20, M24 については，ピッチと呼び径の比 P/d がすべて0.125である．これらのねじでは，図1.8から明らかなように，各部の寸法比が等しいとねじ部品としても相似となる．

ところで，少し呼び径の小さいM12は，P/d が0.146であるため，ねじ部品としての形状はM16, M20, M24とかなり異なる．その影響は，4.2.5項で解説するボルト締め付け時の塑性域の広がりの差として現れる．

1.5 ねじの締め付け形態とねじ部品

1.5.1 ボルト・ナットと植込みボルト

ボルトとナットは，もっとも広く使用されているねじ部品である．両者はペアで使用され，ナット座面とボルト頭部座面の間に挿入した部品を締め付ける．ねじ部品から圧縮力を受けて締め付けられた部品の集合体を**被締結体**（fastened plates）と呼ぶ．従来，被締結体の厚さの合計は，締め付け長さと呼ばれていたが，現在，JISでは**グリップ長さ**（grip length）と定義している．

図 1.9 に代表的なねじの締め付け形態を示す．

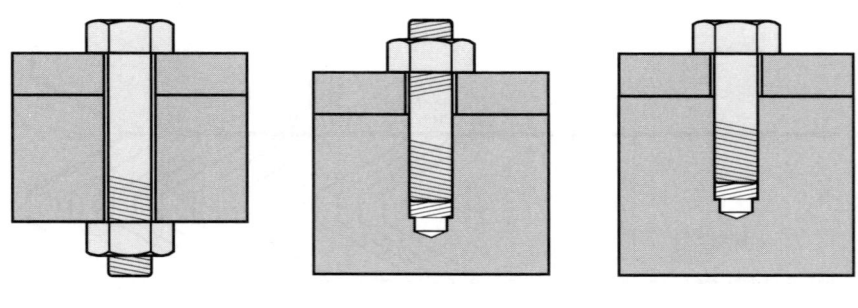

（a） 通しボルト　　　（b） 植込みボルト　　　（c） ねじ込みボルト

図 1.9　代表的なねじの締め付け形態

ボルトとナットを組み合わせた使い方は**通しボルト**（through bolt）と呼ばれる．一方，厚い板を大きな機械構造物の本体に締め付ける場合，締結部の形状などさまざまな制限からナットが使用できないことがある．そのような場合，丸棒の両端にねじを切った**植込みボルト**（stud）が使用される．植込みボルトは，長いほうのねじ部を本体に加工しためねじ部分に植え込み，短いほうのねじ部にナットを装着してトルク法などにより締め付ける．また，作業性などの観点から，本体側のめねじに通常の六角ボルトをねじ込んで締め付けることがある．この場合のボルトは**ねじ込みボルト**（tap bolt）と呼ばれる．

本書では，本体に加工しためねじは**本体側めねじ**，おねじとめねじがかみ合った部分を**本体側はめあいねじ部**と呼称する．本体側めねじは剛性が高く加工が困難であるため，ナットに比べて寸法精度が低く，強度も低めとなるケースが多い．その対策として，本体側はめあいねじ部の長さは，ボルト・ナットに比べて大きめにとる．通常のナットの高さ H_{nu} は，ボルト呼び径 d の 0.8 倍程度である．これに対して，JIS B 1173 に規定された植込みボルトの場合，植込み側の長さは本体が鋳鋼，鍛鋼，ステンレス鋼など炭素鋼系材料の場合は $1.25d$，鋳鉄などの場合は $1.5d$，軽合金などやわらかい材料の場合は $2d$ 程度である．植込みボルトとねじ込みボルトの用途は基本的に同じであるが，以下に示した長所と短所を考慮して使い分ける．

（1） 植込みボルト

長所：ナットにトルクを与えて締め付ける過程において，他端の本体側はめあいねじ部では，円周方向の相対すべりが発生しないので，めねじが損傷しにくい．

短所：締め付け作業の工数が多くなるため，ねじ込みボルトに比べて作業効率が低い．締結部開放時の戻り回転を避けるために，植込みボルトの不完全ねじ部を本体側めねじに押し込むと，その周辺に高い応力集中が発生することがある．この問題を避けために，3.2.7 項で説明するボルトの先端をボルト穴底面に押し付ける**ボトミングスタッド**と呼ばれる使用方法がある．

（2） ねじ込みボルト

長所：通常の六角ボルトを使用してボルト頭部にトルクを与えて締め付けるので，作業効率が高い．

短所：本体側めねじとの間に相対すべりが発生するので，ねじ面を損傷する可能性がある．

1.5.2 ねじの力学特性に影響する幾何学的因子

六角ボルト（hexagon head bolt）と**六角ナット**（hexagon nut）の寸法・形状はそれぞれ，JIS B 1180 と JIS B 1181 に規定されている。六角ナットの種類は，並目ねじと細目ねじの両方に対してスタイル 1 とスタイル 2 があり，部品等級 C については並目ねじのみである。また，ナットの高さの低い**六角低ナット**（hexagon thin nut）も規定されている。座面形状については**図 1.10**（a），（b）に示す両面取りと座付きの 2 種類が規定されている。これらのナットと以前の規格で存在した図 1.10（c）の片面取りのナットを比較すると，片面取りの場合，直角に接触するナット外縁と被締結体表面の"あたり"の影響により，同じトルクを与えたときに軸力が低めになるという事例が報告されている。なお，六角低ナットには両面取りと面取りなしがある。六角ボルトと六角ナットに関する強度計算や数値解析を実施する場合，ボルト頭部あるいはナットの六角形を，その**二面幅**（width across flat）s と**対角距離**（width across corner）e の平均値 B を直径とする円に置き換えることがある。

$$B = \frac{s+e}{2} \tag{1.14}$$

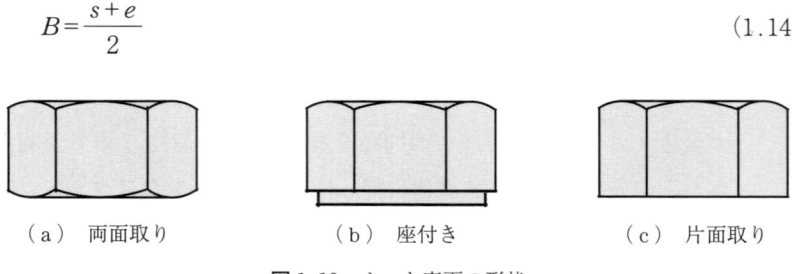

（a）両面取り　　　（b）座付き　　　（c）片面取り

図 1.10 ナット座面の形状

実際にボルト・ナットを使用する場合，**図 1.11** に示すナット座面やボルト頭部座面の平行度，ナット側面やボルト頭部側面の直角度，ボルト穴径の大きさなどが力学特性に影響する。ボルトとナットの形状誤差については前述の JIS 規格，ボルト穴径 d_h については JIS B 1001 に定められている。

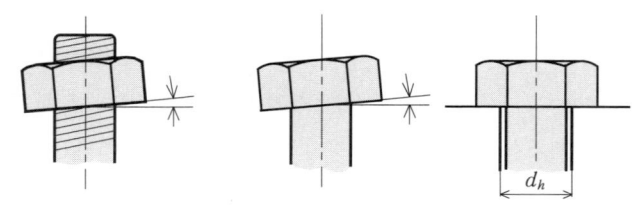

1.5 ねじの締め付け形態とねじ部品

（a）ナット座面　　（b）ボルト頭部座面　　（c）ボルト穴径

図1.11 座面の平行度とボルト穴径

　平行度と直角度の誤差については，等級により1°あるいは2°以内と規定されている。これらの形状誤差が大きくなると，被締結体表面と片当りとなり，座面の損傷やボルトに発生する曲げ応力が問題となることがある。ナット座面については，塑性加工上の問題から，中心に向かって小さなテーパが設けられているケースがある。その場合，はめあいねじ部の軸方向剛性が変化するために，ねじ谷底の応力集中が変化する。さらに，トルク法で締め付ける過程では，ナット軸心側で座面と被締結体表面が接触しないために，回転に伴う摩擦力がナット座面の外縁寄りに作用することがある。その結果，**ナット座面の等価摩擦直径**が大きくなるので，同じトルクに対して発生するボルト軸力が低くなる。また，ボルト軸力の増加に伴ってナット座面の実質的な接触面積が大きくなることから，上記の現象はボルト軸力の大きさによって変化する非線形問題である。この問題については3.2.3項で詳しく解説する。

　ボルト穴径 d_h については，同じ呼び径のボルト・ナットに対して，1級，2級，3級のなかから選択できる。穴径の大きい3級はボルトの装着が容易であり，はめあいねじ部がたわむことによる軸方向変形に対する拘束が小さいので，ナット座面に近いボルト第1ねじ谷底の応力集中は低めとなる。穴径が1級の場合，ボルトの位置精度は高くなるが，反対にねじ谷底の応力集中は高くなる。また，締結部が熱負荷を受ける場合，すきまが小さいために，2.7節で述べるように，空気層を介してボルトに熱が伝わりやすい。

1.5.3 被締結体界面の面圧分布と影響円すい

図 1.12 (a) ～ (c) は，ボルト・ナットを用いて 2 枚の中空円筒を締め付けた場合について，円筒の外径 D_o と被締結体界面における面圧分布の関係を示したものである。図 1.12 (a) のように，被締結体の外径 D_o が小さく，ボルト頭部の平均直径 B とあまり変わらない場合は**細円筒**（thin cylinder）と呼ばれ，界面の面圧はほぼ一様となる。

図 1.12 (c) のように D_o が大きくなると，面圧は被締結体の外縁まで作用しない。この状態は**平板**（plate）と分類されており，面圧が作用する**影響円すい**（pressure cone）の角度 θ_{cn} は，有限要素解析によると 40°前後の値となる[21]。この場合，面圧はボルト穴周辺で最大となり，外縁に向かってやや下に凸の三角形状に分布する。図 1.12 (b) は両者の中間の状態で**太円筒**（thick cylinder）と呼ばれる。

本体側はめあいねじ部では，被締結体と本体が構成する接触面とねじ部が隣接しており，めねじは直径が無限大のナットとみなすことができるので，図 1.13 (a) のように特徴的な面圧分布を示す。影響円すいの角度 θ_{cn} はボルト・ナットの場合とほぼ同じであるが，面圧はボルト穴周辺でかなり高く，周

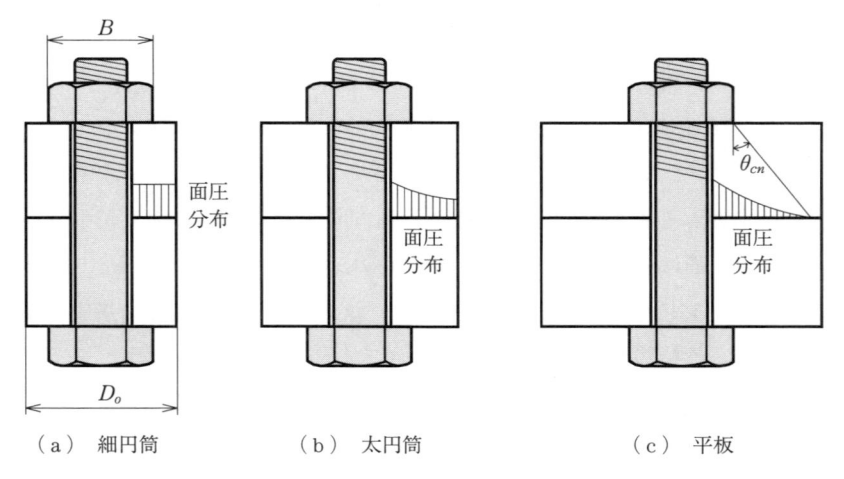

（a） 細円筒　　　（b） 太円筒　　　（c） 平板

図 1.12 被締結体界面の面圧分布形態

(a) 本体側はめあいねじ部

(b) 有限要素解析による面圧分布

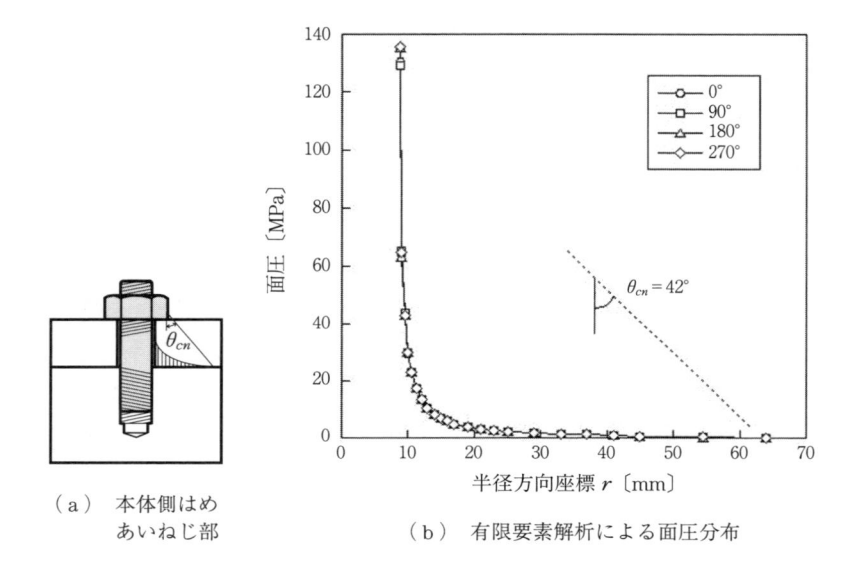

図 1.13 本体側はめあいねじ部の面圧分布

辺に向かって指数関数的に急激に低下する。図 1.13（b）は有限要素解析により得られた面圧分布を示しており，この場合の θ_{cn} は約 42°である[21]。

解析には 2.5 節で解説する，ねじ山らせんモデルを用いている。図中のパラメータ，0°，90°，180°，270°は，接触面において円周方向に 90°離れた 4 か所の座面位置を示しているが，その影響はほとんど見られない。図 1.12 と図 1.13 に示した面圧分布パターンの違いは，外力を受けたときのボルト・ナット締結体と，本体側はめあいねじ部の力学挙動が異なることの原因の一つと考えられる。

1.6 ねじ材料の強度と熱・力学特性

1.6.1 ねじ部品の材料

ねじ部品の材料は，炭素鋼をはじめとして合金鋼，ステンレス鋼，アルミニウム合金，真ちゅう，チタン，ニッケル基耐熱合金からプラスチックまで多岐

にわたっている。ねじの材料を選択する場合，機械的特性，熱特性，耐食性などが判断基準となる。

ねじの材料としてもっとも広く使用されているのは炭素鋼，合金鋼など鉄鋼系の材料である。炭素鋼，合金鋼に限ると，炭素の含有率，ニッケル，クロム，モリブデンなどの含有率に関係なく，材料の剛性を表す**ヤング率**（Young's modulus）E は，200 GPa 程度，**ポアソン比**（Poisson's ratio）ν は，0.3 前後である。これに対して，材料の**引張強さ**（tensile strength）σ_B と**降伏応力**（yield stress）σ_Y は大きく異なる。σ_B と σ_Y は材料強度の指標であり，ねじ部品では一つの数値で表される。引張強さ σ_B は，およそ 400 MPa の軟鋼から高強度鋼の 1 200 MPa まで，広範囲にわたっている。例えば，4.6 という表示は，最初の数字 4 は，σ_B が 400 MPa であることを表す。σ_Y は σ_B に小数点以下の数字 0.6 を乗じた 240 MPa となる。したがって，強度区分が 4.8 の材料は，σ_B は同じで，σ_Y のみ 320 MPa となる。工業的には 4.6，4.8 に加えて 8.8，10.9 クラスのボルトが広く使用されている。ボルトとナットの材料の組合せについて，JIS B 1052 によると，両者の強度区分がほぼ同じとなるように選択することが推奨されている。

ステンレス鋼にはオーステナイト系，マルテンサイト系，析出硬化系などの種類がある。このうち SUS304 に代表されるオーステナイト系ステンレス鋼は，防食性が高く，周囲温度が高温，低温いずれの場合にも広く使用されている。

ヤング率とポアソン比は炭素鋼と大きな差はない。一方，熱負荷に対する挙動を左右する**熱伝導率**（thermal conductivity）λ は，炭素鋼の約 1/3 と非常に小さく，反対に**線膨張係数**（coefficient of linear expansion）α_{ex} は，約 1.5 倍とかなり大きい。このようなステンレス鋼の熱特性は，熱負荷を受けた場合にゆるみ，過大なボルト軸力，ナット座面面圧の増加，ねじ面やナット座面の焼き付きが発生しやすいことを示唆している。

アルミニウム合金は，純粋なアルミニウムの強度不足を補うために工業用に広く使用されており，**密度**（density）ρ_{dn} が炭素鋼の 1/3 を少し超える程度の軽金属である。剛性を表すヤング率 E は，炭素鋼の約 1/3 の約 70 GPa と，か

なり小さい．また，熱伝導率は炭素鋼のほぼ2.5倍，線膨張係数は約2倍であり，熱を通しやすく伸びやすいために，熱負荷に対して特徴的な挙動を示す．代表的なアルミニウム合金としてジュラルミンと呼ばれるA2024，A7075などがある．引張強さは炭素鋼並みであるが，高温では強度が大きく低下するので注意を要する．

チタンおよびチタン合金は，密度が炭素鋼の約60％であることから軽合金に分類されている．耐食性が高く，生体と反応しにくいので，めがねのフレームをはじめとして医療用に広く使用されている．一方，素材が高価で加工が困難なために，工業用ねじ部品としての用途は限定されている．しかしながら，ヤング率が100 GPaを少し超える程度で炭素鋼の約半分であるため，ボルトとして使用すると同じ寸法の炭素鋼製ボルトに対して2倍伸びやすく，「繰返し荷重を受けた場合の応力振幅が小さくなる」という特徴を有している．熱特性に関して，チタン，チタン合金とも，常温における線膨張係数は炭素鋼の0.7〜0.8倍程度とかなり小さい．熱伝導率について，常温環境の純チタンはステンレス鋼よりやや大きい．広く使われているチタン合金 Ti-6Al-4V は強度が高く，常温の熱伝導率は純チタンの1/3程度であるが，温度が上昇すると常温のステンレス鋼並みの値となり，温度依存性が高い．以上の特性から，チタンはステンレス鋼製のねじ部品よりもさらに焼き付きやすいといわれている．しかしながら，低ヤング率と低線膨張係数という特性をうまく利用すれば，ねじ部品としての適用範囲が拡大すると考えられる．

非鉄金属のねじを用いる場合の注意点として，材料の引張強さと，ねじ部品として使用したときの強度が必ずしも対応しない点が挙げられる．マグネシウム合金，アルミニウム合金，純チタンをボルト材料として使用した場合，純チタンの引張強さは，ほかの材料に比べて1.5倍程度高いが，ねじ部品として使用すると，純チタンボルトよりマグネシウム合金ボルトの締め付け強度のほうが高いという報告がある[22]．

表1.3は，ねじ部品の代表的な材料である炭素鋼，オーステナイト系ステンレス鋼，チタン，チタン合金のヤング率 E，ポアソン比 ν の温度依存性を考

表1.3 ねじ材料の力学特性

炭素鋼

温度〔K〕	293	373	473	573	673	773
E〔MPa〕	206 584	201 576	195 500	188 209	180 153	170 284
ν	0.279	0.28	0.29	0.292	0.295	0.298

オーステナイト系ステンレス鋼

温度〔K〕	297	422	533	583	755	866
E〔MPa〕	195 020	188 160	182 280	176 400	156 800	147 980
ν	0.25	0.27	0.32	0.32	0.27	0.29

チタン

温度〔K〕	300	473	673	873
E〔MPa〕	110 000	98 067	86 299	71 589
ν	0.323	0.335	0.345	0.359

チタン合金

温度〔K〕	300	473	673	873
E〔MPa〕	112 210	104 931	93 163	78 453
ν	0.301	0.305	0.31	0.322

アルミニウム合金

温度〔K〕	300
E〔MPa〕	73 108
ν	0.331

慮した値,同じく**表1.4**は,線膨張係数 α_{ex},熱伝導率 λ,密度 ρ_{dn},**比熱**(specific heat) c_{sp} の値をまとめたものである[23)~26)]。

参考までに,アルミニウム合金の常温の値も示している。熱定数は基本的に文献24)を参照したが,SUS304の線膨張係数については旧版の文献25)から大きく変わっており,例えば,常温の値については前者の 17.3×10^{-6} に対して,後者では 13.6×10^{-6} となっている。両者の数値の違いは,熱負荷を受けたときのボルト軸力変化やゆるみ,ナット座面面圧などを評価する場合,非常に大きな差が生じるので注意を要する。線膨張係数に関する問題については,後述の〈数値で学ぶ5.2〉と〈数値で学ぶ6.5〉において具体的な数値を示す。

表1.4 ねじ材料の熱特性

炭素鋼

温度〔K〕	300	500	800
α_{ex}〔1/K〕 $\times 10^{-6}$	11.8	12.3	14.2
λ〔W/mK〕	51.5	47.2	36.8
ρ_{dn}〔kg/m³〕	7 850	7 800	7 700
c_{sp}〔J/kgK〕	473	520	665

オーステナイト系ステンレス鋼

温度〔K〕	300	400	600	800	1 000
α_{ex}〔1/K〕 $\times 10^{-6}$	17.3	17.4	17.8	18.4	19.1
λ〔W/mK〕	16.0	16.5	19.0	22.5	25.7
ρ_{dn}〔kg/m³〕	7 920	7 890	7 810	7 730	7 640
c_{sp}〔J/kgK〕	499	511	556	620	644

チタン

温度〔K〕	300	600	800	1 000	1 200
α_{ex}〔1/K〕 $\times 10^{-6}$	8.7	10.4	11.1	11.5	11.3
λ〔W/mK〕	21.9	19.4	19.7	20.7	22
ρ_{dn}〔kg/m³〕	4 506	4 467	4 439	4 409	4 385
c_{sp}〔J/kgK〕	522	610	674	732	700

チタン合金

温度〔K〕	300	500	800
α_{ex}〔1/K〕 $\times 10^{-6}$	8.95	10.3	11.4
λ〔W/mK〕	7.6	11.1	17.2
ρ_{dn}〔kg/m³〕	4 420	4 340	4 350
c_{sp}〔J/kgK〕	537	557	655

アルミニウム合金

温度〔K〕	300
α_{ex}〔1/K〕 $\times 10^{-6}$	23.2
λ〔W/mK〕	120
ρ_{dn}〔kg/m³〕	2 770
c_{sp}〔J/kgK〕	880

炭素鋼や合金鋼のねじを高温環境で使用する場合の参考資料として，JIS B 1051の付属書Aに，強度区分が5.6～12.9のねじを対象として，常温環境から300℃までの0.2%耐力の値が示されている．また，高温環境で使用される

管(くだ)フランジ（pipe flange）の締め付けボルトには，耐熱性を向上させたクロムモリブデン鋼系の合金鋼である SNB7 が広く使用されている。

1.6.2　材料の選択と考慮すべき因子

　ねじの材料を選択する場合，前項で取り上げた強度，剛性，熱特性のほかに，耐食性など使用環境に対する抵抗力も重要な因子である。また，ねじの加工性は，通常の環境で使用されるねじでも問題となるケースがある。例えば，機械構造物の本体にめねじを加工する場合，ねじ部品であるボルト・ナットに比べて，加工の難しさから，ねじ山形状の寸法精度が低くなる。特に加工対象物の強度が高い場合，めねじの形状誤差が大きくなるために，高強度材料を使用したにもかかわらず，締結部全体の強度を改善できないことがある。ボルト・ナットなど，通常のねじ部品は転造により製造される。しかしながら，呼び径の大きいねじや塑性加工による製造が困難な材料の場合，切削加工により製作することがある。このような切削ねじは，転造ねじに比べて強度が低くなる。

　ねじの材料を選択する場合，強度については引張強さと降伏応力に加えて破断までに吸収できるひずみエネルギーを考慮する必要がある。この値は，応力－ひずみ曲線を破断点まで積分した面積として表される。ねじ部品が延性材料の場合，降伏応力や引張強さがあまり高くない材料でも，破断までに大きく変形するので，吸収できるひずみエネルギーは大きい。一方，高強度材料の場合は比較的小さなひずみで破断するために，吸収できるエネルギーが小さくなることがある。以上の点から，予想を超えた大きな荷重が作用すると，ねじ部品が延性材料の場合は大きく塑性変形しながらも締結部にとどまり，高強度材料の場合は完全に破断して締結部の機能を喪失することがある。

2　ねじの基本

2.1　ねじの強度

2.1.1　ねじ部品の破壊・破損の発生箇所

　図2.1は，ねじ締結部において破壊・破損が発生しやすい箇所を示したものである。ボルト・ナット締結体の場合，ボルトの破断はナット座面にもっとも近いボルト第1ねじ谷底，ねじの切り上げ部，ボルト頭部首下で発生するケースが多い。これに対して本体側はめあいねじ部では，めねじの一番奥の谷

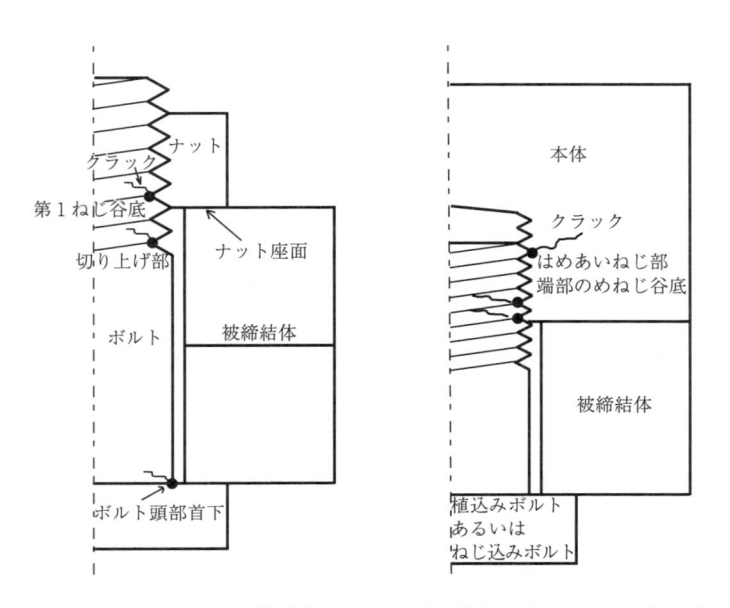

（a）ボルト・ナット締結体　　（b）植込みボルト，ねじ込みボルト

図2.1　ねじ部品における破壊・破損の発生位置

底から発生したき裂による事故例が報告されている。いずれも金属疲労による破壊であり，運転時の繰返し応力によって発生する。

一方，ボルトを締め付ける段階，特にトルク法を用いる場合は，"締めすぎ"によりねじ部が大きく塑性変形し，使用不能あるいは破断に至ることがある。塑性変形はボルト第1ねじ谷底周辺から発生するが，その後の塑性域の広がりの関係から，最終的には**遊びねじ部**（unengaged threads）の中央付近から破断するケースが多い。ねじの応力集中と疲労破壊については，塑性変形も含めて4章で解説する。

締結部の小型軽量化を目的として，近年，ねじ部品に高強度材料を使用する傾向がある。その場合，ねじ部品に発生する応力値だけでなく，ナット座面面圧に注意する必要がある。面圧が高すぎると，被締結体の表面付近が大きく塑性変形して座面が陥没する。ねじ部品に比べて被締結体材料の強度が低い場合，特に注意する必要がある。ナット座面において許容される限界面圧は，炭素鋼やクロムモリブデン鋼では引張強さよりも小さいが，鋳鉄では逆に大きくなる。また，同じ材料でも硬度によって変化し，周囲温度が高くなると許容限界面圧は低下する。さまざまな材料に対する限界面圧の具体的な数値は文献27）にまとめられている。

限界面圧から決定したナット座面の平均面圧にボルト円筒部断面積とナット座面面積の比を乗じると，座面面圧を基準としたボルト軸応力の許容値が算出できる。ここで，両断面積の比は，呼び径とボルト穴径の等級によってかなり変化するため，具体的な数値を油圧テンショナの締め付け過程を扱った3.4.3項で示す。

2.1.2　締め付け時の強度

ねじ部品を締め付けるときの目標値は，**ボルト軸力**（bolt force, bolt preload）あるいは**ボルト軸応力**（bolt stress）である。ボルト・ナットを用いて締め付ける場合，ボルトは引張力によって伸び，被締結体はその反力である圧縮力により縮む。

ねじ部品はさまざまな方法により締め付けられる。例えば，油圧テンショナを用いる場合，締め付け過程において目標軸力より高い張力を与える。本来必要であるボルト軸力以外の荷重が作用するケースもある。もっとも広く使用されているトルク法の場合，ボルトには軸力のほかに，ねじりモーメントが作用する。そのため，高い応力集中が発生するねじの谷底では，ボルト軸応力が材料の降伏応力よりかなり低い場合でも，ミーゼス応力が高くなって塑性変形が発生する。その場合，塑性域の広がりがねじ谷底周辺のみであれば，締結部の力学挙動に対する影響は無視しても差し支えない。

　ボルトに直接軸力を与える方法として，油圧テンショナを用いた**張力法**とボルトヒータを用いた**熱膨張法**がある。張力法では，前述のように締め付け過程で与える初期張力は目標軸力より高い。特にグリップ長さが小さい締結部では，目標軸力に対して初期張力がかなり大きくなるので，過大な軸応力による塑性変形に注意する必要がある。熱膨張法は，ボルトヒータで加熱することにより，ボルトに伸び変形を与えて締め付ける方法であり，加熱温度が高いほど大きな軸力が得られる。しかしながら，加熱温度が高すぎると材料特性が大きく変化することがあるので，締結部の材料に応じて加熱温度の上限を決めておく必要がある。ボルトの締め付け過程の力学と問題点については，3章で解説する。

2.1.3　使用状態における強度

　ねじに関するトラブルや事故の多くは使用状態において発生する。その原因はさまざまであり，複数の要因が重なって発生することが多い。以下に，ねじ部品の強度を評価するうえで考慮すべき項目を列挙する。

　（1）**繰返し荷重に対する疲労強度**　　繰返し荷重による応力振幅が大きくなると，ねじ部品が疲労破壊することがある。ねじの疲労強度については4.4節以降で詳しく解説する。

　（2）**遅れ破壊**　　遅れ破壊 (delayed fracture) は，締結完了からある時間が経過した後に突然発生する，ぜい性破壊現象である。材料の引張強さが1 200 MPaを超える場合に発生し，電気めっきのほか周囲環境から侵入した水

素がおもな原因である。そのために，広く使用されているボルト材料の強度の上限は12.9である。この遅れ破壊現象は，ベーキング処理と呼ばれる脱水素処理により軽減できる。遅れ破壊については文献28)に詳しく解説されている。

（3）**ねじ部品のゆるみ**　振動外力などにより締め付け力が低下すると，ナットの脱落や，ねじ部品に作用する応力振幅の上昇による疲労破壊が発生することがある。ねじのゆるみについては，ねじ部品が戻り回転する**回転ゆるみ**と回転を伴わない**非回転ゆるみ**に分けて6章で解説する。

（4）**熱負荷による軸力変化**　ねじ締結部に熱負荷が作用すると，各部の熱膨張差や，ヤング率など材料定数の変化によってボルト軸力が変化する。熱膨張量は線膨張係数，温度変化，長さの積として計算できる。そこで，熱負荷を受ける締結部では，ねじ部品と被締結体材料の間の線膨張係数の差に注意して，「常温からの温度変化が大きく，長いボルトを使用する場合に軸力変化が大きくなる」ことを理解しておく必要がある。熱膨張差が発生するおもな原因は，ボルト・ナットと被締結体の温度差と線膨張係数の違いである。両者の温度差については，締結部が熱負荷を受けて温度分布が定常状態になる途中で最大となることが多い。

ボルト・ナットと被締結体の材料が異なる場合，5.1.3項で説明する簡易式による計算では，ボルト軸力変化は線膨張係数の差に比例して変化するため，特に注意を要する。また，両者が同じ炭素鋼系の材料でも線膨張係数がわずかに異なることがある。その場合，その差が小さくても温度変化が大きくなると軸力はかなり変化する。

ねじ締結部が熱負荷を受ける場合，一般に高温の熱負荷を受けることが多いが，低温熱負荷の場合も軸力増減の符号が逆になるだけで，同じような注意が必要である。熱負荷を受けたときの挙動については，2.7節で解説する**接触熱抵抗**の影響を含めて5章において詳しく解説する。

（5）**クリープ現象による軸力変化**　クリープ (creep) は，荷重が一定の状態で時間とともにひずみが増加する現象である。高温で顕著に現れるが，低融点の材料では比較的低い温度でも問題となる。ねじ部品として広く使用さ

れる炭素鋼について，クリープを考慮すべき温度のしきい値を定めることは容易ではない．

一つの考え方として，炭素鋼系材料では350℃〜400℃以上の温度になるとクリープの影響が大きく現れ，降伏点応力以下でも変形が進行することがあるので注意を要するという指摘がある[29]．また，500℃以上では必ず考慮しなければならないが，300℃以下であれば無視しても差し支えない．さらに，300℃〜500℃の温度領域の場合は，熱負荷の負荷形態や材料の組成を考慮して判断するという考え方がある．

VDI 2230（2003）では，表面の微小突起の塑性変形が進行してボルト軸力が低下する**へたり**（embedment）現象とクリープの関係について一つの考え方が示されている[30]．クリープ現象の定式化，有限要素法による解析手法については文献31）に詳しく解説されている．また，文献32）では，600℃の雰囲気中でクリープ試験を実施して，軸力の時間変化についてクリープ速度の評価式から求めた値と比較することにより，ボルト締結体のクリープ現象を考察している．

（6）**周辺環境による腐食，電食**　海水やミストなど周辺環境の作用により，ねじ部品の強度や寿命が大幅に低下することがある．また，締結部を構成する金属材料のイオン化傾向の差による電食が問題となるケースがある．このような場合，締結部材料のコーティング処理や材料の組合せを考慮するなどの方法により対処する．

2.1.4　ボルト締結体の力学と摩擦係数

ボルト締結体は，ボルト・ナットなどのねじ部品と被締結体から構成されており，力学的な観点からは接触構造物とみなすことができる．したがって，その力学特性を解明するためには，接触問題を解かなければならない．最新の有限要素解析技術を用いた場合でも，接触問題はもっとも難しい力学問題の一つである[33]．

接触問題の解析では，物体間の力の釣合いを考慮しながら，接触面を構成する二つの物体が完全に一体とみなせる**固着**，相対的に運動する**すべり**，すきま

が存在する**離隔**という三つの接触状態に対して収束計算を実施しなければならない。複雑な形状を有する接触構造物では，荷重の増減によって接触状態や接触面積が変化する非線形問題となる。

また，三次元構造物におけるすべり状態は，定義する座標系によって"x方向すべり，y方向固着"，"x方向固着，y方向すべり"，"x，y方向すべり"の3種類が存在する。そこで有限要素解析に限定して，接触面に配置されたn組の対応節点間の接触状態を判定する場合，固着，離隔，3種類のすべりという合計5種類の接触状態に対応して，接触面全体では5のn乗の組合せのなかから1組の正解を見つけることになる。また，接触状態は摩擦係数によって大きく変化する。ボルト締結体はこれらの要素をすべて含んだ構造物であるため，数値解析として解きにくい問題といえる。

図2.2は，ボルト・ナット締結体の力学特性に影響するねじ面，ナット座面，ボルト頭部座面，被締結体界面の摩擦係数を示している。図中のμ_r，μ_θは半径方向と円周方向の摩擦係数である。

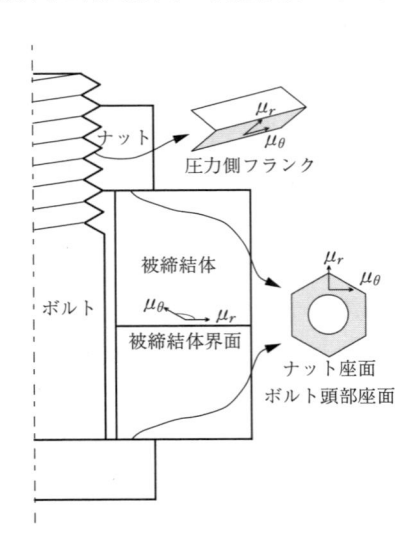

図2.2 ボルト締結体各部の摩擦係数

摩擦特性は接触する物体の相対的なすべり方向によって変化するので，上記の接触面における摩擦係数μ_r，μ_θの大きさは半径方向と円周方向で異なる。

その結果，力学特性を厳密に評価するためには，それぞれの接触面において2種類の摩擦係数 μ_r, μ_θ を考慮しなければならない。

例えば，ボルト・ナットをトルク法で締め付ける場合，与えたトルクと発生するボルト軸力の関係は，ねじ面とナット座面の円周方向摩擦係数 μ_θ によって決まる。図1.9に示した**ねじ込みボルト**では，ナット座面の摩擦係数をボルト頭部座面の摩擦係数に置き換えて評価すればよい。

ボルト・ナットで締結された機械，機器類が運転状態になると，おねじとめねじ，ナット座面と被締結体，ボルト頭部座面と被締結体，および被締結体間の界面におけるすべり現象に影響する摩擦係数が問題となる。このように外力を受けたときのゆるみ現象を評価するためには，軸直角方向に繰返し荷重を受ける場合は主として半径方向の摩擦係数 μ_r，ねじ部品の中心軸に対してトルクが作用するようなケースでは円周方向摩擦係数 μ_θ が影響する。

2.2 ねじの剛性

2.2.1 ボルト締結体の剛性と力学挙動

ねじ締結部の**剛性**（stiffness）は，疲労強度と密接に関係しており，その点を理解せずに設計したために大事故につながった例は多い。本節では，ボルト・ナット締結体の剛性を簡単な一次元ばねモデルで表すことにより，ねじのさまざまな締め付け方法の特性，疲労強度，衝撃荷重に対する挙動などを評価できる手法を解説する。

締結部の剛性は，強度とともに設計段階において考慮しなければならない重要な因子である。強度と異なり，剛性は必ずしも高いほうが望ましいとはいえない。例えば，ボルト・ナットの剛性は，疲労強度と界面のへたり現象による軸力低下の観点からは低いほうが望ましい。

初期締め付け状態と外力が作用する運転状態において，引張荷重を受けるボルト・ナットの剛性は比較的簡単に評価できる。被締結体には，初期締め付け時は圧縮荷重のみが作用するが，繰返し外力を受けて引張荷重が作用したとき

の剛性を正確に評価することは，かなり困難である。

　一般に，締結部の疲労強度は引張荷重を受ける場合に問題となることが多い。その場合，「被締結体の剛性はボルト締め付け時と引張外力の作用時で異なる」という点は重要である。詳細は 4.5 節で解説するが，**ボルト締め付け線図**を用いても締結部の疲労強度を精度よく評価できないのは，上記の現象が原因である。各種機械，構造物，機器，部品類の締結部において，同じ寸法形状のボルト・ナットを使用しても，軸方向荷重，曲げ，せん断，ねじりなど作用する荷重の形態によって剛性は変化する。このうち，もっとも基本となるのは軸方向の剛性である。

　図 2.3 に示すように，長さ L，断面積が A の真直棒に軸方向荷重 F が作用する場合，応力の定義式と**フックの法則**（Hook's law）から，荷重 F と軸方向変位 u の関係は，ヤング率を E とすると次式で表される。

$$\frac{F}{A} = E\frac{u}{L} \tag{2.1}$$

式（2.1）を変形して，荷重 F と変位 u の係数を k と置く。

$$F = \frac{AE}{L}u = ku \tag{2.2}$$

$$k = \frac{AE}{L} \tag{2.3}$$

ここで k は，軸方向荷重に対する真直棒の**ばね定数**（spring constant, spring

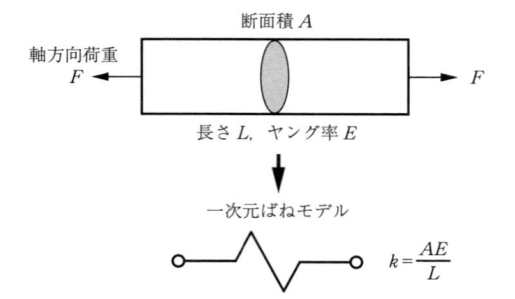

図 2.3 軸方向荷重が作用する真直棒

2.2 ねじの剛性

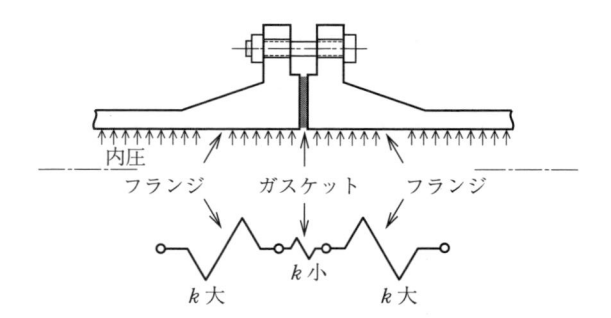

図 2.4 管フランジ締結体の剛性

rate）を表す。

図 2.4 は 2 枚のフランジの間にガスケットを挿入し，ボルトで締め付けた**管フランジ締結体**（pipe flange connection）を示している。

管フランジ締結体では，内部流体の漏洩防止がもっとも重大な課題である。内部流体の漏洩は，高温／低温の流体から受ける熱負荷によるフランジとガスケットの熱膨張や熱収縮，ガスケットの剛性変化など，さまざまな要因によるボルト軸力低下が原因で発生する。

一般に，金属製の管フランジに比べてガスケットの剛性は著しく低い。例えば，シートガスケットの場合，圧縮応力とひずみの関係は非線形となるが，通常の使用条件の範囲において両者の関係を直線で近似すると，その傾きである剛性は炭素鋼のヤング率の数百分の一以下となるケースが多い。管フランジ締結体を簡略化すると，剛性が高い二つの板の間に非常に剛性の低いガスケットが直列に挿入された構造物とみなすことができる。

各部分を一次元ばねで近似すると，管フランジ締結体は剛性が高い左右の 2 本のばねと，非常に剛性の低い中央のばねの集合体とみなすことができる。そのために，外力や熱負荷を受けるとガスケットが大きく変形し，結果的に締結部全体の挙動がガスケットの剛性に支配されることになる。広く使用されているにもかかわらず，シートガスケットが挿入された管フランジ締結体の力学挙動の評価が難しい理由は，締結部全体の力学挙動が低剛性で非線形・ヒステリシス特性を示すガスケットの応力-ひずみ関係に大きく影響されることによる。

2.2.2　一次元ばねモデルによる剛性の評価

ボルトを締め付けると，はめあいねじ部，ボルト頭部，およびボルト・ナットと接触する被締結体表面の周辺は複雑な変形パターンを示すが，締め付け過程に大きく影響するのは軸方向の変形である。外力が作用したときのボルトの疲労強度，ナットのゆるみ回転による軸力低下現象もボルト締結体各部の軸方向変形量に大きく影響される。以上の点から，ボルトの締め付け特性，疲労強度，ゆるみ現象などを評価するためには，軸方向の変形しにくさである**軸方向剛性**が重要といえる。ボルト締結体各部の軸方向剛性は，式（2.3）に示した一次元ばねで表すことができる。

ボルト・ナット締結体は，**図 2.5** のように，はめあいねじ部，遊びねじ部，ボルト円筒部，ボルト頭部，被締結体の五つの部分に分けて，各部分の剛性を一次元ばねで表し，それらを直列に結合した閉ループ構造に置き換えることができる。図中のばね定数 k_{th}，k_s，k_{cyl}，k_{hd}，k_f は，それぞれ前述の各部の剛性を表している。ここで，四つのばね定数 k_{th}，k_s，k_{cyl}，k_{hd} を直列結合したばね定数 k_b は，次式のようにボルト・ナット全体の剛性を表す。

$$\frac{1}{k_b} = \frac{1}{k_{th}} + \frac{1}{k_s} + \frac{1}{k_{cyl}} + \frac{1}{k_{hd}} \tag{2.4}$$

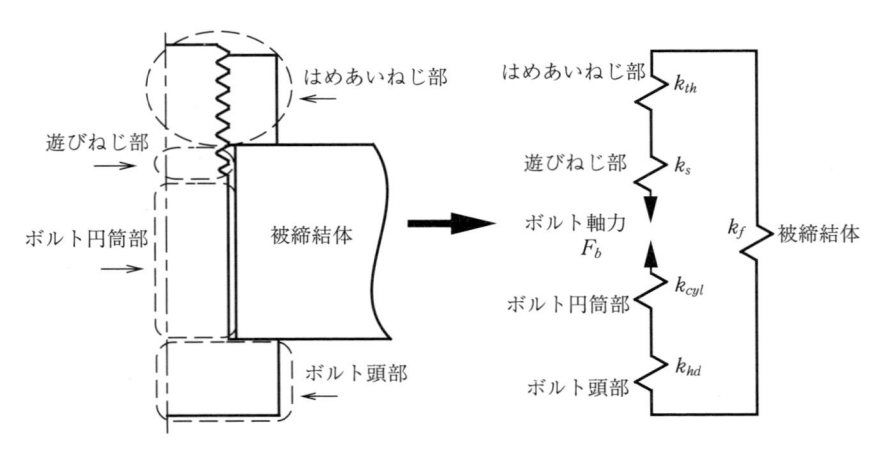

図 2.5　一次元ばねで表したボルト締結体モデル

k_bと被締結体のばね定数k_fを直列に結合すると,ボルト締結体全体の剛性を表すばね定数k_{total}となり,次式で計算できる.

$$\frac{1}{k_{total}} = \frac{1}{k_b} + \frac{1}{k_f} \tag{2.5}$$

k_{total}の大きさは,3章で解説するボルトの各種締め付け方法の精度に大きく影響する.グリップ長さが短いとk_{total}が大きくなり,締め付け精度が低下しやすい.またk_bとk_fの比率は疲労強度に大きく影響する.上記のばね定数のうち,はめあいねじ部のばね定数k_{th}と被締結体のばね定数k_fは,組立誤差や加工誤差の影響,締結部形状の複雑さにより正確に評価することが困難なケースが多い.特に,うねりが問題となるような薄板を締結する場合は注意を要する.被締結体のばね定数k_fを除く四つのばね定数は,式(2.3)の形式で以下のように表すことができる.

$$k_{th} = \frac{A_s E_b}{L_{th}}, \quad k_s = \frac{A_s E_b}{L_s}, \quad k_{cyl} = \frac{AE_b}{L_{cyl}}, \quad k_{hd} = \frac{AE_b}{L_{hd}} \tag{2.6}$$

ここで,A_sは有効断面積,Aは呼び径dから計算できるボルト円筒部の断面積,L_sとL_{cyl}は遊びねじ部とボルト円筒部の長さ,E_bはボルト・ナット材料のヤング率を表している.L_{th}とL_{hd}は,次項で解説する,はめあいねじ部とボルト頭部の**等価長さ**(equivalent length)である.

ボルト締結体全体のばね定数k_{total}と呼び径dの関係は重要である.呼び径dと,ばね定数kの関係を評価するために,式(2.3)に示した直径d,長さL,ヤング率Eの真直棒のばね定数kを以下のように変形する.

$$k = \frac{AE}{L} = \frac{\pi d^2}{4} \frac{E}{L} = \frac{\pi d}{4} \frac{E}{L/d} \tag{2.7}$$

Lをグリップ長さと考えて,呼び径dとの比L/dが一定,すなわち,締結部の形状がほぼ相似の場合を比較すると,「相似なボルト締結体の剛性は呼び径にほぼ比例する」ことがわかる.この関係は,後述する締め付け特性,強度を考察するうえできわめて重要である.

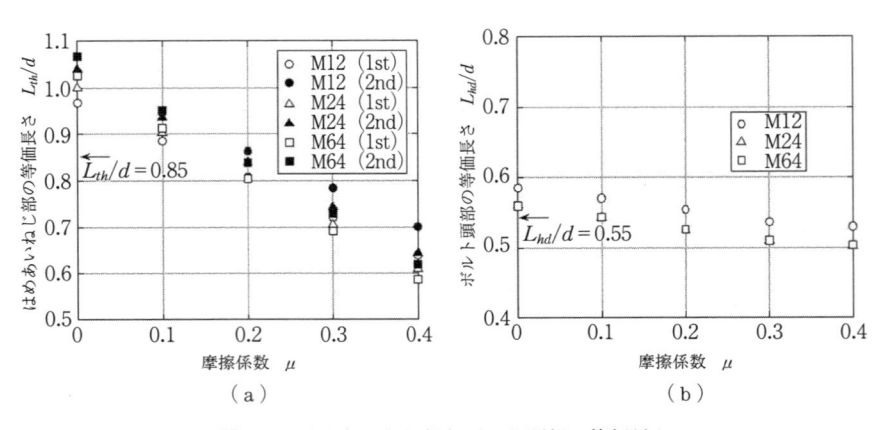

2.2.3 はめあいねじ部とボルト頭部の等価長さ

はめあいねじ部とボルト頭部の剛性は，実際の長さではなく，軸方向の剛性が等しくなる円柱の等価長さにより評価する。図 2.6 に等価長さの考え方を示す。L_{th} と L_{hd} は，はめあいねじ部とボルト頭部をそれぞれ有効断面積の直径 d_s と呼び径に等しい直径 d の円柱に置き換えたときの等価な長さである。

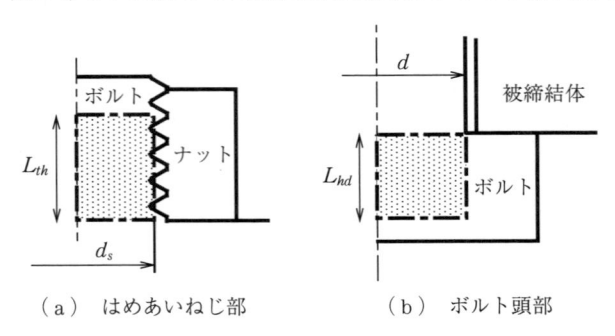

（a）はめあいねじ部　　　　（b）ボルト頭部

図 2.6　等価長さの考え方

L_{th} と L_{hd} の大きさについてはいくつかの提案がある。沢らは，弾性論を用いた解析から次式を提案している[7]。

$$L_{th}=0.7d, \quad L_{hd}=0.5d \tag{2.8}$$

図 2.7（a），（b）に有限要素解析により求めた L_{th} と L_{hd} を示す[34]。解析の対象としたのは M12，M24，M64 の並目ねじで，等価長さは呼び径 d で除し

図 2.7　はめあいねじ部とボルト頭部の等価長さ

て無次元化している。

はめあいねじ部の等価長さ L_{th} については，ボルト穴径 d_h が1級と2級の場合について，ボルト頭部の等価長さ L_{hd} はボルト穴径を2級として計算している。横軸は接触面の摩擦係数 μ で，ねじ面とナット座面の摩擦係数は等しいとしている。摩擦係数が大きくなると，変形に対する拘束が大きく剛性が高くなるために，L_{th} と L_{hd} の値はいずれも小さくなっている。

また，摩擦係数の影響は L_{th} において顕著に表れている。その理由は，ボルト頭部は軸線に直角な水平面で接触するが，はめあいねじ部は30°の傾いた圧力側フランクで接触するために，摩擦係数の大きさによって界面の相対すべり量が変わりやすいことによる。はめあいねじ部の等価長さ L_{th} に対するボルト穴径 d_h の影響について，穴径の小さい1級の場合，ねじ山のたわみ変形に対する拘束が大きいために，2級に比べて全体に L_{th} が小さくなっている。

呼び径 d については，L_{th} の場合，摩擦係数に対する変化率がやや異なっているが，L_{th} と d の間に特定の関係は見られない。ボルト頭部の等価長さ L_{hd} については，呼び径が小さい M12 の値が M24, M64 に比べて全体に高めとなっている。

以上の結果より，ばねモデルを用いた簡易解析によってボルト締結体の力学挙動を評価する場合，本書では以下の値を使用することとする。

$$L_{th}=0.85\,d, \quad L_{hd}=0.55\,d \tag{2.9}$$

はめあいねじ部の等価長さ L_{th} は，ねじ山形状，ナット座面の平行度など締結部の形状誤差の影響を受けやすい。ナット座面は加工上の問題から完全な平面ではなく，**図 2.8**（a）のように外縁から軸中心に向かってわずかにテーパが付いていることがある。その場合，ボルトを締め付けてもナット座面と被締結体表面が全面接触しないケースがあり，ナット座面がたわむように変形するので，はめあいねじ部の剛性は低くなる。

図 2.8（b）は，軸対称有限要素解析により，ナット座面の傾斜角度 θ_{tp} が L_{th} に及ぼす影響を求めた結果である。ここで，図 2.8（a）に示したナット座面における接触幅は零としている[35]。正の傾斜角は実際のナットで見受けら

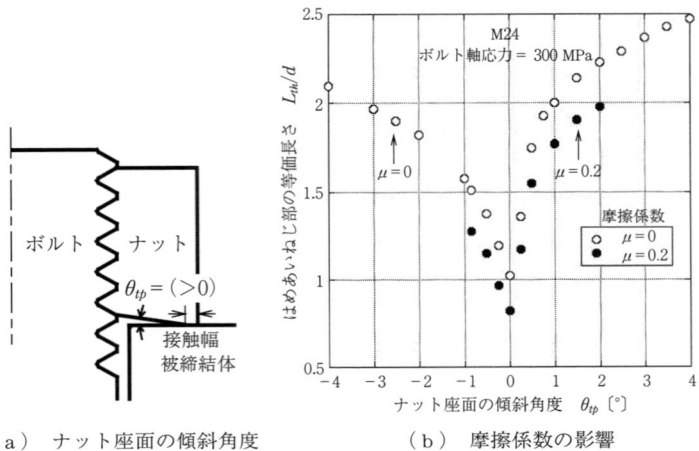

(a) ナット座面の傾斜角度

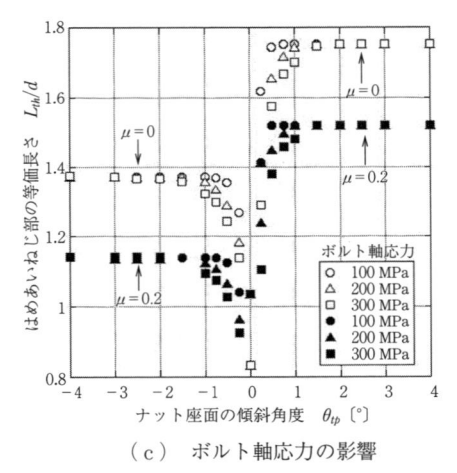

(b) 摩擦係数の影響

(c) ボルト軸応力の影響

図 2.8 等価長さと座面の傾斜角度

れる軸心側にクリアランスが存在する場合，負の傾斜角はナット座面の外縁に向かってクリアランスが大きくなる場合である。呼び径は M24，ボルト軸応力 σ_b は 300 MPa とし，摩擦係数 μ は，0 と 0.2 の 2 通りに変化させている。ボルト穴径 d_h は 2 級である。L_{th} の大きさは，摩擦係数 μ が 0.2，ナット座面が完全に接触する $\theta_{tp}=0$ の場合に最小値の $0.85\,d$ となり，傾斜の方向に関係なく，座面にわずかな傾斜が存在するだけで剛性が大きく低下している。摩擦

係数 μ の影響については図 2.7（a）と同じ理由により，μ が小さいほど L_{th} が大きく，はめあいねじ部の剛性が低くなっている．

図 2.8（c）は，軸力が零の状態でナットの外縁部から全体の 1/7 の部分が接触すると仮定して，ボルト軸応力 σ_b を 100 MPa，200 MPa，300 MPa と変化させ，そのほかの条件は同じとした場合の結果である．このように，初期状態においてナット座面が部分的に接触している場合，軸応力 σ_b の影響は小さく，傾斜角度 θ_{tp} がプラスあるいはマイナス 1° を超えると，その影響はほぼ飽和している．その理由は，θ_{tp} がある程度以上大きくなると，軸応力 σ_b が高くなってもナット座面と被締結体の接触面積が変化しなくなるためと考えられる．

以上の結果をまとめると「はめあいねじ部の等価長さ L_{th} は，ナット座面にわずかでもテーパが付いていると，完全な平面と仮定した場合の $L_{th}=0.85\,d$ よりかなり大きく，2 倍を超えることもある」といえる．一方，植込みボルトやねじ込みボルトを用いて締め付ける**本体側はめあいねじ部**の場合，剛性が高いために等価長さは $0.85\,d$ より短い[36]．

$$L_{th}=0.75\,d \tag{2.10}$$

図 2.7（a）と図 2.8（b），（c）に示した「はめあいねじ部の等価長さ L_{th} は変化しやすい」という結果は，グリップ長さが小さな締結部の力学挙動を評価する場合，L_{th} の値のとり方が解析精度に大きく影響することを意味する．具体的には，比較的薄い板で構成された締結部を油圧テンショナ，ボルトヒータあるいは弾性域回転角法を用いて締め付ける場合，L_{th} のとり方による誤差に起因して，厚板の締結に比べて得られる軸力の精度が大きく低下する可能性が高い．同じ理由により，ボルト締め付け線図を用いて繰返し荷重に対するボルト軸力変化量を推定し，界面の**へたり**によるボルト軸力の低下量を算出する場合の精度も低くなる．

2.2.4 被締結体の圧縮剛性

ボルト・ナットを締め付けると，ボルトには引張力が発生し，被締結体にはその反力として圧縮力が作用する．この圧縮力に対する被締結体の剛性は，疲

労強度をはじめとしてボルト締結体のさまざまな力学特性を評価するうえで重要であり，締結部の寸法形状と材料により決まる．被締結体の圧縮剛性は，図1.12に示した細円筒，太円筒，平板という界面の面圧分布形態によって変化する．ボルト・ナットの呼び径dとグリップ長さL_fが同じ場合，被締結体の剛性は細円筒，太円筒，平板の順に高くなる．被締結体の外径D_oがナットあるいはボルト頭部の平均直径Bとほぼ等しい細円筒の場合，被締結体は一様に圧縮されるので，ばね定数k_fは，式（2.3）のAに中空円筒の断面積，Lにグリップ長さL_fを代入すると計算できる．

$$k_f = \frac{\pi(D_o{}^2 - d_h{}^2)}{4} \cdot \frac{E_f}{L_f} \tag{2.11}$$

式（2.11）によると，k_fは被締結体材料のヤング率E_fに比例し，グリップ長さL_fに反比例する．すなわち，グリップ長さが小さいほど剛性が高く，アルミニウムなど締結部材料のヤング率が低いと剛性は低くなる．L_fおよびE_fとk_fの定性的な関係は太円筒，平板の場合も同じである．以下に，これまで提案されている被締結体ばね定数の評価式のいくつかを紹介する．

VDI 2230（2003）では，ボルト・ナット締結体を簡単な形状に置き換え，有限要素解析から得られた結果に基づいて，例えば，締め付け形態が平板の場合は以下の式を提案している．

$$k_f = \frac{\pi E_f d_h \tan \theta_{cn}}{2 \ln \left[\dfrac{(B+d_h)(B+L_f \tan \theta_{cn} - d_h)}{(B-d_h)(B+L_f \tan \theta_{cn} + d_h)} \right]} \tag{2.12}$$

ここで，d_hはボルト穴径，θ_{cn}は影響円すいの角度であり，次式により計算できる．

$$\tan \theta_{cn} = 0.362 + 0.032 \ln\left(\frac{L_f}{2B}\right) + 0.153 \ln\left(\frac{D_o}{B}\right) \tag{2.13}$$

VDI 2230（2003）の計算方法は，文献37）に詳しく解説されている．1.5.3項で説明したように，影響円すいの外側ではボルト軸力による圧縮力は作用しない．そのために，被締結体の対応表面は幾何学的に接触しているが面圧は零

である。上記の式を導出するために実施された有限要素解析では，この離隔現象を考慮していないので，被締結体の剛性を高めに評価するという指摘がある[38]。

三次元弾性論を用いた研究も報告されている[39),40]。柴原は被締結体を中空円筒に置き換えて，ナット座面とボルト頭部座面にボルト軸力による一様な面圧が作用すると仮定して，前述の三つの締め付け形態に対応できる簡易計算式を提案している[39]。

$$\frac{k_f}{E_f \cdot d_h} = \frac{\pi \left\{ \left(\frac{B}{d_h} + c \frac{L_f}{d_h} \right)^2 - 1 \right\}}{4(L_f/d_h)} \tag{2.14}$$

ここで

$$c = 0.2 \left\{ \frac{\frac{B}{d_h} - 0.7}{L_f/d_h} + 0.9 \right\} \left(1 - e^{-1.2\left(\frac{D_o}{d_h} - \frac{B}{d_h}\right)} \right) \tag{2.15}$$

弾性論から導いた上記の評価式も，実際より高めとなる傾向がある。その理由として，被締結体界面の離隔現象を考慮していないこと，座面の面圧分布を一様と仮定している点が挙げられる。

式（2.14）から求めた被締結体のばね定数 k_f は，有限要素解析で求めた値に比べて高めとなるが，ある範囲の締結部形状について両者の差は比較的小さく，計算が簡単という利点がある。そこで，柴原の式と簡単な材料力学の式を組み合わせることにより，3種類の締め付け形態に対して，有限要素解析と比較的近い解が得られる手法が提案されている[34]。以下にその概要を示す。

図2.9は，図1.12（c）を書き換えてボルト・ナット締結体の締め付け形態を示したものである。

影響円すいの角度 θ_{cn} を45°と仮定すると，平板と太円筒の締め付け形態はナット平均直径 B，グリップ長さ L_f，被締結体外径 D_o の大きさから判定できる。すなわち，$(B+L_f)$ が D_o より小さいと平板，大きい場合は太円筒となる。そこで平板の場合は，式（2.14）の柴原の簡易式をそのまま適用し，太円筒と判定された場合は，**図2.10** に示すように，被締結体を三つの部分に分け

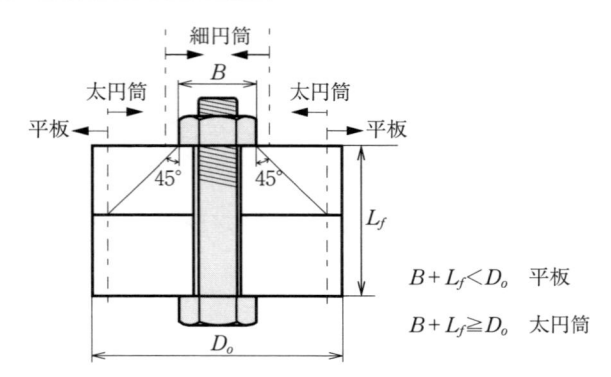

図 2.9 締結部寸法による締め付け形態の判定

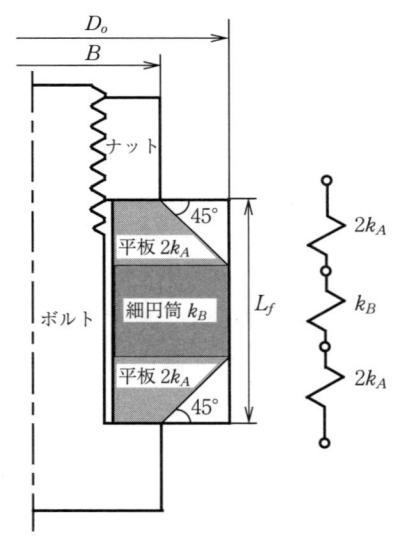

$B+L_f<D_o$　平板
$B+L_f≧D_o$　太円筒

図 2.10 太円筒のばね定数の求め方

て，上下の円すい台の部分を平板，中央部分を一様圧縮される細円筒と考える．

つぎに，式（2.14）と式（2.11）からそれぞれ平板と細円筒のばね定数 k_A, k_B を求め，それらの直列結合として太円筒のばね定数 k_f を求める．

$$\frac{1}{k_f}=\frac{1}{k_A}+\frac{1}{k_B} \quad (2.16)$$

被締結体外径 D_o が，ナット平均直径 B よりわずかに大きい程度であれば，式（2.11）を用いて細円筒としてばね定数 k_f を計算する．細円筒の式が適用できる限界については，次項で有限要素解析により検討する．

なお，太円筒を平板と細円筒に分けてばね定数を求めるという考え方は，被締結体を円すい台と円筒に分ける点において VDI 2230（2003）の方法と同じである．

k_{th} と k_{hd} はグリップ長さに関係なく一定である．k_s と k_{cyl} は，L_s と L_{cyl} の

比率が一定であれば，グリップ長さ L_f が大きくなると，それに反比例して小さくなる．したがって，グリップ長さ L_f が大きくなるとボルト・ナット全体のばね定数 k_b は減少し，その減少率は L_f に比例するよりやや小さめである．

その結果，L_f が大きくなると締結部全体の剛性に対する k_{th} の寄与度が小さくなるため，図2.8に示した「はめあいねじ部の等価長さ L_{th}」の精度が締結部の力学挙動に及ぼす影響は小さくなる．反対に，グリップ長さ L_f が呼び径 d と同じ程度の薄板の場合，L_{th} の大きさが図2.8に示したように，$0.85d$ からその2倍程度まで変化する可能性がある点を考慮すると，k_b の大きさは，ほとんど L_{th} によって決まるといえる．

〈数値で学ぶ2.1〉 ボルト締結体各部のばね定数

呼びがM16のボルト・ナットを用いて厚さ16 mmの2枚の中空円筒を締結する．中空円筒の外径 D_o は，細円筒となるように呼び径 d の1.8倍の28.8 mm，内径は2級のボルト穴径に相当する17.5 mmとする．

遊びねじ部とボルト円筒部の長さ L_s, L_{cyl} が等しいとして，k_{th}, k_s, k_{cyl}, k_{hd}, k_f を求める．ボルト・ナットと被締結体材料のヤング率 E_b, E_f はそれぞれ200 GPaとし，有効断面積の直径 d_s は表1.1の値を用いる．被締結体の形状について，これ以降の〈数値で学ぶ〉では特に断らない限り，ボルト穴径は2級，$D_o = 1.8d$ とする．

上の条件より，グリップ長さ L_f は32 mmとなる．式(2.9)より，L_{th}, L_{hd} を求め，ボルト円筒部とねじ部の有効断面積を計算すると

$L_{th} = 0.85d = 13.6$ mm, $L_s = 16$ mm, $L_{cyl} = 16$ mm, $L_{hd} = 0.55d = 8.8$ mm

$A = \dfrac{\pi}{4}d^2 = 201.06$ mm^2, $A_s = \dfrac{\pi}{4}d_s^2 = 156.67$ mm^2

これらを式(2.6)に代入すると

$k_{th} = 2.304 \times 10^6$ N/mm, $k_s = 1.958 \times 10^6$ N/mm, $k_{cyl} = 2.513 \times 10^6$ N/mm

$k_{hd} = 4.570 \times 10^6$ N/mm, $k_f = 2.568 \times 10^6$ N/mm

となる．式(2.4)より，ボルト・ナット全体のばね定数 k_b を求めると

$k_b = 6.405 \times 10^5$ N/mm

となる．

2.2.5 有限要素解析によるボルト締結体のばね定数の評価

ボルト締結体を構成する各部のばね定数のうち,式(2.6)の遊びねじ部 k_s とボルト円筒部 k_{cyl} は,材料力学の初等理論から求めることができる。これに対して,はめあいねじ部 k_{th},ボルト頭部 k_{hd} および被締結体 k_f は,軸対称有限要素解析によって求める方法がある。

k_{th} と k_{hd} については,図2.7に対応する等価長さ L_{th}, L_{hd} の解析結果を示している。また,文献38)では,はめあいねじ部とボルト頭部をいずれも同じ形状の円柱と仮定して k_f を計算している。

一方,実際の締結部では,式(2.9)の等価長さの計算式からわかるように,はめあいねじ部の剛性はボルト頭部よりも低い。したがって,両者の剛性を等しいと仮定して有限要素解析を実施すると,ナット座面の変形や面圧分布が変化する可能性がある。そこで本項では,はめあいねじ部の形状を考慮した有限要素モデルを用いて,はめあいねじ部とボルト頭部のばね定数 k_{th}, k_{hd} を求める手法を紹介し,続いて被締結体のばね定数 k_f の算出方法を示す。

(1) はめあいねじ部とボルト頭部のばね定数 図2.11は,はめあいね

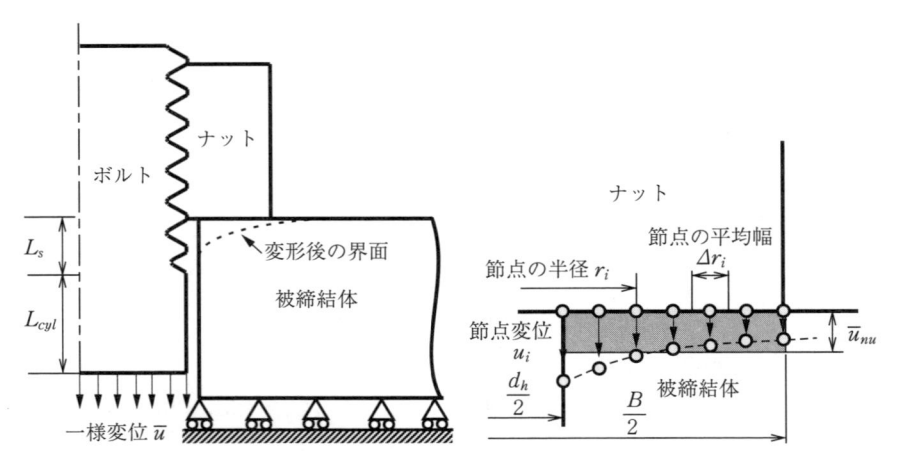

(a) 一様変位によるボルト円筒部の引張り　　(b) ナット座面平均変位 $\bar{u}_{nu}$

図2.11 はめあいねじ部ばね定数の計算方法

じ部のばね定数の算出方法を示したものである。有限要素モデルはボルト・ナットと被締結体から構成される。解析手順は以下のとおりである。

① 図2.11（a）に示したように，ボルトモデル下部に一様変位 $\bar{u}$ を与え，その節点の反力からボルト円筒部に発生する軸力 F_b を求める。

② 軸力 F_b を一様変位 $\bar{u}$ で除した値は，k_{th}，k_s，k_{cyl}，k_f の合成ばね定数 k となる。

$$k = \frac{F_b}{\bar{u}} \tag{2.17}$$

$$\frac{1}{k} = \frac{1}{k_{th}} + \frac{1}{k_s} + \frac{1}{k_{cyl}} + \frac{1}{k_f} \tag{2.18}$$

③ 解析モデルの遊びねじ部の長さ L_s，ボルト円筒部の長さ L_{cyl} を用いて，式（2.6）の第2式と第3式から，ばね定数 k_s，k_{cyl} を求める。

④ 被締結体と接触するナット座面の節点が押しのけた体積 V を，ナット座面面積 A_n で除し，その値をナット座面の平均変位 $\bar{u}_{nu}$ とする。A_n は，ナット平均直径 B を外径，ボルト穴径 d_h を内径とする中空円の面積とする。V は図2.11（b）のナット座面下の薄ねずみ色の矩形部分の体積である。そのほかの記号の意味は図中に示している。

$$V = \sum 2\pi r_i \Delta r_i u_i \tag{2.19}$$

$$\bar{u}_{nu} = \frac{V}{A_n} = \frac{V}{\frac{\pi}{4}(B^2 - d_h^2)} \tag{2.20}$$

⑤ ボルト軸力 F_b をナット座面平均変位 $\bar{u}_{nu}$ で除すと，被締結体のばね定数 k_f が求められる。

$$k_f = \frac{F_b}{\bar{u}_{nu}} \tag{2.21}$$

ただし，図のモデルでは被締結体の下面が完全拘束されているので，式（2.21）から求めた k_f は，モデルの2倍のグリップ長さに対応するばね定数となる点に注意する。

⑥　式 (2.18) に，k, k_s, k_{cyl}, k_f の値を代入すると，はめあいねじ部のばね定数 k_{th} が求められる。

ボルト頭部のばね定数 k_{hd} については，図2.11 (a) において，ボルト・ナットと被締結体の組合せの代わりに，円筒部を含んだボルト頭部と被締結体から構成される有限要素モデルを用いると，同じ手順で求めることができる。

（2）被締結体のばね定数　被締結体のばね定数 k_f は，前述のように，はめあいねじ部のばね定数 k_{th} と同時に求めることができる。しかしながら，被締結体の形状が図2.11のように上下対称ではない場合，**図2.12** に示すように，ボルト締結体全体をモデル化して計算する必要がある。計算手順は以下のとおりである。

① はめあいねじ部とボルトと頭部を含めてボルト締結体全体をモデル化する。ボルトモデルについては，図のようにナット座面とボルト頭部座面から十分離れた円筒部の適切な位置で上下二つに分割する。

② 切断したボルト円筒部の上下表面に，一様変位 $\overline{u}_{up}$, $\overline{u}_{dw}$ を与える。$\overline{u}_{up}$ と $\overline{u}_{dw}$ はかなり近い値であるが，完全に同じではない。被締結体外表面の中央付近において，軸方向変位を拘束した節点の反力がほぼ零となるよう

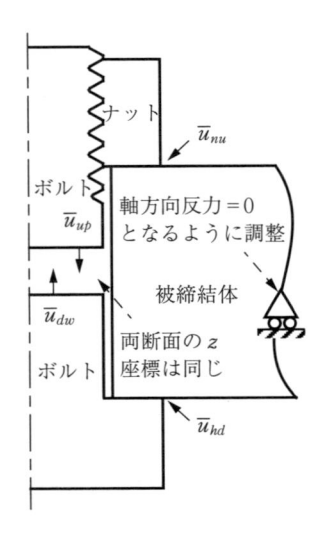

図2.12 被締結体ばね定数の計算方法

2.2 ねじの剛性

に両者の値を調整する.この操作は,円筒部を切断していないボルトが一体となったモデルに対応させるためである.

③ $\bar{u}_{up}$ と $\bar{u}_{dw}$ を与えた節点の反力から,ボルト軸力 F_b を計算する.

④ (1)項と同じ手法でナット座面とボルト頭部座面の平均変位 $\bar{u}_{nu}$ と $\bar{u}_{hd}$ を計算する.

⑤ ボルト軸力 F_b を両座面の平均変位の和で除した値が被締結体のばね定数 k_f となる.

$$k_f = \frac{F_b}{\bar{u}_{nu} + \bar{u}_{hd}} \qquad (2.22)$$

解析はM12,M16の並目ねじを対象として実施した.ボルト穴径 d_h は2級に対応して,それぞれ13.5 mm,17.5 mmとし,ナットの平均直径 B は式(1.14)より19.015 mm,25.375 mmとする.グリップ長さ L_f と被締結体外径 D_o の寸法は,呼び径 d を基準として変化させる.

図2.13は, k_f に対する D_o の影響をグリップ長さ L_f と呼び径 d の比 L_f/d をパラメータとして示している. k_f は呼び径 d と被締結体のヤング率 E_f で除

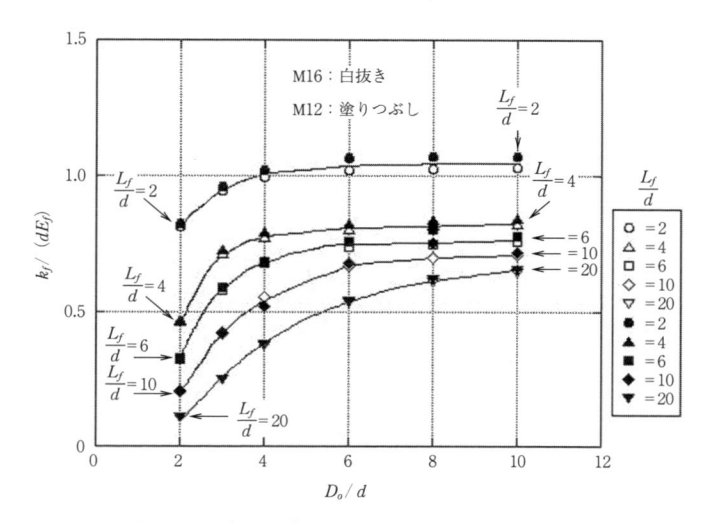

図2.13 有限要素解析による被締結体ばね定数

している。図より，呼び径の異なる M12 と M16 の差は小さい。すなわち，D_o，L_f を d で除し，k_f を dE_f で除して表示すると，被締結体のばね定数 k_f は呼び径 d に関係なく表すことができる。このことは，2.2.2 項で述べた「相似なボルト締結体の剛性は呼び径にほぼ比例する」から予測できる結果である。k_f は被締結体の外径 D_o とともに大きくなっているが，D_o/d がある程度以上になるとほぼ一定値となり，平板とみなせる形状となる。そのしきい値はグリップ長さ L_f が小さいほど小さい。

　グリップ長さ L_f については，式（2.11）の「k_f は L_f に反比例する」という細円筒に対する計算式から予測されるように，L_f が大きくなるに従って k_f の低下率は小さくなっている。

　図 2.14 では，M16 を対象として有限要素解析により求めた k_f と，式（2.11）から計算した細円筒のばね定数を比較している。計算の対象とした D_o/d の最小値は，ナットの外径と被締結体の外径がほぼ等しい場合に相当する。

　図より，D_o/d が 2 を超える付近から，両者の差が急激に大きくなっている。グリップ長さが小さい $L_f/d=2$ の場合は $D_o/d=2$ でも両者の差は大きい。

　その原因は，有限要素解析では接触面の摩擦の作用により被締結体はやや樽

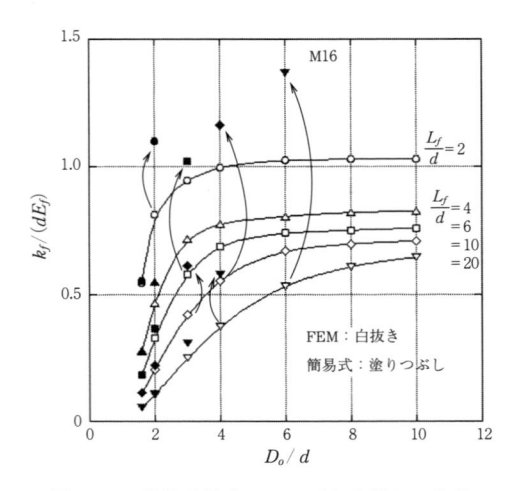

図 2.14　簡易計算式によるばね定数との比較

2.2 ねじの剛性

形に変形するが，式（2.11）では完全に一様圧縮されると仮定したことによる．

ところで，実際の締結部ではタービン車室のまわりに配置された締結用ボルトのように，細円筒が剛性の高い本体に取り付けられたような形式の締結部が多く見受けられる．そのような場合，本体側の剛性が細円筒の変形を妨げるので，被締結部のばね定数 k_f は図2.14に示した有限要素解析の結果よりも高くなる．

以上の点から，細円筒のばね定数を高い精度で評価するためには，本体部分との取付け状態も含めてモデル化する必要がある．

通常，機械構造物は多数のボルトで締結される．**図2.15**に示すように，複数のボルトが等間隔に配置されている場合，ボルト1本当りの被締結体のばね

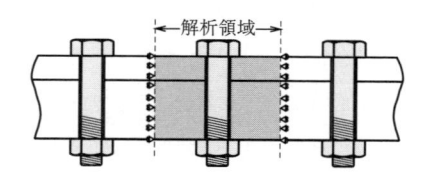

図2.15　等間隔に配置された複数ボルト

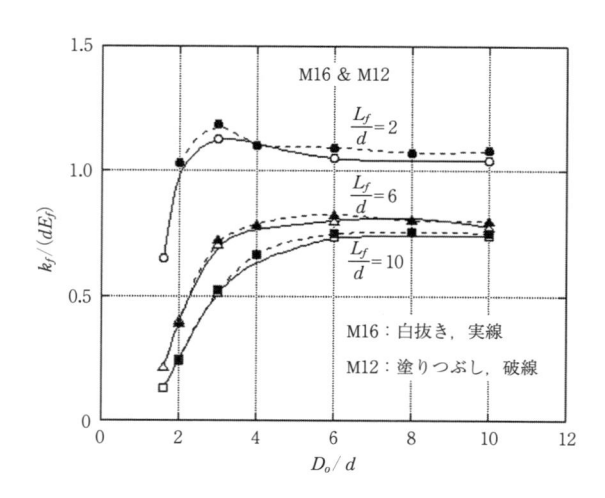

図2.16　複数ボルトで締結した場合のばね定数

定数 k_f は，被締結体の外周部分の半径方向変位を拘束することにより，求めることができる。

図 2.16 に対称面の変位を拘束した場合の解析結果を示す。周辺が拘束されていない図 2.13 の結果と比較すると，D_o/d が小さい範囲では，かなりばね定数が高くなっているが，D_o/d が 6 を超えるあたりから，外周部分の変位拘束の影響が小さくなるため，両グラフの値の差は小さくなっている。

2.2.6　ボルト締結体各部のばね定数と力学挙動

3 章で解説するさまざまなボルトの締め付け方法のうち，弾性域回転角法，張力法および熱膨張法の締め付け精度は，トルク法に比べてボルト締結体各部の剛性に大きく影響される。前項までの結果に基づいて，以下にボルト締結体各部のばね定数と力学挙動の関係をまとめた。

① 　ボルト・ナットを構成する四つのばね定数のうち，はめあいねじ部のばね定数 k_{th} は，図 2.8 に示したように加工誤差や組立て精度の影響により変化しやすい。

② 　締結部が薄板の場合，被締結体のばね定数 k_f が非常に大きくなるので，はめあいねじ部の等価長さ L_{th} の取り方によって大きく変化する k_{th} は，締結部の力学挙動に対して支配的な影響を持つことがある。

③ 　うねりが問題となるような薄板では，締め付け力の大きさによって接触面積や接触状態が変化してばね定数 k_f の大きさが変化するため，締め付け過程，ゆるみ特性，疲労強度などの力学特性を正確に推定することが困難である。

④ 　被締結体の中に剛性が低く，負荷時と除荷時で応力－ひずみ関係が異なる**ヒステリシス特性**を有するガスケットのような部品を含む場合，その剛性が締結部全体の力学挙動に対して支配的な影響を持つことがある。

2.3 ねじの真の断面形状

2.3.1 三角ねじの断面形状 [41]

図 2.17 は三角ねじのおねじの軸に沿った断面形状，図 2.18（a），（b）は谷底周辺形状の詳細である．図中の ρ は谷底の丸み半径，d_r はねじ谷底の直径であり，ピッチ P など，そのほかの記号は 1.3.2 項で説明したとおりである．

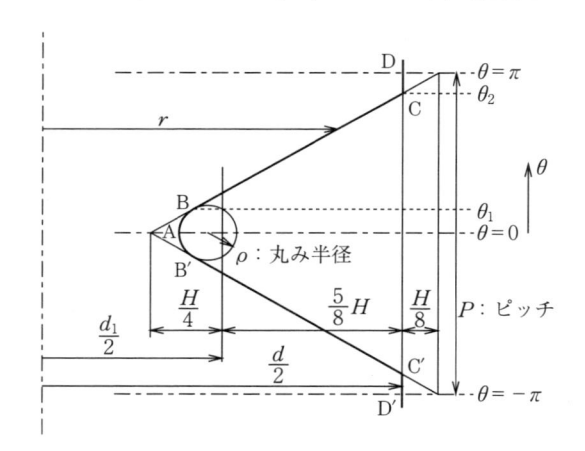

図 2.17　おねじの軸断面形状

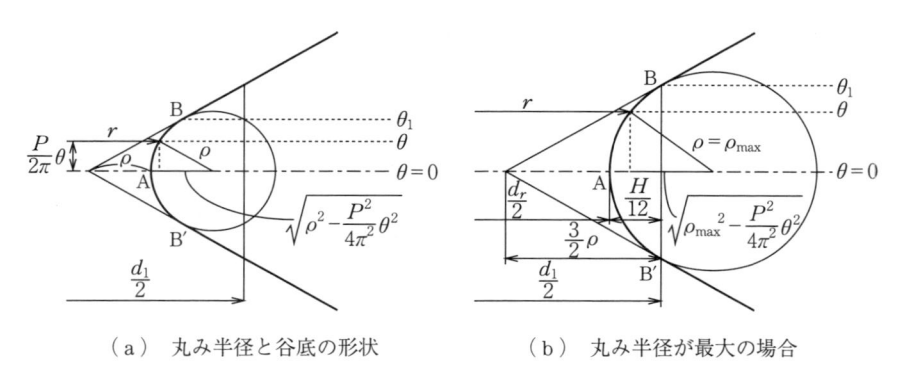

（a）丸み半径と谷底の形状　　　（b）丸み半径が最大の場合

図 2.18　ねじ谷底周辺の形状

図 2.17 では，ねじ山の 1 ピッチを $\theta = -\pi \sim +\pi$ に対応させており，形状は $\theta = 0$ に関して対称である．ここで，A-B はねじの谷底，B-C はフランク，C-D は山の頂を表している．ねじの軸断面形状は，上記の三つの部分の形状を中心線からの距離 r を用いて表すことができる．

$$r = \begin{cases} \dfrac{d}{2} - \dfrac{7}{8}H + 2\rho - \sqrt{\rho^2 - \dfrac{P^2}{4\pi^2}\theta^2} & (0 \leq \theta \leq \theta_1) \\[2mm] \dfrac{H}{\pi}\theta + \dfrac{d}{2} - \dfrac{7}{8}H & (\theta_1 \leq \theta \leq \theta_2) \\[2mm] \dfrac{d}{2} & (\theta_2 \leq \theta \leq \pi) \end{cases} \quad (2.23)$$

$$\theta_1 = \frac{\sqrt{3}\pi}{P}\rho, \quad \theta_2 = \frac{7}{8}\pi, \quad \rho \leq \frac{\sqrt{3}}{12}P, \quad H = \frac{\sqrt{3}}{2}P$$

めねじについても同じ考え方で表すことができる．

$$r = \begin{cases} \dfrac{d_1}{2} & (0 \leq \theta \leq \theta_1) \\[2mm] \dfrac{H}{\pi}\theta + \dfrac{d}{2} - \dfrac{7}{8}H & (\theta_1 \leq \theta \leq \theta_2) \\[2mm] \dfrac{d}{2} + \dfrac{H}{8} - 2\rho_n + \sqrt{\rho_n^2 - \dfrac{P^2}{4\pi^2}(\pi - \theta)^2} & (\theta_2 \leq \theta \leq \pi) \end{cases} \quad (2.24)$$

$$\theta_1 = \frac{\pi}{4}, \quad \theta_2 = \pi\left(1 - \frac{\sqrt{3}\rho_n}{P}\right)$$

ここで ρ_n は，めねじの谷底の丸み半径である．ねじ山と丸み部分が干渉しないための幾何学的制限から，ρ と ρ_n には上限値 ρ_{max}，$\rho_{n\mid max}$ が存在する．

$$\left.\begin{array}{l} \rho_{max} = \dfrac{\sqrt{3}}{12}P \cong 0.144\,3P \\[3mm] \rho_{n\mid max} = \dfrac{\sqrt{3}}{24}P \cong 0.072\,17P \end{array}\right\} \quad (2.25)$$

おねじ谷底の丸み半径 ρ について，図 2.18（b）は $\rho = \rho_{max}$ に対応している．図 2.17 に示した $\theta = -\pi \sim 0$ と $\theta = 0 \sim +\pi$ のねじ山形状の対称性を考慮

して，式 (2.23) を用いて 1 ピッチ分のおねじの外形を平面上に展開すると，**図 2.19** に示す軸直角断面形状が得られる．図中の A–B，B–C，C–D は図 2.17 と対応しており，A_1，A_2，A_3 は各部分の面積を表している．

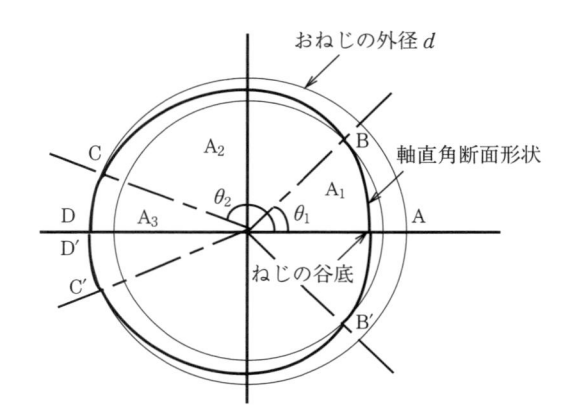

図 2.19 おねじの軸直角断面形状

図 2.20（a）は，呼び径が 3，8，12，20，30，48，64 mm の並目ねじについて，式 (2.23) を用いて描いたおねじの軸直角断面形状であり，図 2.19 の上半分に対応している．おねじの谷底の丸み半径 ρ は $0.125P$ としている．右端がねじ谷底，左端が山の頂である．図中の実線はねじ断面の外形，破線は呼び径 d を直径とする円を表している．図から明らかなように，真の断面形状

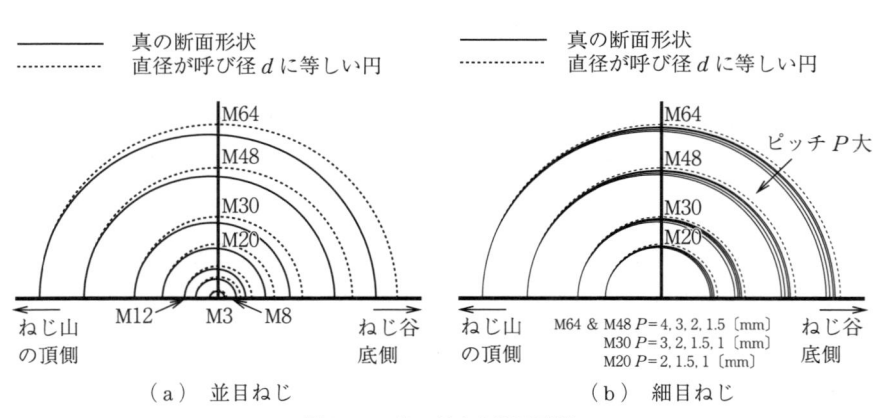

（a）並目ねじ　　　　　（b）細目ねじ

M64 & M48 $P=4, 3, 2, 1.5$ [mm]
M30 $P=3, 2, 1.5, 1$ [mm]
M20 $P=2, 1.5, 1$ [mm]

図 2.20 真の軸直角断面形状

は谷底周辺を中心に呼び径を直径とする円からかなりずれており，その傾向は呼び径が小さいねじほど顕著である．その原因は1.4.5項で説明したように，ピッチPと呼び径dの比P/dが，呼び径が小さいねじほど大きくなることによる．

図2.20（b）は，呼び径が20，30，48，64 mmの細目ねじを対象として，ピッチの変化と断面形状の関係を示している．同じ呼び径の並目ねじと比べて，ねじ山が小さいために，真の軸直角断面形状は呼び径を直径とする円に近づいている．

―――――〈数値で学ぶ2.2〉 ねじ谷底の最大直径―――――

M16の並目ねじと細目ねじのおねじについて，ねじ谷底の直径d_rの最大値を求める．式（2.23）の第1式に$\theta=0$，$H=0.866\,0P$，ρに最大値の$0.144\,3P$を代入すると，d_rの最大値は$(d-1.227P)$となる．$d=16$ mmに対して，並目ねじと細目ねじのピッチを代入すると，並目ねじ（$P=2$ mm）：13.546 mm，細目ねじ（$P=1.5$ mm）：14.160 mm，細目ねじ（$P=1$ mm）：14.773 mmとなる．

2.3.2 さまざまなねじの断面形状[42]

ねじの軸中心からの距離rを用いると，さまざまなねじ山の形状を数式で表すことができる．前項の1条ねじでは，軸直角断面において$\theta=-\pi\sim 0$と$\theta=0\sim+\pi$の部分が対称である．これに対して，2条ねじでは$\theta=-\pi/2\sim 0$と$\theta=0\sim+\pi/2$，3条ねじでは$\theta=-\pi/3\sim 0$と$\theta=0\sim+\pi/3$の部分が対称となる．したがって，ねじの条数をiとすると，最初の$180°/i$の部分が基本形状となり，つぎの$180°/i$では基本形状と同じものが線対称に現れる．それらがペアとなって条数iの数だけ繰返される．例えば，3条ねじのおねじの断面形状は以下のように表すことができる．

$$r = \begin{cases} \dfrac{d}{2} - \dfrac{7}{8}H + 2\rho - \sqrt{\rho^2 - \left(\dfrac{3P}{2\pi}\right)^2 \theta^2} & (0 \leq \theta \leq \theta_1) \\[2mm] \dfrac{d}{2} - \dfrac{7}{8}H + \dfrac{3H}{\pi}\theta & (\theta_1 \leq \theta \leq \theta_2) \\[2mm] \dfrac{d}{2} & \left(\theta_2 \leq \theta \leq \dfrac{\pi}{3}\right) \\[2mm] \dfrac{d}{2} & \left(\dfrac{\pi}{3} \leq \theta \leq \theta_3\right) \\[2mm] \dfrac{d}{2} - \dfrac{7}{8}H + \dfrac{3H}{\pi}\left(\dfrac{2\pi}{3} - \theta\right) & (\theta_3 \leq \theta \leq \theta_4) \\[2mm] \dfrac{d}{2} - \dfrac{7}{8}H + 2\rho - \sqrt{\rho^2 - \left(\dfrac{3P}{2\pi}\right)^2\left(\dfrac{2\pi}{3} - \theta\right)^2} & \left(\theta_4 \leq \theta \leq \dfrac{2\pi}{3}\right) \\[2mm] \dfrac{d}{2} - \dfrac{7}{8}H + 2\rho - \sqrt{\rho^2 - \left(\dfrac{3P}{2\pi}\right)^2\left(\theta - \dfrac{2\pi}{3}\right)^2} & \left(\dfrac{2\pi}{3} \leq \theta \leq \theta_5\right) \\[2mm] \dfrac{d}{2} - \dfrac{7}{8}H + \dfrac{3H}{\pi}\left(\theta - \dfrac{2\pi}{3}\right) & (\theta_5 \leq \theta \leq \theta_6) \\[2mm] \dfrac{d}{2} & (\theta_6 \leq \theta \leq \pi) \end{cases} \quad (2.26)$$

同じく，台形ねじのおねじの断面形状は以下のようになる．

$$r = \begin{cases} \dfrac{d}{2} - \dfrac{P}{2} - \rho & (0 \leq \theta \leq \theta_1) \\[2mm] \dfrac{d}{2} - \dfrac{P}{2} - \sqrt{\rho^2 - \dfrac{P^2}{4\pi^2}(\theta - \theta_1)^2} & (\theta_1 \leq \theta \leq \theta_2) \\[2mm] \dfrac{d}{2} - \left(\dfrac{H}{2} + \dfrac{H_1}{2}\right) + \dfrac{H}{\pi}\theta & (\theta_2 \leq \theta \leq \theta_3) \\[2mm] \dfrac{d}{2} & (\theta_3 \leq \theta \leq \pi) \end{cases} \quad (2.27)$$

それぞれのめねじについても同じ形式で表すことができる．多条ねじ，台形ねじ，管用平行ねじの軸断面と軸直角断面の形状は，文献42) に詳細に説明

されている．管用平行ねじと管用テーパねじの場合，ねじ山の角度が 55° とやや小さいが，三角ねじと類似の式となる．管用テーパねじについては，軸方向に 1/16 のテーパがついているために数式がやや複雑となる[43]．

図 2.21（a），（b）は，3 条ねじと台形ねじのおねじの断面形状を図 2.20 と同じ形式で描いたものである．図中のパラメータは呼び径である．3 条ねじでは最初の 60° の部分が基本形状であり，つぎの 60° の部分は同じ形状で線対称となっている．台形ねじは，ねじ山の角度 α が 30° と小さいために，軸直角断面がややいびつな形状となっている．

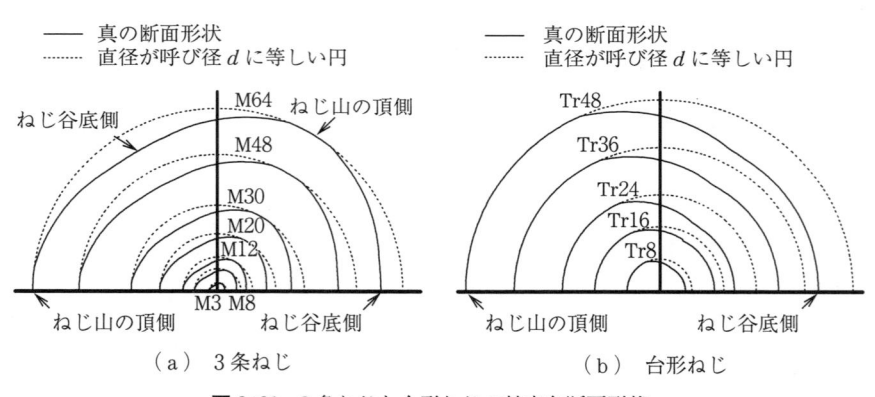

（a） 3 条ねじ

（b） 台形ねじ

図 2.21　3 条ねじと台形ねじの軸直角断面形状

2.4　ねじの真の断面積

三角ねじのおねじの場合，ねじの真の断面積 A_e は図 2.19 に示した三つの部分の面積の和として求めることができる[41]．

$$A_e = 2 \times (A_1 + A_2 + A_3)$$

$$= 2 \times \left(\int_0^{\theta_1} \int_0^r r\,dr\,d\theta + \int_{\theta_1}^{\theta_2} \int_0^r r\,dr\,d\theta + \frac{\pi d^2}{4} \times \frac{\pi - \theta_2}{2\pi} \right) \quad (2.28)$$

2.4 ねじの真の断面積

第1項と第2項は解析的に積分することが可能であり，結果として次式を得る。

$$A_e = (C_1^2 + C_2)\theta_1 - \frac{C_3}{3}\theta_1^3 - C_1\sqrt{C_3}\left(\theta_1\sqrt{\frac{C_2}{C_3} - \theta_1^2} + \frac{C_2}{C_3}\sin^{-1}\sqrt{\frac{C_3}{C_2}}\theta_1\right)$$

$$+ \frac{C_4^2}{3}(\theta_2^3 - \theta_1^3) + C_4 C_5(\theta_2^2 - \theta_1^2) + C_5^2(\theta_2 - \theta_1) + \frac{d^2}{4}(\pi - \theta_2)$$

(2.29)

ここで，$C_1 = \frac{d}{2} - \frac{7}{8}H + 2\rho$, $C_2 = \rho^2$, $C_3 = \frac{P^2}{4\pi^2}$, $C_4 = \frac{H}{\pi}$, $C_5 = \frac{d}{2} - \frac{7}{8}H$

式（2.29）を用いて真の断面積 A_e を計算し，それと等しい面積を持つ円を考えて，次式により真の有効径 d_e を定義する。

$$d_e = \sqrt{\frac{4A_e}{\pi}}$$

(2.30)

めねじの断面積は，ナットの外形を表す六角形の面積を求め，その値からめねじの内側の面積 A_{ins} を差し引くことにより計算できる。A_{ins} は，おねじの断面積と同じ方法で求めることができるので，以下に結果のみ示す。

$$A_{ins} = (C_{1n}^2 + C_{2n})(\pi - \theta_2) - \frac{C_3}{3}(\pi - \theta_2)^3$$

$$+ C_{1n}\sqrt{C_3}\left((\pi - \theta_2)\sqrt{\frac{C_{2n}}{C_3} - (\pi - \theta_2)^2} + \frac{C_{2n}}{C_3}\sin^{-1}\left(\sqrt{\frac{C_3}{C_{2n}}}(\pi - \theta_2)\right)\right)$$

$$+ \frac{C_4^2}{3}(\theta_2^3 - \theta_1^3) + C_4 C_5(\theta_2^2 - \theta_1^2) + C_5^2(\theta_2 - \theta_1) + \frac{d_1^2}{4}\theta_1 \quad (2.31)$$

ここで，$C_{1n} = \frac{d}{2} + \frac{H}{8} - 2\rho_n$, $C_{2n} = \rho_n^2$

式中の定数 C_3, C_4, C_5 は，式（2.29）と共通である。式（2.31）は，1条ねじの三角ねじの A_{ins} を表している。そのほかのねじの A_{ins} は文献42）に示されている。

表2.1 は，メートル並目ねじの真の断面積 A_e と真の有効径 d_e の計算結果をまとめたものである[41]。比較のために，有効径 d_2 と有効断面積の直径 d_s，さ

表2.1 並目ねじの真の断面積と真の有効径

並目ねじ	M1	M1.2	M1.6	M2	M2.5	M3	M4
A_e [mm²]	0.564	0.859	1.505	2.412	3.872	5.677	9.980
d_e [mm]	0.847	1.046	1.384	1.753	2.220	2.689	3.565
d_s [mm]	0.765	0.965	1.272	1.625	2.078	2.531	3.343
$(d_s-d_e)/d_e$ [%]	−9.633	−7.667	−8.143	−7.294	−6.424	−5.864	−6.212
$(d_2-d_e)/d_e$ [%]	−1.113	−0.765	−0.844	−0.705	−0.574	−0.495	−0.543
並目ねじ	M5	M6	M8	M10	M12	M16	M20
A_e [mm²]	15.911	22.708	40.939	64.504	93.406	170.735	266.773
d_e [mm]	4.501	5.377	7.220	9.063	10.905	14.744	18.430
d_s [mm]	4.249	5.062	6.827	8.593	10.358	14.124	17.655
$(d_s-d_e)/d_e$ [%]	−5.589	−5.864	−5.436	−5.184	−5.018	−4.208	−4.208
$(d_2-d_e)/d_e$ [%]	−0.458	−0.495	−0.438	−0.406	−0.386	−0.292	−0.292
並目ねじ	M24	M30	M36	M42	M48	M56	M64
A_e [mm²]	384.153	606.926	880.441	1204.697	1579.696	2167.137	2847.287
d_e [mm]	22.116	27.799	33.482	39.165	44.848	52.529	60.210
d_s [mm]	21.185	26.716	32.247	37.778	43.309	50.840	58.371
$(d_s-d_e)/d_e$ [%]	−4.208	−3.893	−3.687	−3.540	−3.431	−3.215	−3.055
$(d_2-d_e)/d_e$ [%]	−0.292	−0.259	−0.238	−0.223	−0.213	−0.193	−0.178

らに d_2 と d_s に対する d_e の比も示している。d_e は d_s に比べて 3～10% 程度大きく,その傾向は呼び径が小さいほど顕著である。d_2 については,当然のことながら d_s に比べてかなり d_e と近い値となっており,d_e は d_2 より 0.2～1.1% 程度大きい。両者の差は呼び径が小さいほど大きくなっている。

図には示していないが,細目ねじはピッチが小さいので,並目ねじに比べて真の断面積 A_e は大きくなる。d_e と d_s の差は 0.7～4.4% 程度であり,d_e と d_2 の差は非常に小さく,呼び径の大きなねじでは,両者の値はほぼ同じとみなすことができる。最小二乗法を用いて,真の有効径 d_e と呼び径 d,ピッチ P の関係式を求めると,次式を得る。

$$d_e \approx 0.9985\,d - 0.6128\,P \tag{2.32}$$

文献 41) には,ユニファイねじの真の断面積 A_e と真の有効径 d_e も示されている。同様の手法により,三角ねじの多条ねじ,台形ねじ,管用ねじの真の断面積についても理論式が導かれている[42]。

2.5 ねじ山のらせん形状を再現した有限要素モデル

2.5.1 種々のらせんモデル作成方法

ねじのさまざまな力学特性は，ねじ山のらせん形状に起因している．したがって，ボルト締結体の力学特性を厳密に解析するためには，ねじ山のらせん形状を忠実に再現した有限要素モデルの使用が望まれる．例えば，トルク法による締め付け過程を解析するためには，ねじのリード角の影響を考慮することが不可欠である．一方，軸力を与えたときのねじの谷底の応力集中，ねじ山の荷重分布，締結部の剛性などを評価する場合，**図2.22**（a）に示すように，ねじ山を軸対称形状の"そろばん玉"と仮定することにより解析が可能である．有限要素法における軸対称解析は，二次元の要素分割を使用するために計算効率が高く，前述の力学特性の解明に対応可能である．さらに，外力が軸線に対称に作用する場合のねじ谷底に発生する応力振幅の評価にも使用できる．ねじの締め付け特性やゆるみ特性を解析するためには，図2.22（b）のように，ねじ山のらせん形状を正確に再現した三次元モデルが必要となる．

(a) 軸対称モデル　　(b) らせんモデル
図2.22　軸対称モデルとらせんモデル

一方，外力は非軸対称に作用するが，ねじの回転ゆるみを対象としない場合は，図2.22（a）のモデルを軸まわりに回転させた**三次元そろばん玉モデル**で実用的な解が得られるケースが多い．

らせんモデルが必要となるケースとして，ねじのゆるみ現象の解明，トルク法による締め付け過程の解析が挙げられる．前者については，被締結体が繰返

し，せん断荷重を受けた場合のゆるみ過程[44]）など，いくつかの研究成果が報告されている。後者については，三次元らせんモデルを用いることなく，二次元の軸対称有限要素モデルに対して，1節点当りの自由度を3とすることにより，弾性および弾塑性解析が可能である[45),46)]。これまでに提案されているらせんモデルの作成方法は以下のように分類できる。

〈**方法1**〉 ねじ山の軸断面において，**図2.23**のように軸線から，わずかに離してねじ山1ピッチ分のモデルを作成し，それをつる巻線に沿って回転させる。ボルト軸中心に小さな円孔が残るが，力学特性に及ぼす影響は無視できる程度である。

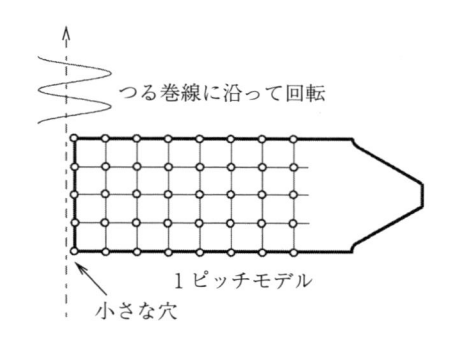

図2.23 軸断面の回転によるらせんモデルの作成

〈**方法2**〉 ボルトの中心部を円柱でモデル化し，〈方法1〉と同じ手順により，内径が円柱の直径と等しい**中空のらせん形状のねじ山**を作成し，円柱の表面に結合する。らせん部分と円柱表面の要素分割は必ずしも一致しないが，モデルの作成が比較的容易なことから広く用いられている。

〈**方法3**〉 ねじ山のらせん形状を考慮して，ねじ部品全体のソリッドモデルを作成し，モデルの内部をソフトウェアの機能を用いて自動分割する。

〈**方法4**〉 図2.20や図2.21で示した**ねじの真の断面形状**を二次元要素で分割し，それを回転させながら軸方向に適切な間隔で積み上げて，対応する節点を結ぶことにより，ねじ山のらせん形状を再現する。

〈方法1〉では，ボルトの先端部分およびねじの切り上げ部と円筒部の接続部分において，大きく要素の形状がひずむことは避けられない。〈方法2〉でも同

2.5 ねじ山のらせん形状を再現した有限要素モデル　　63

じ問題が残る。

　以下に，〈方法1〉～〈方法3〉を用いた場合の問題点をもう少し詳しく考察する。ボルト側のねじについては，はめあいねじ部の両側にナット側のねじとかみ合わない適当な長さのねじ部を設けることにより，強度が問題となるはめあいねじ部を適切なパターンで要素分割することが可能となる。一方，ナット側については，ねじ山がしだいに消えていくナット座面付近の形状を正確に再現しようとすると，極端なアスペクト比の扁平な要素を使用しなければならない。〈方法3〉では，ねじ山のらせん形状を適切に再現できるが，自動分割機能を利用する場合，高い応力集中が発生する部分に，小さな要素を配置することが困難なケースがある。

　以上の点から，〈方法1〉～〈方法3〉により作成したらせんモデルは，ねじ谷底の応力集中をはじめ，詳細な応力分布や応力振幅の評価を目的とする場合，必ずしも十分な精度が得られないことがある。次項では，ねじ山を1ピッチ単位で作成することにより，ねじ山のらせん形状を忠実に再現できる〈方法4〉について解説する。

2.5.2　断面の数式表示を用いたらせんモデルの作成[47)]

　「ねじの軸直角断面の形状は軸のどの位置で切断しても同じである」という特性を利用すると，高い応力集中が予測される部分に細かい要素を配置して，ねじ山のらせんモデルを1ピッチ単位で作成することができる。2.3節の"ねじの真の断面形状"を表す式を用いると，三角ねじ，台形ねじをはじめ，各種ねじのらせんモデルの作成が可能となる。以下に，おねじを対象として1ピッチ P のねじ山を軸方向に n_p 等分した場合のモデリング手順を示す。

① 図2.24（a）のように"真の軸直角断面"を適切に分割して二次元モデルを作成する。これを基本分割モデルとする。

② 基本分割モデルを $z=0$ の位置に置く。

③ 基本分割モデルを反時計回りに $2\pi/n_p$ 回転させて，それを軸方向に P/n_p 離れた位置に置く。

(a) 真の軸直角断面   (b) 軸断面の1ピッチモデル

図2.24 軸直角断面と軸断面の要素分割

④ $z=0$ と $z=P/n_p$ に置かれた基本分割モデルの対応節点を結ぶと，$1/n_p$ ピッチ分のモデルが得られる。

⑤ 手順③と④を n_p 回繰返すと，1ピッチ分のらせんモデルが完成する。

⑥ ねじ山数に応じて手順⑤で作成した1ピッチモデルを積み上げる。

ここで，基本分割モデルの円周方向の分割数を軸方向に合わせて n_p とすると，半径が大きいねじ山先端付近では，円周方向の分割が粗くなる。その結果，半径方向に比べて円周方向の辺がかなり長い要素となり，解析精度が低下する。そこで実際のモデリングでは，解析精度と計算効率の観点から，ねじ山周辺部分と軸中心部分の要素分割モデルを別々に作成する。

図2.24（b）に示す矢印の内側は軸中心部分であり，1ピッチ分の高さを持つ円柱としてモデル化する。その外側にらせん形状のねじ山モデルを結合する。この場合，両モデルの界面における要素分割は完全に一致させる。図2.24（a）中の矢印は，軸直角断面における両モデルの境目を示している。**図2.25**は，上記の手法により得られたおねじ1ピッチ分のらせんモデルである。

めねじについても同じ手法でらせんモデルが作成できる。ここで提案した手法を用いると，ナット座面付近にも適切なアスペクト比の要素を配置できるの

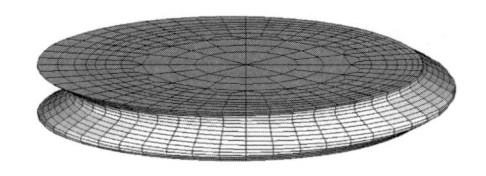

図2.25 おねじ1ピッチ分のらせんモデル

2.5 ねじ山のらせん形状を再現した有限要素モデル

で，バランスのとれた有限要素モデルが作成できる。ねじの切り上げ部のモデリングについては，切り上げ部の形状に合わせて，らせんに沿って溝の深さをしだいに浅くし，ボルト円筒部となめらかに接続する。

図2.26（a）はボルト締結体全体の要素分割を示している。ねじの呼びはM16の並目ねじである。図2.26（b）はナットモデルの要素分割を示している。180°離れたナットの第1ねじ山の高さが1ピッチと0.5ピッチとなっており，らせん形状が正確に再現されていることがわかる。ナットは簡単のために"丸ナット"としているが，外形を通常の六角形とすることも可能である。上で示したモデルの作成手順において，条数が i の多条ねじの場合は，$i \times P$ で1リード分のモデルが完成する。**図2.27**（a），（b）は，2条ねじと3条ねじのボルトモデルを一例として示している[42]。

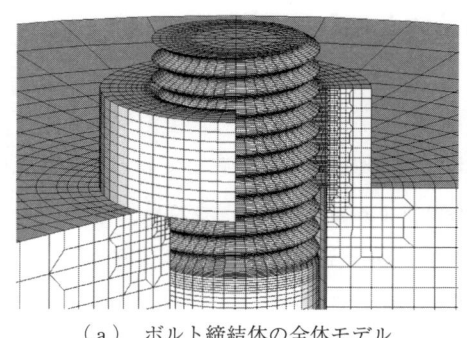

（a）ボルト締結体の全体モデル　　　（b）ナットモデルの要素分割

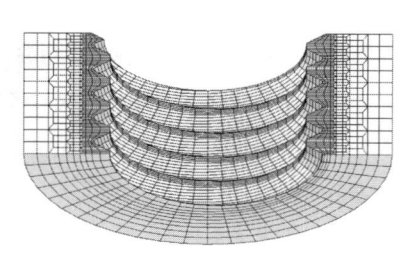

図2.26 ボルト締結体の全体モデルとナットモデル

図2.27（c）は，2条ねじの断面の要素分割である。1条ねじでは180°離れたねじ山の位置は半ピッチ分だけずれるが，2条ねじでは第1らせんと第2らせんの左右のねじ山が軸線に対して対称となっている。やや判別しにくいが，同じ軸断面内に2条ねじでは二つのらせん，3条ねじでは三つのらせんが存在している。本体側はめあいねじ部[21]，管用ねじ[43]についても，同様の手法を適用してらせんモデルの作成が可能であり，各ねじの力学特性が解析されている。

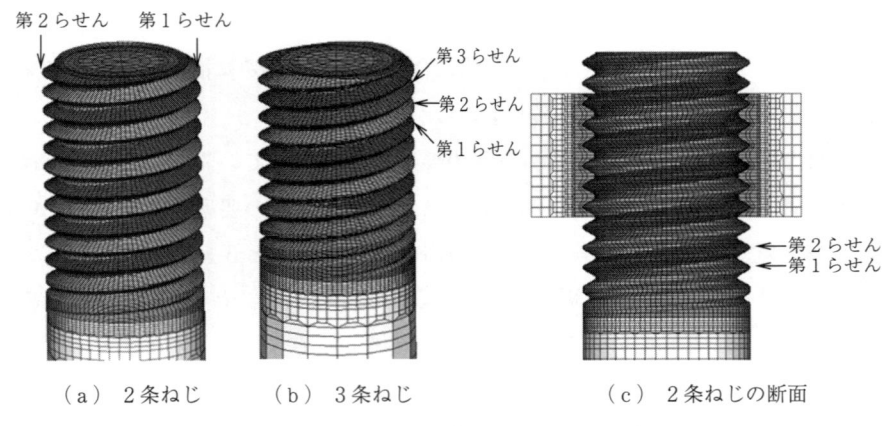

(a) 2条ねじ　　(b) 3条ねじ　　(c) 2条ねじの断面

図2.27　2条ねじと3条ねじのらせんモデル

2.6　ボルト締結体と接触面剛性

2.6.1　界面における接触面剛性

　一見，平らに見える面も微視的には小さな突起が多数存在している。物体表面の粗度を表す尺度として**表面粗さ**（surface roughness）と**うねり**（waviness）がある。**図2.28**（a）では，一体円柱と高さの合計が等しい二つ割り円柱を押し付けたときの圧縮力と変位の関係を比較している[48]。

　二つの円柱を押し付けた場合，円柱の本体に比べて剛性が低い界面の微小突起部分は，低い面圧でも塑性変形するために図に示したような非線形挙動を示す。このように微小突起の塑性変形に起因する剛性は**接触面剛性**（interface stiffness）と呼ばれている。

　表面粗さは接触面剛性に大きく影響し，粗さの増加に伴って圧縮力-変位関係の非線形性は顕著になる。二つの円柱を押し付けたときの圧縮力-変位関係において，面圧が低い領域O-Aではほとんど微小突起部分のみが変形する。

　領域A-Bは，圧縮力の増加に伴って円柱の本体部分の変形が支配的となる領域である。本体部分はフックの法則に従って変形するため，圧縮力と変位の

2.6 ボルト締結体と接触面剛性

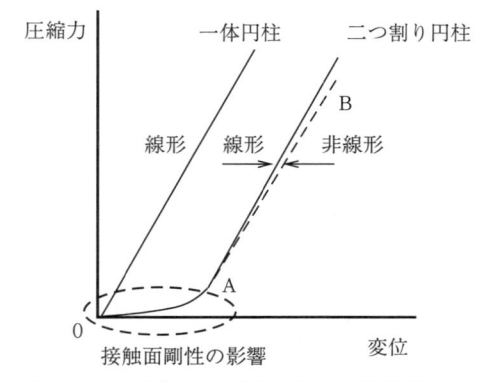

(a) 一体円柱と二つ割り円柱の圧縮特性

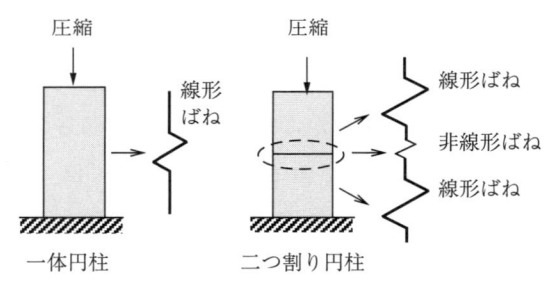

(b) ばねモデルによる表示

図 2.28 接触面剛性に起因する非線形挙動

関係はほぼ直線となる。図 2.28 (b) は，一体円柱と二つ割り円柱の押し付けをばねモデルで表したものである。後者において，接触面剛性は非線形のばねで表されている。

図 2.29 は接触面近傍の拡大図である。初期状態から圧縮力が作用すると，対応する面が近づくように微小突起が変形する。この変形量は**接触面の近寄り量**と呼ばれている。

図 2.30 は近寄り量 ζ と**接触面面圧**（contact pressure）p_n の関係を示している。オストロフスキー（V. I. Ostrovskii）らによると，ζ（μm）と p_n（MPa）の関係は次式で表すことができる[49]。

$$\zeta = c_o p_n^{m_o} \tag{2.33}$$

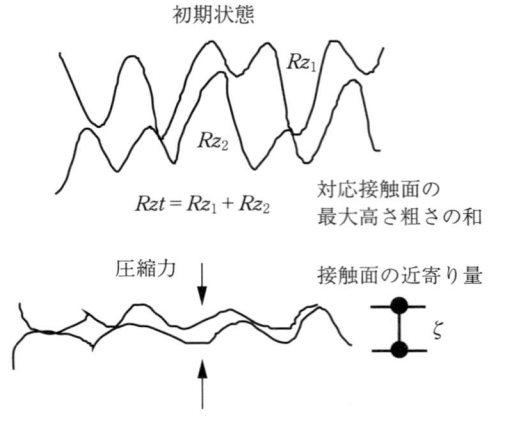

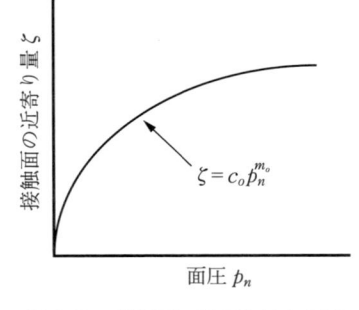

図 2.29 接触面の微小突起の変形   **図 2.30** 接触面の近寄り量と面圧

式中の c_o と m_o は定数である。谷口らは体系的な実験により，c_o と m_o の値を求め，表面粗さとの関係を明らかにしている[50]。谷口らの実験結果を用いて，c_o と m_o を各接触面の最大高さ粗さ Rz の和 Rzt（単位：μm）の関数として表すと次式を得る[51]。

$$\left. \begin{array}{l} c_o = 0.067\,4Rzt + 0.413 \\ m_o = 0.015\,5Rzt + 0.155 \end{array} \right\} \quad (2.34)$$

Back らは m_o の最大値を 0.5 としている[52]。ボルト締結体にはねじ面，ナット座面，ボルト頭部座面，被締結体界面の4種類の接触面が存在する。各接触面の表面粗さを測定すると，式（2.34）より定数 c_o，m_o を求めることができる。その値を式（2.33）に代入すると，接触面の近寄り量 ζ を面圧 p_n の関数として算出することが可能となる。接触面剛性は3章で解説するさまざまなねじの締め付け方法の精度に影響し，6.4節で取り上げる"ねじの非回転ゆるみ"の主要な原因となる。

2.6.2　法線方向と接線方向の接触面剛性 [53]

式（2.33）を用いると，接触面剛性に起因する法線方向のばね定数 k_n は，面に作用する垂直力を F_n，接触面面積を A_{cn} として，次式のように表すこと

ができる。

$$k_n = \frac{dF_n}{d\zeta} = \frac{A_{cn}}{c_o m_o} p_n^{1-m_o} \tag{2.35}$$

せん断方向の接触面剛性を表すばね定数 k_t は，Kirsanova と Back が提案している式を用いて k_n と関係付けることができる。Kirsanova は，せん断方向の変形量 ζ_t をせん断方向の応力 p_t と，せん断方向コンプライアンス $1/k_t$ の積として表すことを提案している[54]。

$$\zeta_t = \frac{p_t}{k_t} \tag{2.36}$$

Back は，k_t と面圧 p_n の関係を，材料により決まる定数 R，S を用いて表している[52]。

$$\frac{1}{k_t} = \frac{R}{p_n^S} \tag{2.37}$$

せん断方向のばね定数 k_t は，p_t を ζ_t で微分して接触面積 A_{cn} を乗じて求める。そこで，式（2.36），（2.37）を用いて k_t を求め，ζ_t が面圧 p_n の影響を受けないと仮定して，k_n との比を計算すると次式を得る。

$$k_t = \frac{c_o m_o}{R} p_n^{m_o+S-1} \times k_n \tag{2.38}$$

せん断方向のばね定数 k_t は，法線方向のばね定数 k_n と面圧 p_n および定数 c_o, m_o, R, S の値がわかると，式（2.38）から算出できる。Back によると，S は 0.5 であり，R についてはポアソン比 ν を用いて計算できる式を提案している。

$$\frac{R}{c_o m_o} = 2(1+\nu) \tag{2.39}$$

以上の結果，最大高さ粗さの和 Rzt，面圧 p_n，接触面積 A_{cn} が与えられると k_n と k_t の算出が可能となる。

2.6.3 法線方向剛性の簡易計算式

接触面剛性はボルト締結体のさまざまな力学挙動に影響する。例えば，油圧

テンショナを用いてボルトを締結する**張力法**では，法線方向の接触面剛性が問題となる．その場合，締め付け特性に影響するねじ面，ナット座面の面圧はかなり高く，式（2.33）において面圧 p_n に対する接触面の近寄り量 ζ の変化が小さい領域で使用する．以上の点を考慮すると，より簡便に k_n を評価することが可能となる．谷口らは，面圧 p_n がある値以上になると ζ が p_n の一次関数となるという実験結果を得ている[50]．

$$\zeta = b_1 p_n + b_2 \quad (2.40)$$

定数 b_1，b_2 について，b_1 の値は非常に小さく，b_2 は最大近寄り量 ζ_{max} に大きく依存し，対応する接触面の最大高さ粗さの和 Rzt とともに増加するという実験結果を得ている．その結果を参照して，ζ_{max} と Rzt の関係を以下のように近似する．

$$\zeta_{max} = 0.25 Rzt \quad (2.41)$$

式（2.41）を用いると，ボルト軸力を F_b として，ねじ面，ナット座面，ボルト頭部座面の接触面剛性を，以下に示すばね定数 K_{cn} により評価できる．

$$K_{cn} = \frac{F_b}{\zeta_{max}} \quad (2.42)$$

K_{cn} はボルト軸力によって変化する非線形ばね定数である．各接触面におけるばね定数は，添字を付してそれぞれ K_{th}，K_{nu}，K_{hd} と表記する．被締結体界面では，図1.12に示したようにボルト穴周辺から半径方向に向かって面圧が低下する．そこで，面圧を受ける部分の被締結体の変形体積から平均近寄り量を求め，その値を式（2.42）の ζ_{max} に代入することにより，接触面剛性に起因するばね定数 K_f を算出する[36]．

2.7　ボルト締結体と接触熱抵抗

ボルト締結体が熱負荷を受けると，ねじ部品と被締結体の熱膨張差により軸力が変化する．軸力変化に大きく影響する因子として，締結部の形状と温度分布，締結部材料の線膨張係数，熱伝導率，弾性係数などが挙げられる．また，

2.7 ボルト締結体と接触熱抵抗

締結部に存在する接触面は，熱流れに対する抵抗となるため温度分布に大きく影響することがある．したがって，温度分布を高い精度で求めるためには，ボルト締結体に含まれる4種類の接触面における熱抵抗を正確に評価しなければならない．さらに，ボルト軸部と被締結体表面の間，はめあいねじ部の遊び側フランクには小さなすきまが存在する．このようなすきまでは，空気層を介して熱が伝わる．空気の熱伝導率は炭素鋼の1/2 000 程度と非常に小さいが，上記のような小さなすきまでは熱伝導，ふく射，対流の作用によって対応表面間をかなりの熱が流れる．

接触面の存在に起因する熱抵抗は**接触熱抵抗**（thermal contact resistance）と呼ばれる．**図2.31**は定常状態における界面周辺の温度分布を示している．熱は左から右に向かって流れ，左側の物体の熱伝導率は，右側に比べて低いとしている．

二つの物体が接触する界面では，表面の微小突起やうねりの影響によって複雑な温度分布となる．そこで，簡単のために，界面において ΔT (K) の温度差があると考えると，接触熱抵抗 R_{cn} は**熱流束**（heat flux）を q [W/m²] として次式で表される．

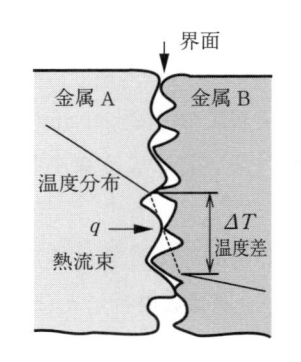

図2.31 界面周辺の温度分布と接触熱抵抗

$$R_{cn} = \frac{\Delta T}{q} = \frac{1}{h_c} \tag{2.43}$$

h_c は R_{cn} の逆数で**接触熱伝達率**（thermal contact coefficient）と呼ばれており，伝熱工学の観点からは熱伝達率と同じように扱うことができる．図2.31において，温度勾配は熱伝導率が低い左側の物体のほうが大きくなっている．接触熱伝達率に影響する因子としては，面圧と表面粗さ，締結部材料に関連する量として熱伝導率と硬度が考えられる．

熱が伝わる機構は，熱伝導，対流，ふく射に分類できる．空気層によって隔てられた二つの面の間の熱交換は，両者の距離が離れていると無視できる．し

かしながら2面間の距離が非常に小さい場合，例えば，数ミリメートル以下になると経験上，ある程度の熱が流れることが知られている。小さなすきまを介して流れる熱は次式で定義する**見かけの接触熱伝達率**（apparent thermal contact coefficient）によって，定量的に表すことができる。

$$h_e = \frac{q}{\Delta T_e} \tag{2.44}$$

ΔT_e（K）は対応表面間の温度差である。ねじの呼び径によって異なるが，通常，はめあいねじ部の遊び側フランクのすきまは1mm未満，ボルト軸部と被締結体間のすきまは数ミリメートル以下である。

JIS規格では，ボルト穴径d_hについて，1級，2級，3級と鋳抜き穴用の4級が規定されており，1級がもっとも小さく，4級がもっとも大きい。呼びがM6～M64のボルトについて，すきまの大きさは1級では0.2～1mm，2級は0.3～3mm，3級は0.5～5mmの範囲で変化する。このような小さなすきまを介して伝わる熱は無視できない。

5.2節と5.3節では，接触熱伝達率h_cと見かけの接触熱伝達率h_eの求め方と具体的な数値および推定式を示す。5.5節では，有限要素解析にh_cとh_eを組み込み，ボルト締結体に熱負荷が作用したときの熱および力学挙動の解析結果を紹介する。

3 ねじの締め付けの力学

3.1 各種締め付け方法とその特性比較

ねじを締結する場合,ねじの寸法形状,要求されるボルト軸力の精度,締結部が受ける外力などに応じてさまざまな締め付け方法が適用される。本節では,もっとも一般的なトルク法をはじめとして,代表的な締め付け方法の概略をまとめて紹介する。

(1) **トルク法** トルク法(torque control method)は,ねじの斜面を利用して,トルクレンチやスパナを用いて,ナットあるいはボルト頭部に与えたトルクをボルト軸力に変換する方法である。締め付け作業が簡単であり,安価な工具を用いて人力で締め付けることが可能なため,もっとも広く使用されている。油圧レンチやエアレンチによる締め付け,空気圧を衝撃力として利用したインパクトレンチもトルク法の一種である。トルク法の短所として,軸力のばらつきが比較的大きい点が挙げられる。同じトルクで締め付けた場合でも,ねじ面やナット座面の摩擦係数のばらつきに起因して,軸力が25~35%程度ばらつくことは避けられないといわれている[55],[56]。軸力のばらつきの大きさは,接触面の状態,使用する潤滑油の性状によって大きく変化する。

(2) **トルク勾配法** トルク法で締め付けるとき,軸力を上げていくとねじ谷底を中心に局所的な塑性変形が発生する。その結果,軸力があるレベルを超えるとトルクとナット回転角の関係が非線形となるので,回転角に対するトルクの変化率が小さくなるポイントを締め付けの指標とする。これを**トルク勾配法**(torque gradient control method)という。トルク法に比べて得られる軸力の精度は高いが,専用の締め付け工具が必要となる。

（3） 回 転 角 法　　回転角法（angle control method）は，ナットの回転角度の大きさをコントロールすることによって，ボルトに所定の軸力を与える方法である。回転角法には，ボルトを弾性域内で締め付ける**弾性域回転角法**と塑性域まで締め付ける**塑性域回転角法**がある。後者の塑性域回転角法[57),58)]は，軸力が上昇してボルトの塑性変形が進行すると，回転角の増加に対して軸力の変化が小さくなることを利用した締め付け方法である。指標となる回転角が大きいためにボルト軸力の制御が比較的容易であることから，自動車産業などにおいて呼び径の小さな高強度ボルトに対する適用例がある。前者の弾性域回転角法では，ねじ面，ナット座面など接触面の表面粗さや，うねりの影響を押さえるために，最初に**スナグトルク**（snug torque）を与えてボルト・ナットを被締結体に密着させ，それ以降はボルト軸力とナット回転角がほぼ比例することを利用して締め付ける。この方法は，舶用関連の重要部品の締め付けなどに使用されている[59)]。

（4） 張　力　法　　**張力法**は，**油圧テンショナ**（hydraulic tensioner）と呼ばれる専用の装置を用いてボルトに直接張力を与えて締め付ける方法である。図 3.1 は小型油圧テンショナの外観を示している。

図 3.1　油圧テンショナ

接触面の摩擦係数の影響をほとんど受けないので，軸力の誤差を数パーセント以内に抑えることが可能であり，高い締め付け精度が要求される締結部に広く使用されている。一方，締め付け装置が高価であり，対象となるねじ部品のまわりに油圧テンショナを設置するためのスペースが必要となるため，複数のボルトを狭い間隔で配置する締結部には適用できない。また，締結部が薄板の場合，あるいは被締結体のなかに剛性が低く，圧縮特性の評価が困難なガスケットなどを含む場合，締め付け精度が著しく低下することがある。さらに，締め付け作業の最初にボルトに与える張力が目標軸力より高いので，ボルト軸応力を降伏点近くに設定している場合は注意を要する。

（5）熱膨張法 熱膨張法は，ボルトヒータ（bolt heater）を用いて中空ボルトを加熱し，軸方向の伸びを発生させる。その状態でナットを回転してボルト頭部座面を着座させ，冷却時の収縮を利用してボルトを締め付ける方法である。締め付け可能なボルトサイズに制限がなく，装置が安価で小型であるために狭隘な箇所の締め付けが可能である。発電所の大型蒸気タービンの車室の締結には呼び径の大きなボルトが多数使用されている。このように多数のボルトを均一な軸力で締め付ける必要がある場合，ボルト数に等しいボルトヒータを用いた熱膨張法が有効である。

一方，高い精度で締め付けるためには，発生する軸力と加熱時間の関係を正確に求めておく必要がある。それに加えて，熱膨張法は締め付け作業に時間を要するという欠点がある。

図3.2にボルトヒータの一例を示す。ボルトヒータのロッド部分はボルトの中空孔に挿入され，ロッド内のコイルがジュール熱により高温となり，その熱がボルトに伝えられて伸びを発生する。近年，加熱時間の短縮を目的として高周波を利用したボルトヒータも市販されている。

上記の締め付け方法のうち，回転角法，張力法，熱膨張法には共通点が多い。張力法と熱膨張法は，いずれもボルトに直接軸力を与える方法であり，締め付け精度は締結部の剛性に大きく左右される。具体的には，グリップ長さが大きく，締結部の剛性が低い場合に精度が高くなる。回転角法はトルク法の一種であるが，締め付け過程の特性から張力法，熱膨張法と同じく，グリップ長さが大きい締結部に適用すると，高い締め付け精度が期待できる。これに対してトルク法は，通常張力法に比べて締め付け精度は低くなるが，与えたトルクと発生する軸力の関係がグリップ長さや締結部材料のヤング率などの影響を受けないという長所がある。

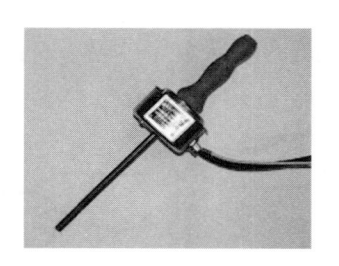

図3.2 ボルトヒータ

3.2 トルク法

3.2.1 トルク－軸力関係式

トルク法は小さな力で大きな軸力を発生でき，締め付け作業が簡単であるという理由からもっとも広く用いられている締め付け方法である。一方，締め付け特性を十分に理解していないために，過大な軸力と軸力不足に起因するトラブルが多いことも否定できない。トルク法を使用するうえでもっとも注意すべきことは，「同じトルクで同じ呼び径のボルトを締め付けても，接触面の摩擦係数の大きさが変わると得られる軸力は大きく変化する」という点である。あるいは「トルクは目標軸力を発生するための手段であり，与えたトルクと発生する軸力の関係は接触面の摩擦係数によって大きく変化する」と表現できる。

ナットに与えた締め付けトルク T_t は，ねじ部とナット座面で消費される。それらを T_1，T_2 とすると

$$T_t = T_1 + T_2 \tag{3.1}$$

が成り立つ。締め付けトルク T_t により発生するボルト軸力を F_b として，ナット座面トルク T_2 の計算式を導く。T_2 はナット座面において摩擦仕事として消費される。図3.3（a）はナット座面面圧 p_{nu} の分布パターンを示している。

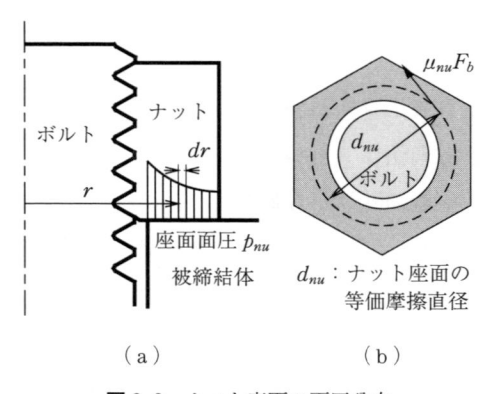

図3.3 ナット座面の面圧分布

面圧 p_{nu} の作用による圧縮力をナット座面の接触範囲にわたって積分した値は，軸力 F_b と等しい．

$$F_b = \int_{r_1}^{r_2} 2\pi r p_{nu} dr \tag{3.2}$$

また，圧縮力にナット座面の摩擦係数 μ_{nu} と，ボルト軸心までの距離 r を乗じて積分した値は，ナット座面トルク T_2 に等しい．

$$T_2 = \int_{r_1}^{r_2} 2\pi r p_{nu} \mu_{nu} r dr = \frac{1}{2}\mu_{nu} F_b d_{nu} \tag{3.3}$$

式 (3.3) の d_{nu} は，図3.3 (b) に示したナット座面の摩擦力が集中荷重として作用すると仮定したときの直径，いいかえればナット座面の摩擦円の等価直径であり，本書では**ナット座面の等価摩擦直径**と呼ぶ．山本は，d_{nu} を呼び径 d の 1.3 倍としている[60]．等価摩擦直径という考え方を用いると，ナット座面トルク T_2 は，座面に作用する摩擦力 $\mu_{nu} F_b$ に，$1/2 d_{nu}$ を乗じた値に等しい．

ねじ部トルク T_1 と軸力 F_b の関係は，ねじ面に作用する力の釣合いから導くことができる．**図3.4** (a)，(b) は，四角ねじの，ねじ面に作用する力の釣合いを示している．

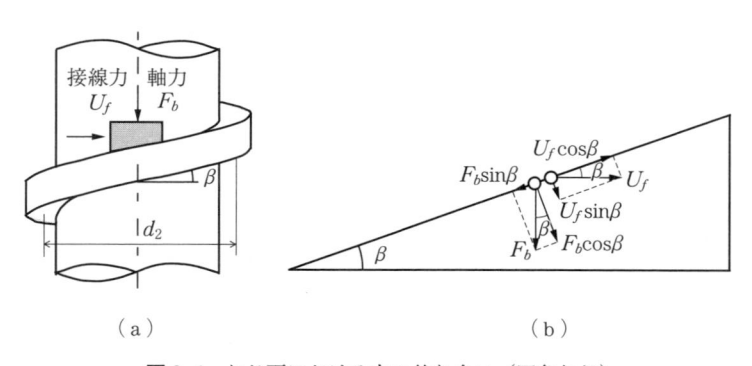

図3.4 ねじ面における力の釣り合い（四角ねじ）

β はリード角，U_f は T_1 により円周方向に作用する力である．U_f が有効径 d_2 の接線方向に作用すると考えると，T_1 は U_f と腕の長さである $1/2 d_2$ の積として

$$T_1 = \frac{1}{2} d_2 U_f \tag{3.4}$$

と表される．ねじ面の摩擦係数を μ_{th} とすると，ねじ面に沿った力の釣合い式は，以下のようになる．

$$U_f \cos\beta - F_b \sin\beta = \mu_{th}(F_b \cos\beta + U_f \sin\beta) \tag{3.5}$$

式（3.5）の左辺では，斜面を登る方向の力を正としており，右辺の括弧内はねじ面に垂直に作用する力である．すなわち式（3.5）は，ねじの斜面を登る力がねじ面に作用する摩擦力に等しいことを表している．ねじ面の摩擦角を ρ_{th} として，式（3.5）を整理すると次式を得る．

$$U_f = F_b \tan(\rho_{th} + \beta) \tag{3.6}$$

ここで

$$\tan\rho_{th} = \mu_{th} \tag{3.7}$$

と置いている．式（3.6）を式（3.4）に代入すると

$$T_1 = \frac{1}{2} F_b d_2 \tan(\rho_{th} + \beta) \tag{3.8}$$

となり，さらに式（3.3）の T_2 とともに式（3.1）に代入すると，四角ねじにおけるトルク-軸力関係式が得られる．

$$T_t = \frac{1}{2} F_b \{d_2 \tan(\rho_{th} + \beta) + \mu_{nu} d_{nu}\} \tag{3.9}$$

三角ねじや台形ねじの場合，ねじ面が水平方向からフランク角（ねじ山半角）α_1 だけ傾いているために，T_1 の式が四角ねじと異なる．この場合，摩擦力は圧力側フランクに垂直な軸力成分で評価しなければならない．**図3.5**（a）は三角ねじのねじ面に作用する力の釣合いを示している．

ねじ山直角断面におけるフランク角 α_1' は，リード角 β の影響によって α_1 に比べてほんのわずか小さくなる．両者の関係は，図3.5（b）に示した軸断面と，ねじ山直角断面の三角形の辺の長さから導くことができる．

$$\tan\alpha_1' = \tan\alpha_1 \cdot \cos\beta \tag{3.10}$$

通常のねじでは，リード角 β が小さいので $\alpha_1' \approx \alpha_1$ として差し支えないが，幾

3.2 トルク法

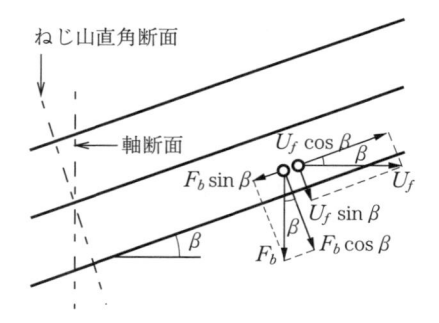

(a) ねじ面上の力の釣合い

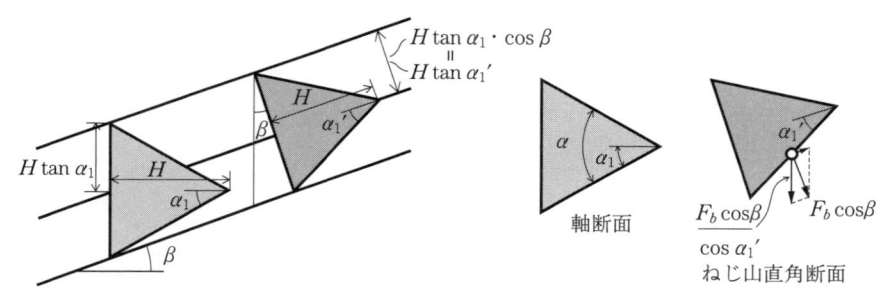

(b) 軸断面とねじ山直角断面の関係　　(c) ねじ山直角断面上の力の釣合い

図 3.5 ねじ面における力の釣合い（三角ねじ）

何学的に厳密に扱う場合は，式 (3.10) を使用する。四角ねじでは α_1 が零であるから α_1' も零となる。三角ねじの場合，ねじ山直角断面に垂直に作用する力は，図 3.5（c）のように $F_b \cos \beta$ を $\cos \alpha_1'$ で除した値になる。その結果，式 (3.5) に対応して三角ねじのねじ面に沿った力の釣合いは以下のように表される。

$$U_f \cos \beta - F_b \sin \beta = \mu_{th} \left(F_b \frac{\cos \beta}{\cos \alpha_1'} + U_f \frac{\sin \beta}{\cos \alpha_1'} \right) \tag{3.11}$$

ここで

$$\tan \rho_{th}' = \frac{\mu_{th}}{\cos \alpha_1'} \tag{3.12}$$

と置く。ρ_{th}' は，三角ねじのねじ面摩擦角である。フランク角 α_1 を 30° とす

ると，α_1' の影響により，摩擦係数 μ_{th} が実際の値に $1/\cos\alpha_1'$ を乗じた15%程度増加すると解釈できる．式（3.11）において U_f と F_b に関する項をまとめると，式（3.6）と同じ形となる．

$$U_f = F_b \frac{\tan\rho_{th}' + \tan\beta}{1 - \tan\rho_{th}' \tan\beta} = F_b \tan(\rho_{th}' + \beta) \tag{3.13}$$

ねじ部トルク T_1 は，式（3.8）に対応して

$$T_1 = \frac{1}{2} F_b d_2 \tan(\rho_{th}' + \beta) \tag{3.14}$$

となり，ナット座面トルク T_2 は四角ねじと同じであることから，三角ねじのトルク-軸力関係式は以下のように表される．

$$T_t = \frac{1}{2} F_b \{d_2 \tan(\rho_{th}' + \beta) + \mu_{nu} d_{nu}\} \tag{3.15}$$

　式（3.15）は，ナット側から締め付ける場合を対象としている．一般に，ボルト・ナットの締め付けはナット側にトルクを与えるが，作業の都合からボルト頭部側から締め付けることがある．その場合は，式（3.15）の μ_{nu} にボルト頭部座面の摩擦係数を代入する．等価摩擦直径については，座面の平面度が問題とならない範囲では，ナット座面と同じく $1.3d$ として差し支えない．座面の平面度が等価摩擦直径に及ぼす影響については3.2.3項で解説する．

―――――〈数値で学ぶ3.1〉　摩擦係数と摩擦角―――――

　式（3.10）から明らかなように，ねじ山直角断面におけるフランク角 α_1' に対するリード角 β の影響は非常に小さい．ここで，β は呼び径とともに小さくなるが，α_1' は呼び径の影響をほとんど受けないといえる．したがって，式（3.12）から計算した摩擦角 ρ_{th}' は，ねじ面の摩擦係数 μ_{th} にほぼ比例して増加する．並目ねじのM16（ピッチ $P=2\,\mathrm{mm}$）について，μ_{th} が 0.05，0.1，0.15，0.2 のときの摩擦角を求めると，それぞれ，3.30°，6.59°，9.82°，13.0° となる．このねじのリード角 β は 2.48° である．式（3.15）を参照すると，摩擦係数 μ_{th} が小さい範囲では，μ_{th} と β はトルク-軸力関係に対して同じ程度影響するが，μ_{th} が大きくなると，両者の関係はほとんど μ_{th} によって支配されることがわかる．

3.2.2 トルク−軸力関係の簡易式と摩擦係数

三角ねじにおいて，目標軸力 F_b を得るために必要なトルク T_t の大きさは，式（3.15）を用いて計算できる．この式の計算には少し手間がかかるので，作業現場では**トルク係数**（nut factor）K を用いた，より簡便な式が使われることがある．

$$T_t = KF_b d \tag{3.16}$$

式（3.16）を用いて，ボルトの呼び径 d と目標軸力 F_b が決まると，必要な締め付けトルク T_t が計算できる．トルク係数 K としては 0.2 という値が広く使用されている．この数値は，ねじ面とナット座面の摩擦係数がともに 0.15 で，並目ねじを締め付ける場合に対応している．トルク係数の意味を明らかにするために，式（3.15）を以下のように変形する．

$$T_t = \frac{1}{2}\left\{\frac{d_2}{d}\tan(\rho_{th}' + \beta) + \mu_{nu}\frac{d_{nu}}{d}\right\}F_b d \tag{3.17}$$

式（3.16）と比較すると，中括弧内の式に 1/2 を乗じた値が K であることがわかる．文献60）に従って d_{nu} を $1.3d$ とし，呼び径が M64 までの並目ねじと細目ねじの寸法を代入して最小二乗法を適用すると，トルク係数 K は，ねじ面とナット座面の摩擦係数 μ_{th}，μ_{nu} の一次関数として表すことができる[61]．

$$\left.\begin{array}{l}K = 0.556\mu_{th} + 0.65\mu_{nu} + 0.019 \quad \text{（並目ねじ）}\\ K = 0.565\mu_{th} + 0.65\mu_{nu} + 0.011 \quad \text{（細目ねじ）}\end{array}\right\} \tag{3.18}$$

並目ねじの場合，厳密式である式（3.15）に対して，式（3.16）と式（3.18）から求めた軸力の誤差は非常に小さい．細目ねじの場合，同じ呼び径に対して何種類かピッチが規定されているので誤差がやや大きくなるが，摩擦係数のばらつきの影響を考慮すると，実用的には差し支えないと考えられる．締め付け時に使用する潤滑剤，締結部の表面粗さなどを考慮して摩擦係数の値を推定し，その値を式（3.18）に代入してトルク係数 K を求めると，従来に比べて高い精度でボルト軸力を管理することが可能となる．

つぎに，式（3.18）を用いてナットに与えたトルク T_t がボルト締結体にどのように作用しているか考察する．式（3.18）の右辺の各項は，ねじ面の摩

擦，ナット座面の摩擦，リード角に関連する項である。最後の定数項がボルト軸力に変換される成分である。

表 3.1 は，ねじ面とナット座面の摩擦係数 μ_{th}, μ_{nu} が等しいと仮定してトルク係数を計算した結果を示している[62]。表中に，トルク係数 K に占める三つの項の割合を示している。

表 3.1 トルク係数と摩擦係数

μ_{th}, μ_{nu}	K（並目）	ねじ面割合	ナット座面割合	リード角割合	μ_{th}, μ_{nu}	K（細目）	ねじ面割合	ナット座面割合	リード角割合
0.05	0.079	35.1%	41.0%	24.0%	0.05	0.072	39.4%	45.3%	15.3%
0.075	0.109	38.1%	44.5%	17.4%	0.075	0.102	41.5%	47.7%	10.8%
0.1	0.140	39.8%	46.6%	13.6%	0.1	0.133	42.6%	49.1%	8.3%
0.125	0.170	40.9%	47.9%	11.2%	0.125	0.163	43.4%	49.9%	6.8%
0.15	0.200	41.7%	48.8%	9.5%	0.15	0.193	43.9%	50.5%	5.7%
0.175	0.230	42.3%	49.4%	8.3%	0.175	0.224	44.2%	50.9%	4.9%
0.2	0.260	42.7%	50.0%	7.3%	0.2	0.254	44.5%	51.2%	4.3%
0.25	0.321	43.4%	50.7%	5.9%	0.25	0.315	44.9%	51.6%	3.5%
0.3	0.381	43.8%	51.2%	5.0%	0.3	0.376	45.1%	51.9%	2.9%
0.35	0.441	44.1%	51.6%	4.3%	0.35	0.436	45.3%	52.1%	2.5%
0.4	0.501	44.4%	51.9%	3.8%	0.4	0.497	45.5%	52.3%	2.2%

摩擦係数が 0.15 で並目ねじの場合，与えたトルクのうち約 40% がねじ面の摩擦，50% がナット座面の摩擦，残りの 10% がねじ山を登るために使われることがわかる。この軸力に変換されるトルク成分の割合は，摩擦係数が大きくなるに従って減少する。並目ねじと細目ねじを比較すると，例えば，摩擦係数が 0.15 の場合，トルク係数は 0.200 と 0.193 であり，細目ねじのほうがわずかに小さい。両者の差はリード角 β の違いに起因している。このことは，摩擦係数が等しい条件のもとで同じトルクで締め付けると，並目ねじに比べて細目ねじの軸力が 3% 程度高くなることを意味している。しかしながら実際の締結部では，逆の傾向を示すことがある。その原因については 3.7 節で考察する。

摩擦係数の大きさと発生する軸力の関係，摩擦係数のばらつきと軸力のばらつきの関係は，締結部の安全性の観点からきわめて重要である。同じ呼び径の

ボルトに同じトルクを与えて締め付けた場合，式 (3.16) から明らかなように，トルク係数 K が小さいほど発生する軸力 F_b は大きくなる．式 (3.18) を参照すると，ねじ面とナット座面の摩擦係数 μ_{th}，μ_{nu} が小さいと K が小さくなる．ねじの締め付け作業では，小さなトルクで大きな軸力が発生し，しかも軸力のばらつきが小さいことが望まれる．したがって，ねじ部品の締め付けに使用される潤滑剤には「摩擦係数の絶対値とばらつきが小さい」ことが望まれる．

例えば，二硫化モリブデンを潤滑剤として用いると，通常摩擦係数は 0.1 より小さくなる．その場合，潤滑剤を塗布して締め付け作業を開始するまでの時間によって，摩擦係数が変化するケースがある．すなわち，塗布した直後のペースト状態で締め付けると摩擦係数はやや大きめとなるが，ばらつきは小さい．一方，少し時間をおいて乾燥皮膜状態になってから締め付けると，摩擦係数は小さくなるが，ばらつきはやや大きくなるという実験結果が得られている．

以上の点から，摩擦係数の絶対値とばらつきを同時に小さくすることは，かなり困難であるといえる．文献 56), 63)～65) では，さまざまな潤滑剤を使用したときの摩擦係数の実測データとトルク係数のばらつきが示されている．

〈数値で学ぶ 3.2〉 軸力と摩擦係数の関係

M16 の並目ねじを対象として，摩擦係数が 0.15 と 0.30 の場合について，同じトルクに対して発生する軸力を比較する．μ_{th} と μ_{nu} が等しいとして，式 (3.18) の第 1 式より並目ねじのトルク係数 K を計算すると，それぞれの摩擦係数に対して 0.200，0.381 となる．両者の比は約 52% である．このことは，締め付けトルクが同じでも摩擦係数が 2 倍になると，軸力は半分程度に低下することを意味する．あるいは「同じトルクに対して得られる軸力は摩擦係数にほぼ反比例する」と表現できる．

3.2.3　トルク法の長所と締め付け精度に影響する因子

トルク法の最大の長所は，締め付け作業の簡便さである．もう一つの重要な特徴は「締め付け精度が締結部の剛性の影響を受けない」という点である．式 (3.15) のトルク-軸力の関係式は，ねじ面とナット座面における力とモーメン

トの釣合いから導かれたものであり，グリップ長さ，締結部材料のヤング率など締結部の剛性に関連する因子は含まれていない。

一方，弾性域回転角法，張力法，熱膨張法の締め付け精度は，締め付け過程の力学特性から，締結部の剛性にかなり左右される。具体的には，同じ呼び径のボルトを同じ目標軸力で締め付ける場合，ボルトの伸び量が小さいグリップ長さが短い締結部，あるいは被締結体のなかに低剛性で非線形・ヒステリシス挙動を示すガスケットなどを含む場合，締め付け精度が大きく低下する可能性が高い。

前項でも述べたように，トルク法においてボルト軸力がばらつく最大の原因は，ねじ面とナット座面の摩擦係数 μ_{th}, μ_{nu} のばらつきである。それ以外にも，ナット座面やボルト頭部座面が被締結体表面と平行でない場合は，対応表面が均一に接触しないために，実質的な摩擦係数が変化することがある。以下に，軸力がばらつく原因をトルク－軸力の関係式の各項ごとに解説する。

$$T_t = \frac{1}{2} F_b \{ d_2 \tan(\rho_{th}' + \beta) + \mu_{nu} d_{nu} \} \qquad (3.15，再掲)$$

（1） リード角 β　　トルク－軸力関係式から明らかなように，同じトルク T_t で締め付けた場合，リード角が大きくなると発生する軸力 F_b は小さくなる。すなわち，呼び径が等しい並目ねじと細目ねじを同じトルクで締め付けた場合，摩擦係数が同じであれば，わずかながら細目ねじの軸力のほうが大きくなる。リード角の大きさは通常，有効径 d_2 の位置で評価する。おねじとめねじの対応表面が均一に接触せず，接触位置がおねじの外径 d から谷の径 d_1 の間で変化したと仮定しても，1.4.3項の数値例で示したように，各位置におけるリード角の差は小さい。

（2） フランク角 α_1　　式（3.12）の摩擦角 ρ_{th}' の計算式には，ねじ山直角断面におけるフランク角 α_1' が含まれているが，α_1 が通常の 30° から少し外れても影響は小さい。

（3） ねじ面摩擦係数 μ_{th}　　摩擦係数は，基本的に面の状態と使用する潤滑剤によって決まる。また，加工上の問題から，ねじ山の形状が規格から外れ

ている場合，あるいはフランク角 α_1 がおねじ側とめねじ側で差があり，対応する面が均一に接触しない場合，片当たりとなって μ_{th} の実質的な値が変化する。大型ねじや本体側はめあいねじ部など，加工精度が低くなりやすいねじでは，注意を要する。

（4）**ナット座面摩擦係数** μ_{nu}　　ねじ面と同じく，面の状態と使用する潤滑剤に大きく影響される。μ_{nu} についても，ナット座面と被締結体表面が平行でない場合，あるいは被締結体が薄板で，表面にうねりやゆがみが存在すると，実質的な摩擦係数の値が変化して軸力がばらつく原因となる。

（5）**ナット座面の等価摩擦直径** d_{nu}　　通常，呼び径 d の 1.3 倍として計算する[60]。しかしながら加工上の問題から，ナット座面には外縁から軸心に向かってわずかに傾斜が設けられていることがある。その場合，接触の中心が外縁側に移動して「等価摩擦直径 d_{nu} が $1.3d$ より大きくなる」ために，同じトルクに対して発生する軸力が小さくなる。また，座面面積が大きい**フランジ付き六角ナット**（hexagon nuts with flange）では，必然的に d_{nu} は $1.3d$ より大きくなり，そのために締め付けトルク T_t と μ_{nu} の値が同じであっても，発生する軸力 F_b は小さくなる。一方，ゆるめトルクが大きくなるという利点がある。

続いて，摩擦係数以外に軸力のばらつきの原因となる等価摩擦直径 d_{nu} について，さらに詳しく考察する。

1）**ナット座面，ボルト頭部座面の傾き**　　座面を完全な平面と仮定して，軸対称有限要素解析によりナット座面の等価摩擦直径 d_{nu} を求めると，文献 60）に示されたように，呼び径 d の 1.3 倍程度となる。しかしながら実際のナットでは，塑性加工上の問題から内側に向かってわずかなテーパがついていることがある。

JIS ではナット座面，ボルト頭部座面の傾きは 1°あるいは 2°以内と規定されている。

図 3.6 は，M16 のナットの座面形状の測定例で，水平面からのずれを示している。図中の細目ねじのピッチは 1.5 mm である。測定は穴側から各頂点を結んだ 6 方向について，それぞれ同じロットの 6 個のナットに対して実施し，

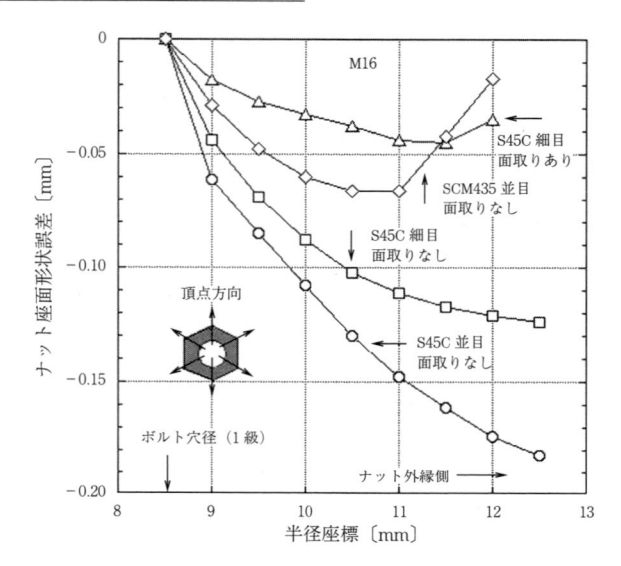

図3.6 ナット座面形状の測定例

その平均値を示している．座面の外縁と内縁を結ぶ直線の傾きは最大約1°である．したがって，ナットを締め付けていくと外縁側から順次接触し，軸力に対して接触面積が変化する非線形挙動を示す．傾斜角度が1°程度のナットを対象として座面形状を有限要素解析によりモデル化し，軸応力が100 MPaの場合のd_{nu}を求めると，約$1.6d$となる．その場合，同じトルクT_tに対して発生するボルト軸力F_bの大きさは，標準的な$1.3d$の場合に対して10%程度低下する．座面がほぼ平面であるナットと小さなテーパがついたナットを用いて締め付け実験を実施すると，同様の結果が得られる．

このように，座面にテーパが付いている場合の等価摩擦直径d_{nu}は，軸力の大きさによっても変化する．座面が軸中心に向かって傾斜している場合，ボルト軸力が高くなると外縁から内側に向かって接触面積が広がるため，等価摩擦直径d_{nu}は減少する．なお，傾斜角度が小さい場合は，軸力が高くなると座面が全面接触するので，$d_{nu}=1.3d$が適用できる．

ボルト頭部側から締め付ける場合も，式(3.15)のトルク-軸力関係式が適用できる．ボルト頭部座面の平面度は通常，ナット座面に比べて高く，ナット

と反対に外向きにテーパとなっているケースが見受けられる。この場合，等価摩擦直径 d_{nu} は $1.3d$ より小さくなるので，同じトルクに対して発生する軸力は高めとなる。また，ボルト頭部の剛性は高いので，はめあいねじ部に比べて小さな傾斜角度でも等価摩擦直径に影響しやすいといえる。上述したナット座面とボルト頭部座面の平面度は，ボルトをナット側から締め付けた場合と，ボルト頭部側から締め付けた場合に発生する軸力が異なる一因である。

2） 被締結体表面のうねり，平行度　うねりが無視できないような薄板の締結，加工上の問題から，被締結体表面とナット座面あるいはボルト頭部座面が平行でない場合も等価摩擦直径 d_{nu} は変化する。うねりが存在すると，ナット座面と薄板表面が不均一に接触するために，d_{nu} が大きく変化する可能性がある。その場合，トルクの上昇に伴って軸力が高くなると，接触状態が変化して等価摩擦直径 d_{nu} と実質的な摩擦係数が変化する。いいかえると，トルクと軸力の関係は d_{nu}, μ_{th}, μ_{nu} が接触面圧の関数として変化する高度な非線形問題となる。上記の各ケースについて，数値解析により d_{nu} を求めることはかなり困難である。その対策として，3.2.5項で紹介する手法を用いて摩擦係数を実測することにより，使用範囲に対応したトルクと軸力の関係を求めて作業指針とする方法が考えられる。

〈数値で学ぶ3.3〉　軸力と等価摩擦直径の関係

M16の並目ねじを対象として，ナット座面の等価摩擦直径 d_{nu} が $1.3d$, $1.4d$, $1.5d$, $1.6d$, $1.7d$ の場合について，同じトルクに対して発生する軸力を比較する。μ_{th} と μ_{nu} は，ともに0.15とする。その場合，並目ねじのトルク係数 K を表す式(3.18)の第2項の係数が 0.65, 0.7, 0.75, 0.8, 0.85 と変化することに注意すると，K の値はそれぞれ 0.200, 0.207, 0.215, 0.222, 0.230 となる。

例えば，$1.3d$ と $1.6d$ の場合の比は約0.9である。すなわち，d_{nu} が $1.6d$ となると，同じトルクを与えても軸力が10%程度低下する。この計算結果は，上記の（5）項の考察と合わせて，「ナット座面あるいはボルト頭部座面の形状誤差は，ボルトの締め付け精度にかなり影響する」ことを示している。

3.2.4 ねじの自立条件と効率

3.2.1項では，締め付けトルクと軸力の関係式を導いた。ねじ部品を取り外すためにゆるめる場合，締め付け時とは逆に，おねじは斜面を下ることになる。したがって，ゆるめトルク T_l は式（3.15）のリード角 β の記号をマイナスに変えればよい。

$$T_l = \frac{1}{2} F_b \{ d_2 \tan(\rho_{th}' - \beta) + \mu_{nu} d_{nu} \} \tag{3.19}$$

式（3.19）から明らかなように，摩擦係数が変化しないと仮定すると，ゆるめトルク T_l は締め付けトルク T_t に比べて小さい。両式の tan の項に注目すると，その差は 2β であり，細目ねじより並目ねじのほうが差が大きくなる。リード角 β が大きい多条ねじでは，T_t と T_l の差はさらに大きくなる。このように，通常ゆるめトルク T_l は締め付けトルク T_t に比べて小さくなるが，もし T_l が T_t より大きくなった場合，接触面の粗さによる摩擦係数の上昇，あるいは焼き付きが発生した可能性がある。

ねじ面の摩擦係数 μ_{th} が大きい場合，締め付け時に大きなトルクが必要となる。一方，締め付けが完了した後，外力が作用しない状態からゆるまないためには，式（3.19）の右辺第1項がプラスの値でなければならない。すなわち，ナットが外力を受けない状態で，ゆるみ回転しないためには，次式に示すように摩擦角 ρ_{th}' はリード角 β より大きくなければならない。

$$\left. \begin{array}{ll} \rho_{th}' > \beta & （三角ねじ） \\ \rho_{th} > \beta & （四角ねじ） \end{array} \right\} \tag{3.20}$$

式（3.20）は，**ねじの自立条件**と呼ばれる。ねじ面の摩擦係数 μ_{th} が同じ場合，式（3.12）に示した α_1' の影響により，ρ_{th}' は ρ_{th} に比べて15%程度大きくなる。そのために，三角ねじは台形ねじや四角ねじに比べてゆるみにくい。

ねじを1回転させると，1条ねじでは軸方向に1ピッチ移動する。トルク法による締め付けにおいて，「ねじが軸方向に1ピッチ移動したときにする仕事」と「ねじを1回転させるために必要な仕事」の比を**ねじの効率**（efficiency of screw thread）と呼ぶ．三角ねじと四角ねじの効率 η_3 と η_4 は，以下の式で表される．

$$\left. \begin{array}{l} \eta_3 = \dfrac{F_b P}{\pi d_2 U_f} = \dfrac{\tan \beta}{\tan(\rho_{th}' + \beta)} \\[2mm] \eta_4 = \dfrac{\tan \beta}{\tan(\rho_{th} + \beta)} \end{array} \right\} \qquad (3.21)$$

η_3 の第2式から第3式を導出するには，式（1.10）のリード角 β の計算式と式（3.13）を用いる．摩擦係数が同じ場合，ρ_{th} は ρ_{th}' より小さいことから，四角ねじの効率は三角ねじに比べて高いことがわかる．以上をまとめると

① 三角ねじは，自立しやすいので締結用に適している．
② フランク角の小さい台形ねじや四角ねじは，ねじの効率が高いので運動伝達用に適している．
③ 多条ねじは，リード角が大きいので，1条ねじに比べてねじの効率が高い．

──────〈数値で学ぶ3.4〉 ねじの効率と摩擦係数，呼び径の関係──────

式（3.21）によると，ねじの効率はねじ面の摩擦係数 μ_{th} が零のときに100%となり，μ_{th} が大きくなると急激に小さくなる．リード角 β の影響に着目すると，呼び径の小さなねじほど β が大きいので効率が高く，細目よりねじ並目ねじのほうが高い．表3.2に三角ねじの効率 η_3 の計算例を示す．

表3.2 摩擦係数，呼び径とねじの効率　単位〔%〕

μ_{th}	0.05	0.07	0.1	0.12	0.15	0.2	0.3
M16	42.8	34.8	27.1	23.7	19.9	15.6	10.9
M12	46.9	38.7	30.6	26.8	22.6	18	12.7
M16 ($P=1$)	26.4	20.4	15.2	13	10.7	8.2	5.6

3. ねじの締め付けの力学

――― 〈数値で学ぶ3.5〉 締め付けトルクとゆるめトルクの関係 ―――

ゆるめトルク T_l と締め付けトルク T_t の比率は，リード角と摩擦係数によって変化する．両者の差は，リード角が大きく，摩擦係数 μ_{th}, μ_{nu} が小さいほど大きくなる．すなわち，呼び径が小さく，細目ねじより並目ねじのほうが差は大きい．ボルト軸応力を 100 MPa，締め付け時とゆるめ時の摩擦係数が等しいと仮定して，式（3.19）と（3.15）を用いて両者の比 T_l/T_t を計算した結果を**表3.3**に示す．

表3.3 ゆるめトルクと締め付けトルクの比　単位〔%〕

μ_{th}, μ_{nu}	0.05	0.07	0.1	0.12	0.15	0.2	0.3
M16	49.5	61	70.8	75	79.3	83.7	88.2
M12	43.2	55.7	66.6	71.2	76.1	81.1	86.3
M16 ($P=1$)	71.6	78.8	84.6	86.9	89.3	91.7	94

対象としたのは M16 の並目ねじと細目ねじ，M12 の並目ねじである．呼び径が小さく摩擦係数が低い場合，締め付け時に比べて，かなり小さなトルクでゆるめることができることがわかる．

3.2.5 軸力，トルク，摩擦係数の測定方法

トルク法によりボルト・ナットを締め付ける場合について，ボルト軸力 F_b とねじ部トルク T_1 を比較的簡単に測定できる方法を紹介し，それらの値から，ねじ面とナット座面の摩擦係数 μ_{th}, μ_{nu} を算出する手順を紹介する．ナットに与える締め付けトルク T_t の大きさは，トルクレンチの読みから求めることとする．

（1）　ボルト軸力とねじ部トルクの測定　図3.7 に示すボルト試験片には，軸力 F_b とボルト軸部に作用するねじ部トルク T_1 を測定するために，軸部にひずみゲージとクロスゲージが装着されている．ひずみゲージは 180° 離れた 2 か所に貼り付けてあり，両者の平均値からボルト軸力，両者の差を 2 で除した値からボルトに作用する曲げモーメントを算出することができる．ここでは通常のひずみゲージを使用しているが，ボルト軸心に小さな穴を加工して，そこに挿入して接着するボルト軸力測定専用のゲージもある．このタイプのひ

ずみゲージは，曲げモーメントの測定はできないが，リード線の取り回しが容易という利点がある．クロスゲージは実質的に2枚のひずみゲージから構成されており，ねじ部のトルク T_1 により発生したせん断ひずみの測定が可能である．せん断ひずみからねじ部のトルク T_1 を求めると，式（3.1）を変形した式（$T_2 = T_t - T_1$）よりナット座面の摩擦トルク

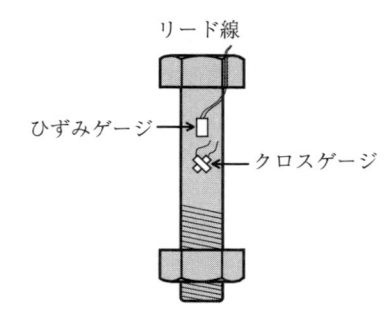

図 3.7 軸力，ねじ部トルク測定用ボルト試験片

T_2 が算出できる．以上の手順により，四つの量 F_b，T_t，T_1，T_2 が求められる．

（2）μ_{th} と μ_{nu} を分離して測定する場合[66]　　式（3.3）を変形し，$d_{nu} = 1.3d$ と置くと，次式から μ_{nu} が計算できる．

$$\mu_{nu} = \frac{2T_2}{F_b \cdot (1.3d)} \tag{3.22}$$

μ_{th} の計算式は，式（3.12），式（3.14）から導くことができる．

$$\mu_{th} = \tan\left\{\tan^{-1}\left(\frac{2T_1}{d_2 F_b}\right) - \beta\right\} \cdot \cos\alpha_1' \tag{3.23}$$

T_2 の測定が可能な場合は，（$T_1 = T_t - T_2$）の関係を用いて，同様の手順により μ_{th} と μ_{nu} を求めることができる．

（3）μ_{th} と μ_{nu} が等しいと仮定する場合　　μ_{th} と μ_{nu} を分離して求めるのではなく，両者を等しいと仮定して求めるのであれば，測定項目は T_t と F_b の二つでよい．その場合，クロスゲージの装着が不要となるため，実験はかなり簡略化できる．式（3.15）に式（3.12）を代入して，$\mu_{th} = \mu_{nu} = \mu$ と置くと，以下の式が得られる．

$$T_t = \frac{1}{2} F_b \left[d_2 \tan\left\{\tan^{-1}\left(\frac{\mu}{\cos\alpha_1'}\right) + \beta\right\} + \mu \times 1.3d \right] \tag{3.24}$$

式（3.24）において，T_t と F_b は既知であることから，両辺の値が等しくなるような摩擦係数 μ をトライアンドエラーなどの方法で求める．

3. ねじの締め付けの力学

多数の試験片を用いて実験を繰返し,軸力のばらつきの主要な原因として摩擦係数を高い精度で測定する必要がある場合,ボルトにひずみゲージを装着する方法では,貼り方の精度に起因する誤差が無視できない。具体的には,ひずみゲージの装着方向が軸方向からずれると,ひずみの出力がある程度変化することは避けられない。

図 3.8 は,その問題を解決するために製作した締め付け実験装置である。図 3.8(a)は装置の構造と測定原理を示しており,図 3.8(b)は各部品の写真である。ひずみゲージは,試験片ではなく実験装置側に貼り付けられており,軸力 F_b とねじ部トルク T_1 を同時に測定することができる[67]。実験手順と測定原理は以下のとおりである。

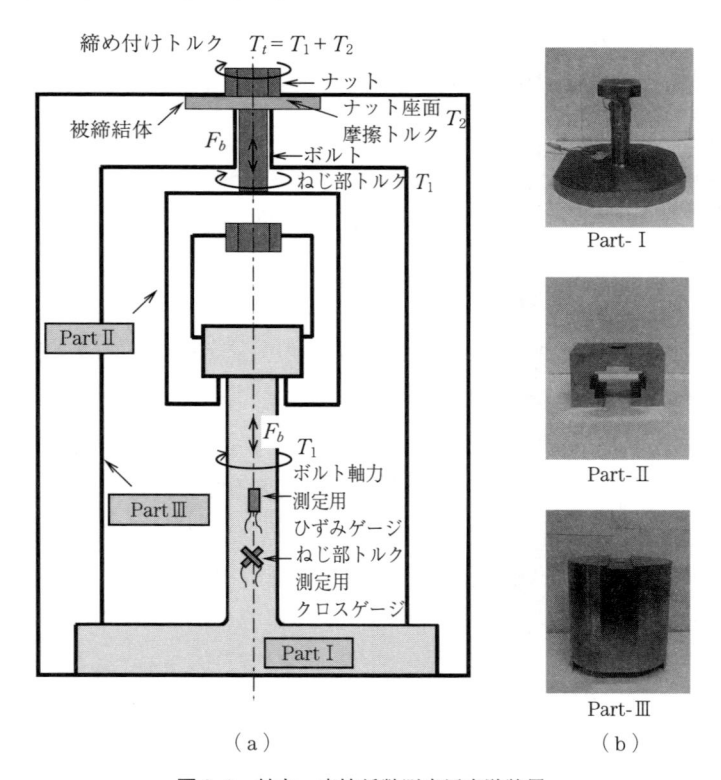

図 3.8 軸力・摩擦係数測定用実験装置

実験装置にボルト・ナットと薄板の被締結体を装着して，ナットに締め付けトルク T_t を与えると，ボルトに軸力 F_b が発生する．その場合，ナット座面ではトルク T_2 が摩擦仕事として消費され，残りのトルク（$T_1 = T_t - T_2$）がボルト軸部に，ねじりモーメントとして作用する．部品 II の上下の内側には，ボルト頭部と部品 I の上部をはめ込むために，二つの溝が切られており，ボルト軸力 F_b とねじ部トルク T_1 を部品 I に伝達する．F_b と T_1 は，それぞれ部品 I に装着したひずみゲージとクロスゲージにより測定する．

この装置を用いると，ボルトにひずみゲージを貼り付けることなしに F_b と T_1 の計測が可能となる．締め付けトルク T_t の値は，トルクレンチから直接読み取る．ねじ面とナット座面の摩擦係数 μ_{th}，μ_{nu} の算出方法は，上記（2）項で説明したとおりである．

3.2.6　締め付けトルク解放時の軸力とトルクの挙動

トルクレンチによる締め付けを対象として，ボルト締め付け作業完了前後のトルクと軸力の挙動を考察する．締め付けが完了してトルクレンチから手を離すと，レンチはわずかに戻り回転し，その後，完全に締め付けトルクは零となる[68),69)]．ナットに与えたトルク T_t は，式（3.1）に示すようにボルトに伝達されるねじ部トルク T_1 と，ナット座面で摩擦仕事として消費されるナット座面トルク T_2 の和である．**図 3.9** は，締め付けトルク T_t が目標値に到達した後，レンチから手を離して T_t が零になるまでの短い時間において，各部に作用するトルクが変化する様子を示したものである[70)]．

締め付けトルク T_t が減少し始めると，ねじ部トルク T_1，ナット座面トルク T_2 もそれに従って小さくなる．この間も式（3.1）の関係は成立している．やがて T_2 は零を経てマイナスとなる．符号の反転はナット座面における摩擦力の方向が逆になったことを意味する．その後も T_t は減り続けて，やがて零となる．その時点において，T_1 と T_2 は大きさが等しく符号が逆の状態で釣り合っている．

$$T_1 + T_2 = 0 \tag{3.25}$$

(a) 締め付けトルク解放直前
$T_t = T_1 + T_2$

(b) 各トルク成分が減少
$T_t = T_1 + T_2$

(c) ナット座面トルクが零
$T_2 = 0$
$T_t = T_1$

(d) T_2 の符号が反転
$T_2 < 0$
$T_t = T_1 + T_2$

(e) 締め付け完了
$T_t = 0$
$T_1 + T_2 = 0$

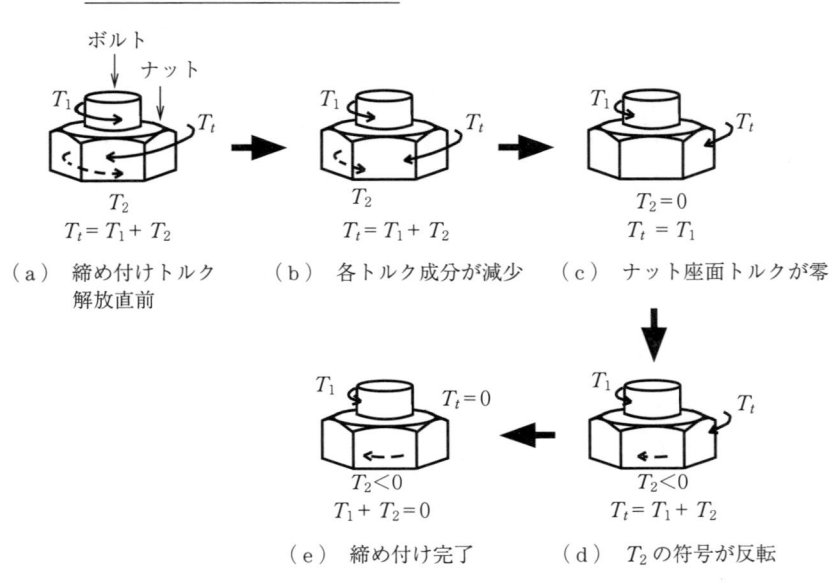

図 3.9 締め付け完了時の各部トルクの挙動

図 3.10 は，上記の現象を検証するために実施した実験結果の一例であり，使用したボルト・ナットは M16，グリップ長さ L_f は 35 mm である。縦軸は測定の対象とした軸力 F_b とねじ面およびナット座面の摩擦係数 μ_{th}, μ_{nu}, 横軸

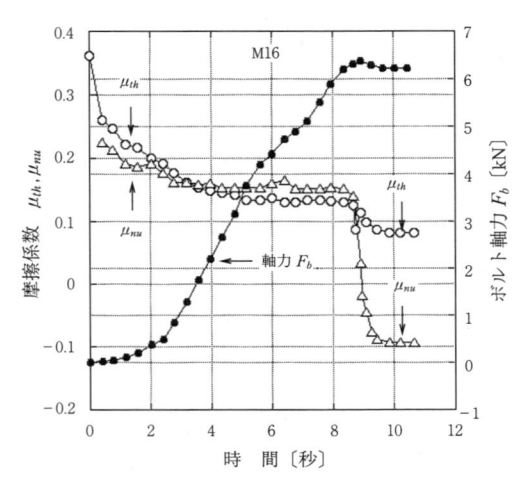

図 3.10 締め付け完了時の軸力とトルクの時間変化

は締め付け作業の時間経過を示している。

締め付けトルク T_t を上げていくと,軸力の増加に伴って摩擦係数は減少して一定値に近づき,トルクレンチから手を離して T_t が零に近づくと,ナット座面のすべり方向が逆転するために,μ_{nu} の符号が反転している。T_1 と T_2 の大きさは,T_t の値がピークとなる締め付け完了時の値に対して,絶対値で70～80%程度に低下する。ボルト軸力 F_b は,レンチから手を離した直後,ほんのわずかに増加し,小さなピークを示した後に一定値となっている。この特徴的な挙動の原因は,トルクレンチから手を離すと T_1 の値が減少し,そのためにボルトがねじり変形を解放するように小さく回転し,ねじ山を登る方向に変形したことが原因と推察される。

3.2.7 ボトミングスタッドの締め付け特性と強度

植込みボルトの締め付けでは,取り外しの際にナットと一緒に戻り回転して本体から外れることを防ぐために,ねじの切り上げ部を本体側めねじにねじ込んで使用することがある。その場合,切り上げ部に高い応力集中が発生することから,切り上げ部をねじ込む代わりに,ボルトの先端部分をボルト穴の底に押し付けて回り止めすることがある。このタイプの植込みボルトは**ボトミングスタッド**(bottoming stud)と呼ばれている。ボトミングスタッドは,ある値以上のトルクでボルト穴底面に押し付けておくと,締結部を開放するときに一緒に回転して外れることはない。ボトミングスタッドは,締め付け作業と強度の両面において優れた特性を有するといわれている。

図3.11はボトミングスタッドの形状を模式的に示したものである。直径 d_c の突起の先端は,ボルト穴底面となめらかに接触するように円すい形状となっている。また,穴の先端からのき裂の発生を防ぐために,図のように中空となったタイプもある。

図3.12はボトミングスタッドの締め付け過程と開放過程を示している[61]。ボトミングトルク T_{bt} を与えると,植込み側のはめあいねじ部とボルト穴底面の間に F_{bt} の圧縮力が発生することから,はめあいねじ部には圧縮応力が作用

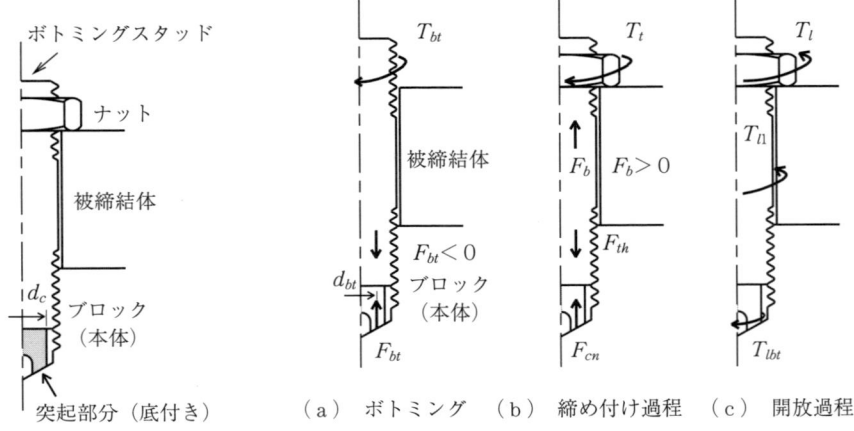

図 3.11 ボトミングスタッドの形状

図 3.12 ボトミングスタッドの締め付けと開放
（a）ボトミング　（b）締め付け過程　（c）開放過程

する．つぎに，植込みボルトの上部にナットを装着して，本来の締め付けトルク T_t を与えて目標軸力 F_b を発生させる．F_b は F_{bt} に比べて絶対値が大きな引張力であるため，ボトミング過程において，はめあいねじ部に作用していた圧縮応力の絶対値を低下させ，零を経て引張応力に変える．同時にボルト穴底面に作用していた圧縮力 F_{bt} を減少させる．

以上の結果から，締め付けが完了した時点において，目標軸力 F_b，はめあいねじ部に作用する軸力 F_{th} およびボルト穴底面に作用する圧縮力 F_{cn} の間には次式が成り立つ．

$$F_{th} = F_b + F_{cn} \tag{3.26}$$

ボトミングによって，はめあいねじ部には圧縮応力が発生するため，締め付け完了時にねじ部に作用する引張応力は，ボトミングをしない場合と比べて低くなる．その結果，最大応力が低くなってねじ部の強度が上昇すると推察される．しかしながら，ボトミングスタッドは通常の植込みボルトに比べて静的強度は有利であるが，疲労強度は低くなるという一見矛盾した報告がある[71]．その理由は，ボトミング過程におけるはめあいねじ部周辺の応力分布によって説明できる．

図 3.13 は，ボトミング時に**圧縮応力**と**引張応力**が発生する領域を示している[61]。ボトミングスタッドのはめあいねじ部は，ほぼ全域が圧縮状態となっているが，ねじ谷底周辺では局所的に引張応力が発生している。すなわち，ねじ谷底にはボトミング時にすでに引張応力が発生しており，ナットを締め付けるとその値がさらに増加する。

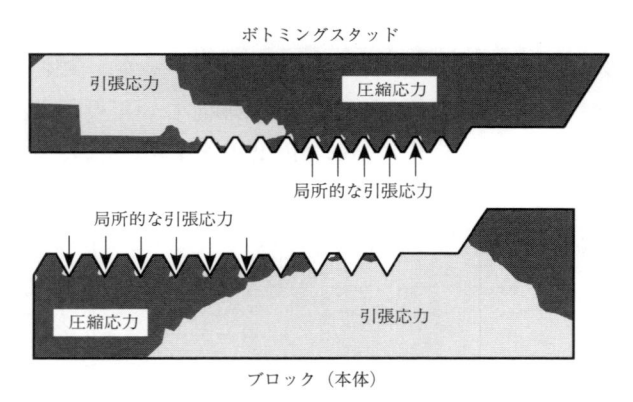

図 3.13 ボトミング時に発生する局所的な引張応力

以上の結果より，通常の植込みボルトに比べて，ボトミングスタッドは静的強度，疲労強度のいずれも低くなる傾向があると推察される。文献 61）には，ねじ谷底に発生する最大応力は，ボトミングによりわずかに高くなるという有限要素法による解析結果が示されている。

そこで，ボトミングスタッドの利点を生かすためには，締結部を開放したときに戻り回転して外れない最小のボトミングトルク T_{bt} を求めておく必要がある。図 3.12 に示した記号を用いると，戻り回転しない条件は，次式のように表される。

$$T_{l1} < T_{lbt} \tag{3.27}$$

実際に作業において重要となるのは，目標軸力を発生するために必要な締め付けトルク T_t に対して，どの程度のボトミングトルク T_{bt} を与えればよいかという点である。Fessler らは，光弾性実験によってボトミングスタッドの力学特性を評価しているが，T_{bt} は，ねじ面で消費されるトルクの3倍という大

きな値を推奨している[72]。このように大きな T_{bt} を与えると，ボトミングした時点において，はめあいねじ部の強度が問題となる可能性が高い。そこで，両者の比 T_{bt}/T_t の最小値を求める。

図3.14 は，有限要素解析により，接触面の摩擦係数 μ をパラメータとしてボトミング過程のトルク-軸力関係を求め，締め付け過程における T_t と F_b の関係とあわせて，T_{bt}/T_t の最小値を計算した結果である。両者の比は，突起の直径 d_c と突起の先端が中空／中実によって変化するが，全体に 0.5 より小さい。以上の結果より，締結部開放時に戻り回転しないためには，ボトミングトルク T_{bt} は，締め付けトルク T_t の 50% 以上とすればよいことがわかる。

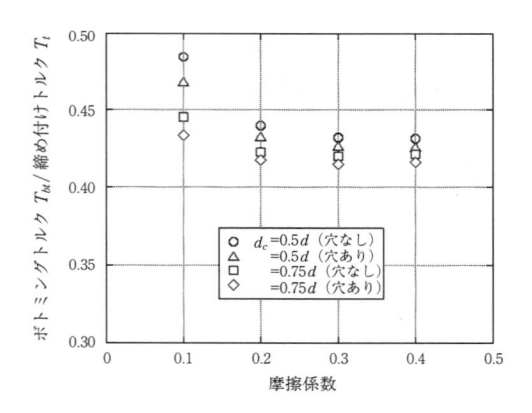

図3.14 戻り回転しない最小のボトミングトルク

3.2.8 ボルト締め付け時の強度

トルク法で締め付ける場合，ボルトのねじ部には軸力 F_b による引張応力 σ_{th} に加えて，ねじ部トルク T_1 によるせん断応力 τ_{th} が発生する。σ_{th} と τ_{th} は，有効断面積の直径 d_s を用いて計算する。

$$\sigma_{th} = \frac{4F_b}{\pi d_s^2} \tag{3.28}$$

$$\tau_{th} = \frac{16T_1}{\pi d_s^3} \tag{3.29}$$

ボルトが延性材料の場合，せん断ひずみエネルギー説を適用すると，はめあいねじ部の強度は，次式のミーゼス応力 $\bar{\sigma}$ によって評価できる．

$$\bar{\sigma} = \sqrt{\sigma_{th}^2 + 3\tau_{th}^2} \tag{3.30}$$

$\bar{\sigma}$ が単純引張試験における降伏応力 σ_Y に等しくなると，塑性変形が開始したと判断できる．山本は，τ_{th} の係数を3の代わりに1.8とすると，実験値とよく一致するとしている[73]．1.8という値は，式 (3.30) 中の τ_{th} を $0.78\tau_{th}$ に置き換えた場合に相当する．この0.78という係数は，3.2.6項で示した締め付け作業が完了した状態におけるねじ部トルク T_1 の残留率である70〜80%に近い値となっている．上記のミーゼス応力 $\bar{\sigma}$ は，ねじ部の平均応力を表しており，さらに高い精度で強度を評価するためには，4.2節で解説するねじ谷底の応力集中を考慮しなければならない．なお，後述する有限要素解析におけるミーゼス応力 $\bar{\sigma}$ は，三つの主応力成分 σ_1, σ_2, σ_3 で表される以下の式で評価する．

$$\bar{\sigma} = \frac{1}{\sqrt{2}} \sqrt{\{(\sigma_1 - \sigma_2)^2 + (\sigma_2 - \sigma_3)^2 + (\sigma_3 - \sigma_1)^2\}} \tag{3.31}$$

――〈数値で学ぶ3.6〉 ミーゼス応力と摩擦係数の関係 (その1)――

M16とM12の並目ねじを対象として，目標軸応力 σ_b を 100 MPa 一定とし，ねじ面の摩擦係数 μ_{th} が，0.05〜0.30まで変化した場合のはめあいねじ部のミーゼス応力 $\bar{\sigma}$ を計算する．そこで，σ_b をボルト軸力 F_b に換算し，式 (3.14) よりねじ部トルク T_1 を求め，式 (3.28) と式 (3.29) から σ_{th} と τ_{th} を計算して式 (3.30) より $\bar{\sigma}$ を求める．表3.4 にその計算結果を示す．

摩擦係数 μ_{th} が大きくなると，ねじ部トルク T_1 が大きくなるため，せん断応力 τ_{th} が増加する．μ_{th} が 0.25 を超えると，いずれの場合も $\bar{\sigma}$ は目標軸応力 σ_b の2倍以上の値となる．

表3.4　はめあいねじ部のミーゼス応力と摩擦係数　単位〔MPa〕

μ_{th}	0.05	0.07	0.1	0.12	0.15	0.2	0.3
M16	136.6	140.7	148.1	153.7	163.3	181.4	223.6
M12	144.4	149.0	157.2	163.4	173.8	193.4	238.7

100   3. ねじの締め付けの力学

───〈数値で学ぶ 3.7〉 ミーゼス応力と摩擦係数の関係（その 2）───
　目標軸応力 σ_b を 300 MPa，摩擦係数 μ_{th}，μ_{nu} を 0.12 と仮定して M16 の並目ねじの締め付けに必要なトルクを求めると 156.4 Nm となる。実際の作業では，このトルク値を締め付け指針とする場合が多い。上記のトルク値に対して，摩擦係数が変化すると得られる軸応力が変化する。
　表 3.5 に摩擦係数を 0.05 ～ 0.30 まで変化させたときの軸応力 σ_b と，はめあいねじ部のミーゼス応力 $\bar{\sigma}$ の値を示す。計算では，締め付けトルク T_t を 156.4 Nm 一定として，式 (3.15) と式 (3.14) を用いて，各摩擦係数に対して軸力 F_b とねじ部トルク T_1 を求める。それ以降の計算手順は〈数値で学ぶ 3.6〉と同様である。表 3.5 より，摩擦係数が予測した値から外れると，σ_b と $\bar{\sigma}$ が大きく変化することがわかる。

表 3.5　一定トルクに対する軸応力の変化

μ_{th}, μ_{nu}	0.05	0.07	0.1	0.12	0.15	0.2	0.3
軸応力〔MPa〕	615.1	473.3	351.5	300.0	245.9	189.0	129.0
ミーゼス応力〔MPa〕	840.4	665.8	520.4	461.2	401.5	342.8	288.5

3.3　弾性域回転角法

3.3.1　締め付け原理

　本節では，舶用機関のクランクピンボルトなど，重要な大型ボルトの締結に使用されている**弾性域回転角法**（elastic angle control method）について，締め付け過程の力学と適用する場合の留意点を解説する。ねじ部品を用いた締結部では，対象となる機械構造物や機器の種類・機能に応じて，運転時間が長くなると締結部の開放・再組立てが前提となる場合と，基本的にそれらの作業を想定していないケースがある。
　弾性域回転角法は，1 個のねじ部品の破壊・破損が構造物全体の機能喪失につながる重要な締結部を中心に使用されている。例えば，大型ディーゼル機関の連接棒とクランク軸を締結するクランクピンボルトは定期的な点検が義務付けられており，締め付け・開放を繰返すために，ボルトは再使用が前提となっ

3.3 弾性域回転角法

ている。このような締結部では，締め付け力によるボルトの伸び量が小さい**弾性域締め付け**が適用されることが多い。

図 3.15 は，弾性域回転角法におけるボルト軸力 F_b とナット回転角 ϕ の関係を示している。JIS B 1083 の「ねじの締付け通則」によると，最初に軸力と回転角の関係がほぼ線形となるところまでトルクを与えて締め付ける。その点をスナグ点と呼び，このとき与えるスナグトルク T_{sng} は，できる限り小さな軸力を発生する値となるように推奨している。軸力 F_b と回転角 ϕ の関係は，図 3.15 において"線形"と仮定した部分の勾配 η を，ボルト・ナット系のばね定数（k_{th}，k_s，k_{cyl}，k_{hd}）と被締結体の圧縮ばね定数 k_f を用いて表すことができる。

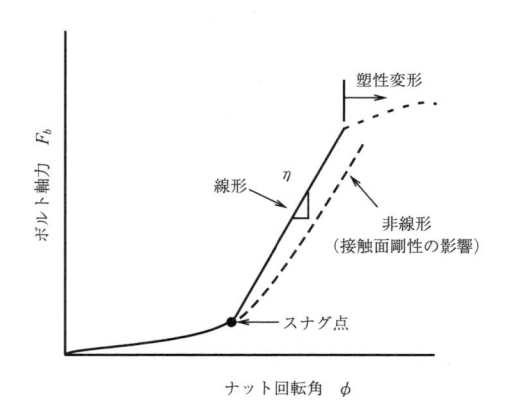

図 3.15 ボルト軸力と回転角の関係

回転角 ϕ とボルト軸力 F_b の関係は次式で表される。

$$\phi = \frac{2\pi}{P} F_b \left(\frac{1}{k_{th}} + \frac{1}{k_s} + \frac{1}{k_{cyl}} + \frac{1}{k_{hd}} + \frac{1}{k_f} \right)$$

$$= \frac{2\pi}{P} F_b \left(\frac{1}{k_b} + \frac{1}{k_f} \right) = \frac{2\pi}{P} \frac{F_b}{k_{total}}$$

(3.32)

式中の P は，ねじのピッチ，k_b と k_{total} は，式（2.4）と式（2.5）に示したボルト・ナット全体のばね定数とボルト締結体全体のばね定数である。この式は，「ナットを回転させてボルトを締め付けると，1回転（2π）当り，軸方向に1ピッチ進み，その軸方向の移動量は，軸力 F_b をボルト締結体各部のばね定数で除した軸方向変位の合計に等しい」という関係を表している。

式（3.32）から，同じ軸力 F_b を得るために必要な回転角 ϕ は，ピッチが小さく，締結部の剛性が低いほど大きくなることがわかる。回転角が大きいほど高い締め付け精度が期待できるので，弾性域回転角法はグリップ長さの小さな締結部には適さないといえる。

また，式（3.32）によると，軸力 F_b は回転角 ϕ に比例して増加するが，実際の締め付けでは表面粗さ，うねり，締結部の形状誤差などの影響によって，両者の関係は完全な線形にはならない。このうち，2.6節で解説した表面粗さに起因する**接触面剛性**の影響は，かなり大きいと考えられる。その結果，目標軸力 F_b に対して必要となる回転角 ϕ は，式（3.32）で求めた値よりもかなり大きくなる。そこで JIS では，スナグトルク T_{sng} を与えてナット座面を確実に着座させた後，回転角により軸力を与えることを提案している。すなわち，式（3.32）は，「スナグトルクを与えてねじ面とナット座面を完全に密着させ，その状態から締め付けた場合の回転角と軸力の関係」を表している。しかしながら，スナグトルクの大きさについて具体的な指針は示されていない。以上の考察から，弾性域回転角法を適用する場合，以下の点が問題となる。

① 軸力−回転角関係式に含まれるボルト・ナット締結体各部のばね定数の評価方法とその精度
② 表面粗さに起因する接触面剛性の評価方法
③ スナグトルク T_{sng} の大きさ

そこで次項では，接触面剛性の影響を考慮した軸力−回転角関係式を導く。さらに3.3.3項では，スナグトルクの値の具体的な決め方も含めて，弾性域回転角法の締め付け指針を提案する。

3.3 弾性域回転角法　103

───〈数値で学ぶ3.8〉　回転角法におけるグリップ長さと呼び径の影響───

　M16の並目ねじのボルト・ナットを用いて，グリップ長さL_fと呼び径dの比L_f/dを2，4，6，8，10と変化させ，式（3.32）を用いてボルト軸応力$\sigma_b = 100$ MPaを発生させるために必要なナット回転角ϕを計算する．そのほかの条件は〈数値で学ぶ2.1〉と同様とすると，各L_f/dに対する回転角ϕはそれぞれ7.1°，11.8°，16.5°，21.2°，25.9°となる．この結果は，「同じ軸応力を得るために必要な回転角はグリップ長さの増加に伴って大きくなるが，その増加率はグリップ長さの比例より小さい」ことを示している．この回転角ϕとグリップ長さL_fの関係については，式（3.32）において〈数値で学ぶ2.1〉で解説したばね定数k_b，k_fと，L_fの関係から説明できる．

　つぎに，呼び径dの影響を見るために，$L_f/d=6$として$\sigma_b=100$ MPaを発生させるために必要なϕを計算する．M12，M16，M24，M36のボルト・ナットで締め付けた相似な形状の締結部の場合，ϕは14.5°，16.5°，16.4°，18.2°となる．この結果は，「同じ軸応力を得るために必要な回転角は呼び径の増加に伴ってやや大きくなる」ことを示している．

　回転角ϕと呼び径dの関係は，式（3.32）において，dとピッチPおよびばね定数k_b，k_fの関係から説明できる．また，締結部材料の影響については，式（3.32）中のk_b，k_fの値がヤング率に比例することから，回転角ϕはヤング率に反比例して大きくなる．例えば，チタン，アルミニウム合金製の締結部に適用すると，炭素鋼の場合に比べて回転角は，2倍および3倍近い値となる．

3.3.2　表面粗さを考慮した軸力－回転角関係式

　表面粗さに起因する各接触面の近寄り量を考慮すると，式（3.32）は，以下のように書き換えることができる[51]．

$$\phi = \frac{2\pi}{P}\left(\frac{F_b}{k_{total}} + \zeta_{th} + \zeta_{nu} + \zeta_{hd} + \zeta_f\right) \tag{3.33}$$

ここで，ζ_{th}，ζ_{nu}，ζ_{hd}，ζ_fは，それぞれ，ねじ面，ナット座面，ボルト頭部座面，被締結体界面における近寄り量を表している．表面粗さと近寄り量の関係

は 2.6 節で解説しており，その詳細は文献 51) に示されている．各接触面の表面粗さが小さい場合は，近寄り量の影響を無視して，式 (3.32) により目標軸力 F_b に対する回転角 ϕ を求めることができる．**図 3.16** は，ボルト軸応力 σ_b とナット回転角 ϕ の関係を測定するための実験装置である．回転角はポテンショメータで測定する．

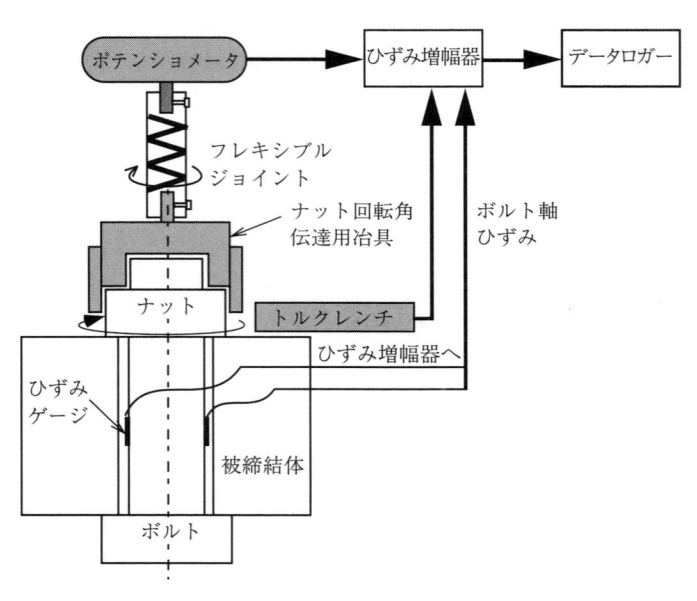

図 3.16 ボルト軸応力と回転角の測定方法

図 3.17 はボルト軸応力 σ_b と回転角 ϕ の関係の測定結果の一例である．実験には M12 のボルト・ナットを使用している．同じ試験片を用いて実験したにもかかわらず，実験値はかなりばらついている．しかしながら，図中に示したように回転角を計測する基準点を移動させると三つのデータは，ほとんど一致する．

図より，σ_b が小さな領域では軸応力と回転角の関係は顕著な非線形性を示している．したがって，式 (3.32) あるいは式 (3.33) を用いて弾性域回転角法により締め付ける場合，あらかじめスナグトルク T_{sng} を与えて，ねじ面，ナット座面，ボルト頭部座面を密着させ，ある程度以上の軸応力を発生させて

3.3 弾性域回転角法　　105

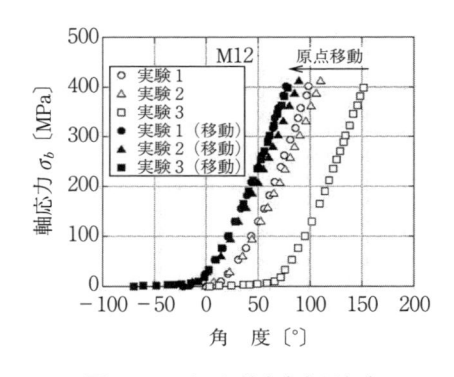

図 3.17 ボルト軸応力と回転角の測定結果

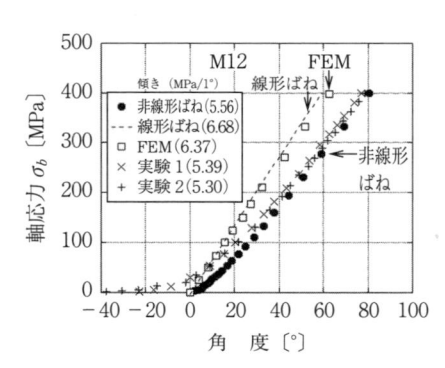

図 3.18 ばねモデル、有限要素解析と実験値の比較

おくことは不可欠である。

図 3.18 では，図 3.17 の実験結果，式 (3.32) に示した線形ばねモデルとFEM による解析結果，接触面剛性を考慮した式 (3.33) による計算結果を比較している。図中に示した傾きは回転角 1° 当り発生する軸応力であり，軸応力が 100 MPa と 400 MPa の結果を直線で結んだ値である。実験結果は，軸応力と回転角の関係は軸応力が高くなっても非線形であることを示しており，表面粗さに起因する接触面剛性を考慮した式 (3.33) から求めた値は，実験結果と比較的よく一致している。

3.3.3 適用範囲と締め付け指針[51]

図 3.19 は対応する面の最大高さ粗さ Rz の和である Rzt をパラメータとして，式 (3.33) を用いてボルト軸応力 σ_b と回転角 ϕ の関係を求めた結果である。被締結体の厚さであるグリップ長さ L_f は，呼び径 d の 8 倍としている。表面粗さの和 Rzt が大きくなるほど，同じ軸応力を得るために必要な回転角が大きくなっている。同じく，図 3.20 は，グリップ長さ L_f がボルト軸応力 σ_b と回転角 ϕ の関係に及ぼす影響を示している。表面粗さの場合と同様，L_f/d が大きくなると同じ軸応力を得るために必要な回転角が大きくなっている。い

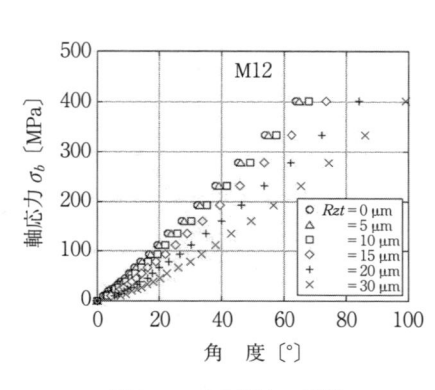

図 3.19 表面粗さの影響   **図 3.20** グリップ長さの影響

いかえると,長いボルトを使用すると目標軸力を得るために必要な回転角が大きくなるため,相対的に表面粗さ Rzt の影響は小さくなり,発生する軸力の誤差は小さくなる。

以下に,弾性域回転角法による締め付けが適した締結部と,その特性を生かした締め付け指針をまとめている。締め付け精度については,基本的に同じ軸力を得るために必要な回転角が大きいほどが高くなる。

〈適用範囲〉

1) 目標軸応力 σ_b が高い締結部　軸応力が低い場合,軸力-回転角関係式に対する表面粗さの影響が大きくなる。また,適切なスナグトルク T_{sng} の値の設定が困難なために締め付け精度が低下する。目標軸応力 σ_b は,例えば 300 MPa 以上が望ましい。

2) グリップ長さが大きい締結部　目標軸力 F_b を得るために必要な回転角 ϕ が大きくなるので,高い精度で剛性を評価することが難しいはめあいねじ部の影響が相対的に小さくなる。

3) 細目ねじを使用する締結部　同じ軸力を得るために必要な回転角 ϕ は,ピッチ P に反比例する。細目ねじの場合,並目ねじに比べて ϕ が大きくなるので高い締め付け精度が期待できる。

4) 表面粗さが小さい締結部　軸力-回転角関係式に対する表面粗さの影

響が相対的に小さいため，高い締め付け精度が期待できる．

　5） 締結部に剛性の低い材料を使用している場合　締結部材料のヤング率が低いと，〈数値で学ぶ3.8〉で示したように，必要な回転角 ϕ が大きくなり，2），3）項と同じ理由で高い締め付け精度が期待できる．

　上記の 2 ）項に関連して，グリップ長さが小さくなると，表面粗さ，締結部の形状誤差などの影響によって，軸力がかなりばらつくと考えられるので注意を要する．特にはめあいねじ部のばね定数 k_{th} は，図2.8に示したように高い精度で評価することが困難である．すなわち，わずかな形状誤差が存在するだけで剛性が大きく変化し，被締結体のばね定数 k_f と比較して無視できないほど剛性が低くなり，回転角法の精度に大きく影響する可能性がある．その場合の対策としては，例えば，設計上の工夫によって締結部のグリップ長さを大きくすることにより，被締結体の剛性を下げて k_f を小さくする．いずれにしても，グリップ長さが非常に小さい締結部への適用は控えるべきである．

〈締め付け指針〉

1） スナグトルク T_{sng} は，例えば $50 \sim 100$ MPa の軸応力 σ_b を発生する値とする．そこで，σ_b をボルト軸力 F_b に換算し，式（3.15）あるいは式（3.16）からスナグトルク T_{sng} を決定して，その大きさのトルクで締め付ける．なお，締結部の表面粗さと形状誤差があまり問題とならない場合は，ナットの回転角により与える軸応力の精度が高くなるので，スナグトルクは上記の値より低めでもよい．

2） つぎに，軸力-回転角関係式に基づいて目標軸力まで締め付ける．必要な回転角の計算には式（3.33）を使用するが，接触面の表面粗さが小さく，座面の平行度など形状誤差が問題とならない場合は，式（3.32）を使用してもよい．ここで，式（3.33）あるいは式（3.32）に代入する軸力の値は，目標軸力からスナグトルクにより発生する軸力を差し引いた値である．締め付け指針のより詳細な手順は，文献51）に示されている．

3.4 張　力　法

3.4.1 締め付け原理

　ボルト軸力を高い精度で管理する必要がある大型ディーゼル機関，原子力関連機器，化学プラントなどの締結部では，**張力法**と呼ばれる油圧テンショナを用いた締め付け方法が広く使用されている。張力法は，トルク法と異なって摩擦係数の影響をほとんど受けないので，数パーセント以内の精度で軸力管理が可能といわれている。

　張力法では，図 3.1 のようなテンショナに油圧ポンプを接続して，ボルトに直接軸力を与えて締め付ける。図 3.21 は油圧テンショナの構造を模式的に示したものである。締め付けの対象となるボルトのねじの先端部分には，張力を与えるためにグリップナットを装着する。グリップナットは，油圧を受けたピストンにより押し上げられてボルトに軸力を発生する。図中のピストンとグリップナットは可動部品である。油圧テンショナによる締め付け過程は，**図 3.22** に示す四つのステップから構成される。

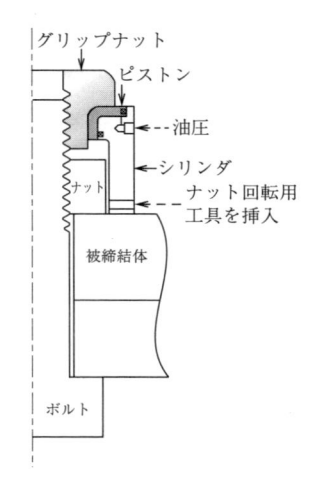

図 3.21　油圧テンショナの構造

　　ステップ 1：ボルト・ナットを締結部に取り付けて軽く締め付ける。つぎに，油圧テンショナをセットしてグリップナットをボルトの先端部分に装着する。この状態で軸力は発生していない。

　　ステップ 2：油圧ポンプを始動させる。油圧の作用によりピストンがグリップナットを押し上げるとボルトに初期張力 F_t が発生する。その際，ボルトが伸びることによってナット座面が被締結体から離れる。

3.4 張力法

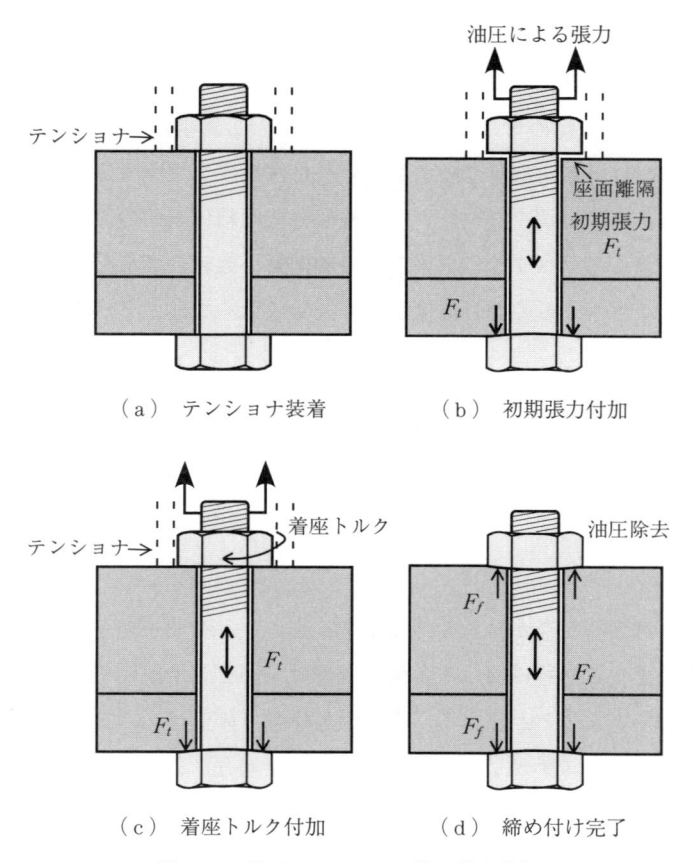

(a) テンショナ装着

(b) 初期張力付加（油圧による張力、座面離隔、初期張力 F_t）

(c) 着座トルク付加

(d) 締め付け完了（油圧除去）

図 3.22 油圧テンショナの締め付け過程

ステップ3：ナットに**着座トルク**（nut rundown torque）と呼ばれる適当な大きさのトルクを与えて，ナット座面を被締結体表面に密着させる。着座トルクにより，呼び径が比較的小さなボルトでは，わずかに軸力が増加することがあるが，大きなボルトでは軸力に変換される成分は初期張力 F_t に対して無視できる程度である。

ステップ4：油圧を除いて締め付けを完成させる。ここで，ナット座面が被締結体表面に沈み込むように変形するので，ボルトに発生している軸力は初期張力 F_t から F_f に低下する。

この F_f が締め付け作業の目標値となるボルト軸力 F_b である。したがって，ボルトに与える初期張力 F_t は目標軸力 F_f よりも高くなる。両者の比は，油圧テンショナによる締め付け作業においてもっとも重要な値である。また，ステップ3における着座トルクの値も，締め付け精度を支配する重要な因子である。着座トルクの値が小さく，ナット座面と被締結体表面の接触面圧が低い場合，油圧を除くステップ4において，接触面微小突起の変形の影響が大きく現れるために，ボルト軸力が目標値よりも大幅に低くなることがある。

3.4.2 有効張力係数

目標軸力 F_f と，それに対してあらかじめボルトに与える初期張力 F_t の比 γ を**有効張力係数**と定義する。

$$\gamma = \frac{F_f}{F_t} \tag{3.34}$$

ここで，当然のことながら γ の値は1より小さい。初期張力を与える過程と締め付けが完了する過程における各部の変形は，図2.5で説明した一次元ばねモデルを用いて表すことができる。有効張力係数 γ の値は，ステップ2の"初期締め付け過程"とステップ4の"締め付け完了過程"における各部の軸方向変位の釣合いを，ボルト締結体各部のばね定数で表すことにより導くことができる[34]。ボルト締結体を構成する五つの部分のばね定数（k_{th}, k_s, k_{cyl}, k_{hd}, k_f）を用いると，有効張力係数 γ は以下のように表すことができる。

$$\gamma = \frac{\dfrac{1}{k_s} + \dfrac{1}{k_{cyl}} + \dfrac{1}{k_{hd}} + \dfrac{1}{k_f^*}}{\dfrac{1}{k_{th}} + \dfrac{1}{k_s} + \dfrac{1}{k_{cyl}} + \dfrac{1}{k_{hd}} + \dfrac{1}{k_f}} \tag{3.35}$$

ここで，右辺の分子は初期締め付け過程，分母は締め付け完了過程に関係している。式(3.35)において，はめあいねじ部のばね定数 k_{th} は分母にのみ現れている。その理由は，初期締め付け過程において離隔していたナット座面と被締結体表面は，油圧を除いて締め付けが完了する過程で接触するために，はめ

あいねじ部の変形が影響することによる。分子に現れるアスタリスク（*）を付した k_f^* は，被締結体の実際のグリップ長さの2倍に対応したばね定数である。油圧テンショナの剛性は締結部に比べて高いために，張力を与えたときのテンショナの変形は被締結体に比べてかなり小さい。そこで，初期締め付け過程おいて被締結体はテンショナの座面周辺のみが大きく変形すると仮定して，$k_f^* = 2k_f$ と置いている。式（3.35）ならびに次項で示す式（3.36）は，いくつかの仮定のもとに導出された簡易式である。実際の締結部において，γ の値に対する被締結体の外径 D_o の影響は限定的と考えられるが，上記の式は D_o が比較的大きい場合に実験結果ならびに有限要素解析とよく一致する。

図 3.23 は有効張力係数 γ に対するグリップ長さ L_f の影響を示している。グリップ長さ L_f は，呼び径 d で除して無次元化している。図中の曲線はテンショナメーカが実験により求めた γ の上下限値であり[74]，有限要素解析により求めた値[75]も示している。式（3.35）から求めた γ は，有限要素解析とよく一致しており，テンショナメーカによる有効張力係数のばらつき範囲のほぼ中

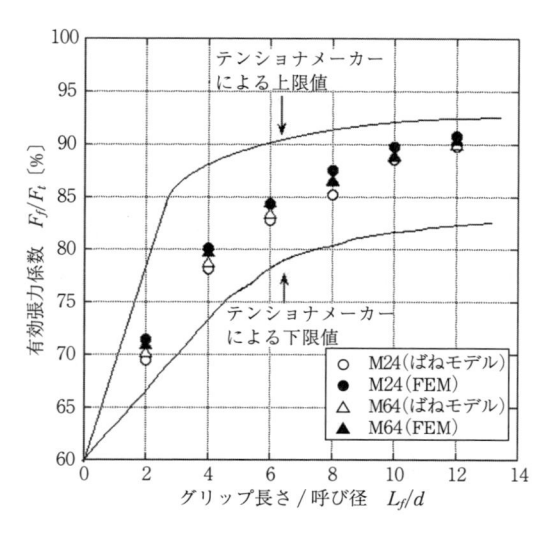

図 3.23　有効張力係数とグリップ長さ

央に位置している。また図より，有効張力係数 γ はボルトの呼び径 d に関係なく，グリップ長さ L_f によって決まることがわかる。γ の大きさが呼び径 d にほとんど依存しないことは，2.2.2 項で述べた「相似なボルト締結体の剛性は呼び径にほぼ比例する」ことから説明できる。図 1.8 で示したように，ねじ部品は呼び径 d の変化に対して相似ではない。しかしながら，非相似性は"はめあいねじ部"に限定されるため，式 (3.35) に示したように，ボルト締結体を構成する各部分の軸方向剛性の比率で決まる有効張力係数 γ にはほとんど影響しない。

3.4.3　表面粗さと着座トルクの影響

表面粗さが大きくなると，締結部形状が同じでも有効張力係数 γ の値は小さくなる。表面粗さに起因する接触面剛性は，軸力の増加に伴って剛性が高くなる**非線形ばね**を用いて表すことができる。ねじ面，ナット座面，ボルト頭部座面，被締結体界面における接触面剛性を四つのばね定数 K_{th}，K_{nu}，K_{hd}，K_f で表すと，有効張力係数 γ は次式で計算できる。

$$\gamma = \frac{\dfrac{1}{k_s}+\dfrac{1}{k_{cyl}}+\dfrac{1}{k_{hd}}+\dfrac{1}{k_f{}^*}+\dfrac{1}{K_{hd}}+\dfrac{1}{K_f}}{\dfrac{1}{k_{th}}+\dfrac{1}{k_s}+\dfrac{1}{k_{cyl}}+\dfrac{1}{k_{hd}}+\dfrac{1}{k_f}+\dfrac{1}{K_{th}}+\dfrac{1}{K_{nu}}+\dfrac{1}{K_{hd}}+\dfrac{1}{K_f}} \tag{3.36}$$

式 (3.36) の導出方法は文献 36) に詳述されている。**図 3.24** は，ボルト軸応力 σ_b を 200 MPa として，有効張力係数 γ に対する表面粗さの影響を示したものである。Rzt は回転角法の場合と同様，対応する面の最大高さ粗さ Rz の和である。γ は Rzt の増加に伴って低下しているが，その傾向はグリップ長さ L_f が小さく，ねじの呼び径 d が小さいほど顕著である。図には示していないが，軸応力 σ_b が低くなるほど γ の低下率は大きくなる。

実際の作業における有効張力係数 γ の大きさは，3.4.1 項で説明した締め付け過程のステップ 3 における着座トルクの値に大きく影響される。そこで，実用上十分な精度の軸力を得るための着座トルクの大きさに対する指針が必要と

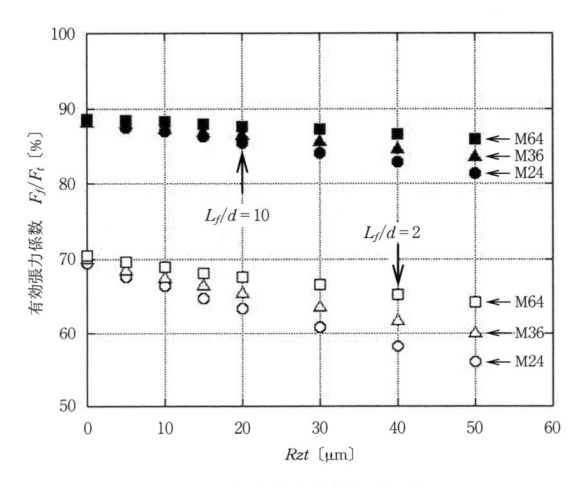

図3.24 有効張力係数と表面粗さ

なる。2.6節で説明した接触面剛性に関連して，圧縮力を受けたときの界面の面圧 p_n と近寄り量 ζ の関係について，着座トルクを種々変化させた実験から「着座トルクはナット座面面圧が10MPa以上になる大きさとする」という指針が得られている[76]。この値は，着座トルクによって接触面の微小突起がつぶれることにより，接触面剛性に対する表面粗さの影響が小さくなる限界の面圧という考え方に基づいている。着座トルクの具体的な決め方は以下のとおりである。着座トルクによってボルト軸部に発生する応力は，ボルト円筒部断面積 A とナット座面面積 A_n の比から決まる。

図3.25 は両者の比 A/A_n と呼び径 d の関係を示したものである。計算ではボルト穴まわりの面取りは考慮せず，ボルト穴径1級，2級，3級について実施した。

穴径の大きい3級の場合に A/A_n の値がもっとも大きくなるのは当然として，呼び径の影響がかなり顕著に表れている点は重要である。穴径が1級と2級の場合，M12～M20付近をピークにいったん減少し，M48を超えるあたりから再び増加しており，0.6～0.8の間に分布している。穴径が3級の場合も同様の傾向を示しているが，A/A_n の値はさらに高くなっている。また，M10

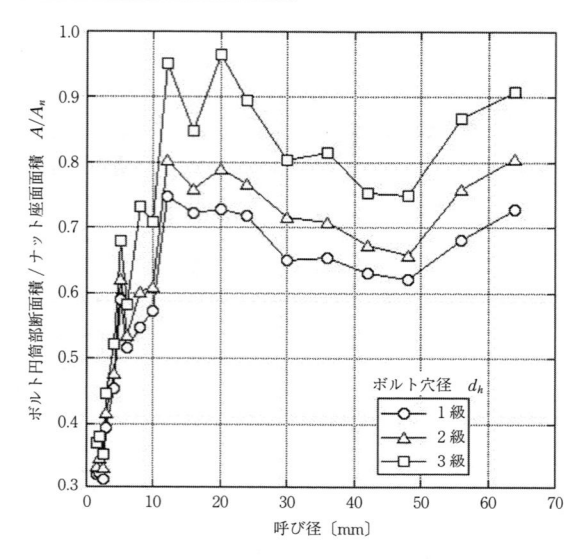

図 3.25 ボルト円筒部とナット座面の面積比

より小さくなると A/A_n の値は急激に小さくなっている。

そこで，図に示したなかで比較的呼び径の大きなねじを対象として，かりにナット座面に 10 MPa の平均面圧を与えた場合，それに対するボルト軸応力は 10 MPa を A/A_n で除すと十数メガパスカルとなる。この応力にボルト円筒部断面積を乗じると，着座トルクにより発生する軸力 F_b が求められる。

つぎに，式（3.18）からトルク係数 K を求め，式（3.16）に F_b と K を代入して，この大きさの軸力を発生するために必要な着座トルクを求めればよい。また，図に示した面積比 A/A_n は，2.1.1 項で述べた「ナット座面の限界面圧とボルト軸応力の関係」を考察するうえでも重要である。

表面粗さのほかに，有効張力係数 γ に影響する因子として締結部の形状誤差がある。具体的にはナット座面と被締結体表面の平行度，はめあいねじ部のピッチ誤差である。有効張力係数 γ に対する締結部形状誤差の影響の考え方，γ の計算式については文献 35) に解説されている。

3.4.4 適用範囲と締め付け指針

張力法を適用する場合，初期締め付け過程で与える張力 F_t が目標軸力 F_f よりも大きい点に注意しなければならない．初期張力 F_t が高いと，ねじ谷底を中心に塑性域が広がり，締め付け完了過程で起こる"除荷"の影響により，本来の締め付け精度が得られないことがある．

〈適用範囲〉

1） 高い締め付け精度が要求される締結部　接触面の摩擦係数の影響をほとんど受けないので，ボルト軸力を高い精度で管理できる．

2） グリップ長さが大きい締結部　式（3.35）の γ の計算式に現れるばね定数のうち，もっとも評価の精度が低くなりやすいのは，図2.8に示したはめあいねじ部のばね定数 k_{th} である．グリップ長さ L_f が大きい締結部では全体の剛性が低く，k_{th} の影響が相対的に小さくなるので γ を高い精度で推定できる．

3） 剛性が正確に評価できる締結部　締結部を構成する部材の寸法精度が高く，表面粗さが小さい場合，式（3.35）中のばね定数を高い精度で評価できるため，高い締め付け精度が期待できる．

4） 目標のボルト軸応力が適切なレベルの締結部　張力法はボルト・ナットが弾性変形の範囲で使用することを前提としている．一方，初期張力は目標軸力よりも高いので，ボルトの塑性変形域があまり広がらない締結部への適用が望まれる．

上記の1）〜4）項に関連して，張力法の適用を控えるべき，あるいは適用に際して特別に注意を払わなければならないケースがある．まず，2）項に関連して，グリップ長さが小さい締結部では，k_{th} だけでなく，すべてのばね定数の精度が低くなるので張力法による締め付けは向かない．特にグリップ長さが非常に小さい"薄板の締結"は避けるべきである．また，表面のうねりが問題となるような場合も適用を控えるべきである．グリップ長さが小さい締結部に張力法が向かない理由は以下のとおりである．

被締結体のばね定数 k_f の正確な評価が困難であること，はめあいねじ部の

ばね定数 k_{th} の影響が相対的に大きくなること，有効張力係数がかなり小さくなるために，初期締め付け過程においてボルト・ナットと被締結体に塑性変形が発生しやすいことが挙げられる。薄板より厚いが"グリップ長さが小さめ"の場合，弾性域回転角法と同じく，設計上の工夫によって締結部のグリップ長さを大きくすることにより，締め付け精度を改善することができる。さらに，3）項に関連して，"剛性の低いガスケットのような非鉄金属部品を含む締結部"には向かないといえる。

例えば，シートガスケットでは，応力-ひずみ関係が非線形であるために，被締結体のばね定数が軸力によって変化し，負荷時と除荷時の間でヒステリシスを示すので，初期締め付け過程と締め付け完了過程で剛性が大きく変化する。

さらに，運転状態で新たな荷重を受けると再負荷状態となり剛性が変化するので，格段の注意が必要である。さらに，ガスケットは金属に比べて極端に剛性が低いために，有効張力係数の精度に対して支配的な影響を持ち，結果として締め付け精度が極端に低くなる可能性がある。

ガスケットの力学特性については，管フランジ締結体を対象とした7章で詳しく解説する。なお，上記のような条件の締結部に張力法を適用する必要がある場合，実機のボルトにひずみゲージを装着して，有効張力係数を実測すべきである。

〈締め付け指針〉
1） 締結部の寸法形状から，式（3.35）より有効張力係数 γ を求める。この値は，図3.23に示した上下限値のほぼ中央に位置しているが，実際の締め付けでは表面粗さなどの影響により，下限値寄りの値となる。
2） 目標軸力 F_f を γ で除して初期張力 F_t を求め，油圧テンショナを用いてボルトに F_t の張力を与える。
3） ナット座面平均面圧が 10 MPa 以上となる着座トルクの大きさを求めて，そのトルクにより確実にナットを着座させた後，油圧を除き締め付け作業を完了する。

表面粗さが小さく，表面のうねりや締結部の形状誤差が無視できる程度であ

れば,式(3.36)に現れる接触面剛性に関連したばね定数 K_{th}, K_{nu}, K_{hd}, K_f は無限大と考えられるので,有効張力係数 γ は式(3.35)から求めた値で実用的には十分である。

3.5 熱膨張法

3.5.1 締め付け原理[77]

熱膨張法は,ほかの方法では締め付けられない呼び径の大きなボルトや多数のボルトを同時に締め付ける場合に使用される。締め付けの対象なるボルトは"中空"となっており,棒状のヒータを挿入して,加熱することによりボルトに伸びを与える。図 3.26 は,締め付け実験のためにボルトヒータを中空ボルトに装着した状態を示している。ボルトは通常,はめあいねじ部側を上にして鉛直方向に置き,ボルトヒータはボルト穴の中央に配置する。ボルトヒータを用いた締め付け過程は,図 3.27 のように四つのステップから構成される。

ステップ 1:締め付け対象の中空ボルトを被締結体に装着して,ボルトヒータを挿入する。

ステップ 2:ボルトヒータのスイッチを入れて,ボルトの伸びが目標値に達

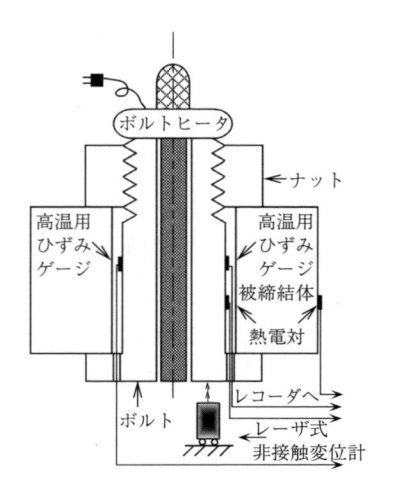

図 3.26 ボルトヒータを装着した被締結体

3. ねじの締め付けの力学

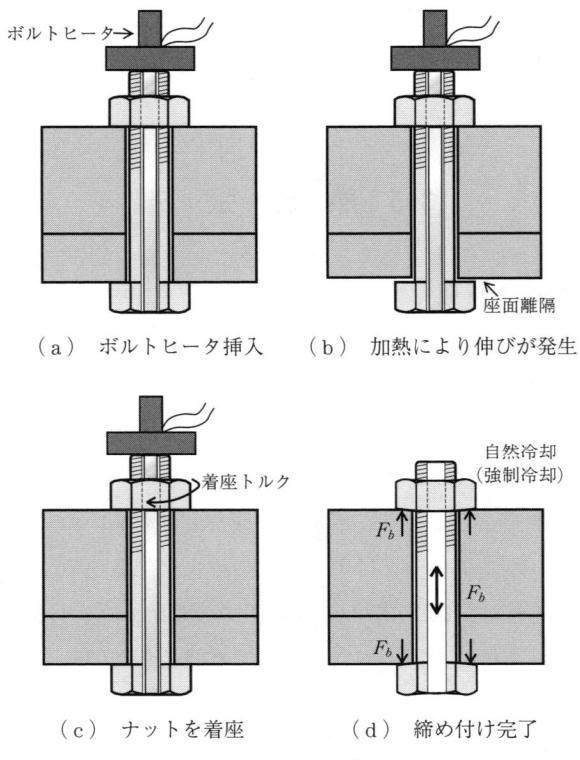

（a）ボルトヒータ挿入　　（b）加熱により伸びが発生

（c）ナットを着座　　（d）締め付け完了

図 3.27 ボルトヒータの締め付け過程

するまで加熱する。ボルト頭部座面には伸び量に等しいすきまができる。

ステップ3：適切な大きさの着座トルクを与えてボルト頭部座面を被締結体表面に密着させる。

ステップ4：ボルトを自然冷却あるいは強制冷却により収縮させて軸力を発生させる。

着座トルクについては張力法の場合と同様，ナット座面に 10 MPa 程度以上の平均面圧が発生する値とすることにより，安定した軸力が得られる[76]。

3.5.2 締結部形状を簡略化した締め付けモデル

ボルトヒータによる締め付け過程は，温度場と応力場が連成する複雑な問題である。図3.26を参照すると，ボルトヒータからボルトに与えられた熱量のある割合は，はめあいねじ部からナット座面，あるいはボルト頭部座面を介して被締結体に伝わる。ここで，ボルト円筒部表面から狭い空気層を介して被締結体のボルト穴表面に伝わる熱量も無視できない。これらの現象を考慮に入れて，締め付け過程におけるボルト締結体の各部温度とボルト軸力の時間変化を，有限要素解析によりかなり高い精度で評価できる手法が提案されている[76]。

一方，締め付け過程の詳細な解明ではなく，加熱に必要な時間や加熱温度とボルト軸力の関係を実用的な精度で求めることが目的であれば，材料力学と伝熱工学の基礎理論を応用した手法が有効である。

文献76)で実施した有限要素解析によると，ボルトから被締結体に伝わる熱量は，グリップ長さがある程度以上大きい場合，ボルト円筒部表面と被締結体の間の狭い空気層を介して伝わる熱が支配的である。そこで，ナット座面とボルト頭部座面を介して被締結体に伝わる熱を無視して，ボルト締結体を**図3.28**

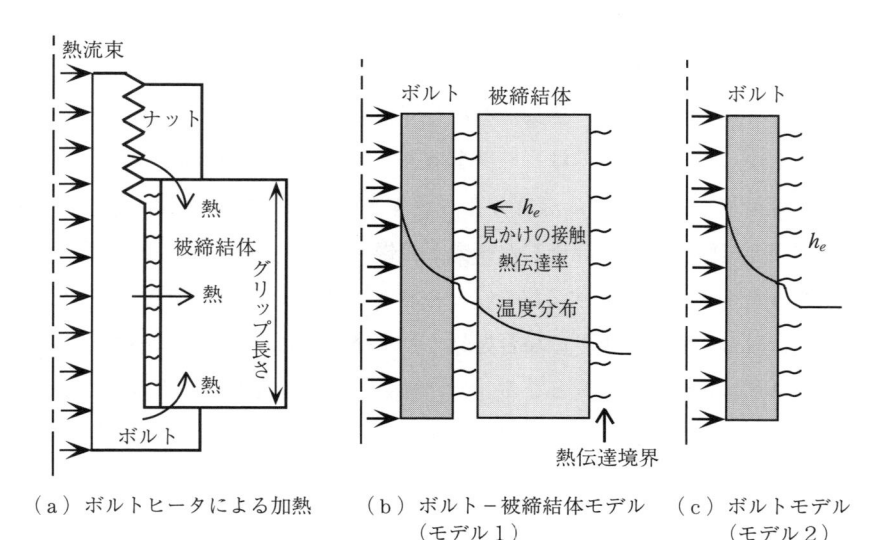

（a）ボルトヒータによる加熱　　（b）ボルト－被締結体モデル　　（c）ボルトモデル
　　　　　　　　　　　　　　　　　　　（モデル1）　　　　　　　　　　（モデル2）

図3.28　締結部形状を簡略化した解析モデル

に示すような簡単な形状のモデルに置き換える[78]。モデル1は，中空ボルトと被締結体から構成されており，モデル2では中空ボルトのみをモデル化している。

3.5.3　軸力－加熱温度関係式

ボルトヒータで加熱することにより発生するボルトの伸び量δは，中空ボルトの半径方向の温度分布$T = T(r)$がわかると求めることができる。締結部のグリップ長さをL_fとして，中空ボルトを内半径a，外半径bの中空円筒に置き換えると

$$\delta = \frac{2\alpha_b L_f}{b^2 - a^2} \int_a^b Tr dr \tag{3.37}$$

ここでα_bは，ボルト材料の線膨張係数である。グリップ長さが，長さL_sの遊びねじ部とL_{cyl}の円筒部から構成される場合，各部分の外半径bを有効断面積の直径d_sの1/2および呼び径dの1/2と考えると，式（3.37）は以下のように書き換えられる。

$$\delta = 8\alpha_b \left(\frac{L_s}{d_s^2 - 4a^2} \int_a^{d_s/2} Tr dr + \frac{L_{cyl}}{d^2 - 4a^2} \int_a^{d/2} Tr dr \right) \tag{3.38}$$

式（3.37），（3.38）は，全長にわたって中空となったボルトに対して適用可能であるが，長いボルトではヒータを挿入するために一部のみが中空となっており，その場合に発生する温度分布，ボルトの伸び，発生する軸力については，有限要素解析により評価した研究が報告されている[76]。全長にわたって中空となったボルトを加熱する場合，ヒータを挿入する穴の直径$2a$がボルトの呼び径に対して極端に小さい場合を除くと半径方向の温度勾配は小さくなり，ボルト軸部はほぼ一様温度となる。その場合，周囲温度からのボルトの平均温度上昇をΔT_bとすると，グリップ長さL_fに対応する部分のボルトの伸びδは，ボルト材料の線膨張係数α_bとΔT_bとL_fの積となる。

$$\delta = \alpha_b \Delta T_b L_f \tag{3.39}$$

加熱が終了してボルトが常温まで冷却されると，δだけ収縮することにより

3.5 熱 膨 張 法

軸力 F_b が発生する。そこで「熱膨張による伸び」が「ボルト軸力 F_b による各部の軸方向変形量」と「各接触面における近寄り量」の和に等しいという関係から次式を得る[78),51)]。

$$\alpha_b \Delta T_b L_f = F_b \left(\frac{1}{k_{th}} + \frac{1}{k_s} + \frac{1}{k_{cyl}} + \frac{1}{k_{hd}} + \frac{1}{k_f} \right) + \zeta_{th} + \zeta_{nu} + \zeta_{hd} + \zeta_f$$

$$= \frac{F_b}{k_{total}} + \zeta_{th} + \zeta_{nu} + \zeta_{hd} + \zeta_f \qquad (3.40)$$

ここで，ζ_{th}，ζ_{nu}，ζ_{hd}，ζ_f は，それぞれ，ねじ面，ナット座面，ボルト頭部座面，被締結界面における接触面の近寄り量である。式 (3.40) の右辺は，弾性域回転角法における式 (3.33) の右辺から $2\pi/P$ を除いた括弧内の式に等しい。**図 3.29** は，一次元差分法により温度分布を求め，その結果から式 (3.38) を用いて伸び量 δ を計算し，その値を式 (3.40) の左辺に代入して求めたボルト軸力 F_b を実験結果と比較したものである。

ボルト・ナットの呼びは M36，そのほかの締結部形状，加熱条件，計算方法の詳細は文献 78) に示されている。ここで，ボルト円筒部表面と被締結体

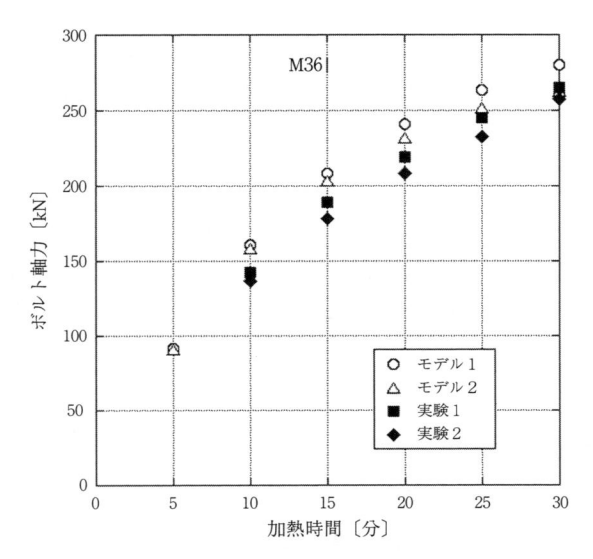

図 3.29 ボルト軸力と加熱時間の関係

表面の間の"ボルト穴すきま"を伝わる熱量については,2.7節で説明した"見かけの接触熱伝達率"h_eを用いて求めている。図3.28で説明したように,モデル1は締結部をボルトと被締結体の2物体で表した場合,モデル2ではボルトのみをモデル化している。ここで,モデル2のボルト円筒部表面における熱伝達率は,ボルト穴すきまに対する見かけの接触熱伝達率h_eに等しいと仮定している。図に示した結果より,種々の仮定をおいて解析したにもかかわらず,より簡単なモデル2のほうが実験値と近い値を与えている。

―― 〈数値で学ぶ3.9〉 **熱膨張法におけるグリップ長さと呼び径の影響** ――

加熱温度と発生する軸応力の関係に対するグリップ長さ,呼び径の影響を式(3.40)から考察する。ただし,接触面の近寄り量の影響は考慮しない。M16の並目ねじのボルト・ナットを対象として,グリップ長さL_fと呼び径dの比L_f/dを,2,4,6,8,10と変化させて,軸応力$\sigma_b=100$ MPaを発生させるために必要な加熱温度ΔT_bを計算する。そのほかの条件は〈数値で学ぶ2.1〉と同様とすると,各L_f/dに対する加熱温度ΔT_bはそれぞれ,104℃,87℃,81℃,78℃,76℃となる。

この結果は,「同じ呼び径のボルトで一定の軸応力を得るための加熱温度は,グリップ長さが大きくなると小さくなる」ことを示している。加熱温度ΔT_bとグリップ長さL_fの関係は,式(3.40)中に現れる,ばね定数k_b,k_fとL_fの関係から説明できる。

呼び径dの影響を見るために,$L_f/d=6$として,$\sigma_b=100$ MPaを発生させるために必要なΔT_bを計算する。M12,M16,M24,M36のボルト・ナットで締め付けた相似な形状の締結部の場合,ΔT_bは83℃,81℃,81℃,80℃となる。呼び径の影響がほとんど現れない理由は,ここで設定した条件におけるボルト軸力F_bと軸応力σ_bの関係および,ばね定数k_b,k_fとグリップ長さL_fが,呼び径dにほぼ比例することによる。

3.5.4 適用範囲と締め付け指針

ボルトヒータよる締め付け作業においてもっとも重要な情報は,加熱時間と発生する軸力の関係である。両者の関係は,有限要素法を用いると締結部の形状に関係なく求めることができるが[76),77)],個々のボルトの締め付け作業に対

3.5 熱膨張法

して複雑な有限要素解析を実施することは必ずしも容易ではない。一方，熱膨張法の適用対象となるボルトは，全長にわたって中空となっているタイプが多く，3.5.3項で説明した簡易式は，そのようなボルトに適用できる。以下に，全長が中空となったボルトを対象として，熱膨張法の適用範囲と締め付け指針を示す。

〈適用範囲〉

1） **呼び径の大きなボルトを使用する締結部**　熱膨張法は適用できるボルト寸法に制限がないので，呼び径が非常に大きなボルトを締め付けることができる唯一の方法である。一方，適用できるボルトサイズの下限はヒータの直径により決まる。熱膨張法では中空ボルトを使用するが，その強度については中空径がボルトの直径の半分以下であれば，ねじ山荷重分担率が大きく変化することはないという報告があり[79]，実際のヒータもその基準を満たしている。

2） **多数ボルトの同時締め付けが必要な締結部**　ボルトと同数のヒータを使用すると，呼び径の大きなボルトの多数同時締め付けが可能となる。その場合，次項で説明するボルトの逐次締め付け時に問題となる"弾性相互作用による軸力のばらつき"の影響を排除できる。

3） **グリップ長さが大きい締結部**　熱膨張法は，ボルトのグリップ長さ部分における加熱時の伸びと冷却時の収縮の差を利用して締結するために，弾性域回転角法，張力法と同様の理由から，グリップ長さが大きい場合に高い締め付け精度が期待できる。反対にグリップ長さが短い締結部には向かないといえる。

〈締め付け指針〉

1） 締結部の寸法形状から，式 (3.40) を用いて目標軸力 F_b を得るために必要なボルトの加熱温度 ΔT_b を求める。表面粗さがあまり大きくない場合，式 (3.40) に現れる接触面の近寄り量の項は省略できる。ここで，作業指針の観点から ΔT_b までの加熱に要する時間がわかることが望ましい。ボルトヒータで加熱した場合の中空ボルトの温度分布に対応して，「内表面が一様熱流束，外表面が熱伝達境界の中空円筒の非定常温度場」

には厳密解が存在するが，実際の計算にはかなりの困難を伴う．そこで，可能であれば加熱に要するおよその時間を一次元差分法など簡単な数値解析により求めておく．

2） 加熱温度 ΔT_b に対応したボルトの伸び量 δ を式（3.39）から求める．δ をねじのピッチ P で除して 360°を乗じ，ナット回転角 ϕ に換算して締め付け作業の指針とする．

3） ボルトを締結部に装着して加熱を開始する．ボルトの特定部分，例えば，ボルトのねじ先端部のナットとかみ合っていない部分の温度を測定し，温度上昇が ΔT_b に近づいた時点でナットの着座作業を開始する．

4） ヒータを挿入したままで，ナットの回転角が上記の 2）で求めた ϕ となるように着座作業を行う．着座トルクはナット座面平均面圧が 10 MPa 以上となる値とする．

ヒータを取り除いた後に締め付け作業を開始すると，急激な冷却によりボルトが収縮して，発生する軸力が小さくなるので注意を要する．なお，3）で測定する温度上昇 ΔT_b は，測定箇所によって差が生じるので，あくまでも参考値であり，作業の指針としてはナット回転角 ϕ かボルトの伸び δ を使用する．また，加熱温度 ΔT_b を高くすると高い軸力が得られるが，ボルト材料が変質しない程度の温度とする．

上記の締め付け指針ではナット回転角 ϕ を使用したが，熟練の作業者が担当する場合は，ダイヤルゲージなどを用いて直接伸び δ を測定するケースが多いようである．締め付け対象が長いボルトの場合，ボルトヒータのサイズの関係からボルトは部分的に中空に加工される．その場合に必要な加熱時間やボルトの伸び量を求めるためには，ボルト内の軸方向の熱流れを考慮しなければならないが，ここで紹介した考え方は，加熱時間が短い場合に限ると，比較的よい近似を与えると推察される．

これまで説明した締め付け指針は，"ボルトヒータを鉛直方向に設置"して使用する場合に対応している．ボルトヒータの特性を生かすためにはヒータを横置き，斜め置きにした場合についての検討が必要となる．文献80）では，

ボルトヒータを横置きで使用して、ヒータの側面がボルト穴表面に接触する場合にも適用可能であることを確認しており、その場合の締め付け指針を解説している。

3.6 多数ボルトの逐次締め付けと弾性相互作用

3.6.1 ボルトの締め付けと弾性相互作用

機械構造物の締結には多数のボルトが使用される。このような**多数ボルト締結体**（multi-bolted joints）では、作業手順あるいはコストの問題から、近接するすべてのボルトを同時に締め付けることができないケースが多い。そこでボルトを逐次締め付けると、すでに締結が完了したボルトの軸力が変化することがある。このような現象を**弾性相互作用**（elastic interaction）と呼ぶ。

図 3.30 は、3本のボルトを同じ軸力 F_b で逐次締め付けた過程を有限要素法により解析し、得られた変形パターンを拡大して示したものである[81]。

ボルト1の挙動を例として、弾性相互作用を説明する。すべてのボルト軸力が零の初期状態から、ボルト1、ボルト2、ボルト3の順に締め付ける。各ボルトの締め付け過程では、トルク法における摩擦係数のばらつきなど、締め付け方法の特性によって発生する軸力のばらつきは考慮しないこととする。

1) ボルト1を目標軸力の F_b で締め付ける（ボルト1の軸力 $F_{b1}=F_b$）。
2) ボルト2を軸力 F_b で締め付けるとボルト1周辺の変形に影響するため、ボルト1の軸力が変化する（ボルト1の軸力 $\neq F_b$、ボルト2の軸力 $F_{b2}=F_b$）。
3) ボルト3を F_b で締め付けると、隣接するボルト2の軸力が変化する。またボルト1の軸力が2）項の状態からさらに変化する（$F_{b1} \neq F_b$、$F_{b2} \neq F_b$、$F_{b3}=F_b$）。

図 3.30 において、ボルト1を締め付けたときのボルト2とボルト3の軸力、ボルト2を締め付けたときのボルト3の軸力は示していない。通常、これらのボルトの軸力は零であるが、後述する管フランジの締め付けでは、あるボルト

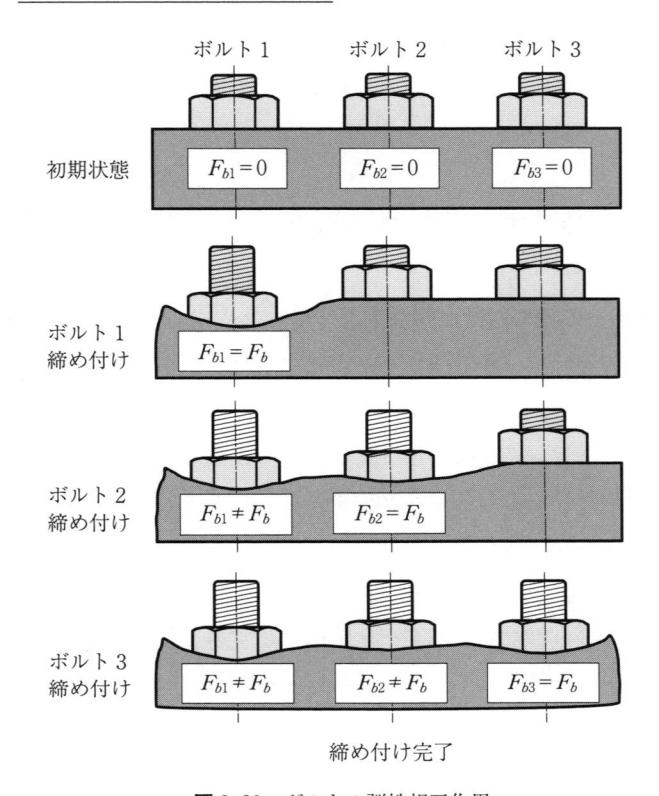

図 3.30 ボルトの弾性相互作用

を締め付けると 180° 離れた対角位置周辺のボルトには，フランジの変形により軸力が発生することがある。

多数ボルトの締め付けでは，最後に締め付けたボルトを除いて，弾性相互作用により軸力は目標値から外れる。程度の差はあるが，弾性相互作用はボルトを逐次締め付けると必ず発生する現象である。それを避けるためには，すべてのボルトを同時に締め付けなければならない。原子力関連機器や使用条件の厳しい圧力容器，舶用の大型機関では，ボルトと同数の油圧テンショナを使用することにより弾性相互作用を回避しているケースがある。また，大型蒸気タービンの車室を締結する場合のように，ボルトと同数のボルトヒータを使用して，すべてのボルトを同時に締め付けることによって防ぐことも可能である。

3.6.2 締結部形状と弾性相互作用

弾性相互作用によるボルト軸力のばらつきは，無視できる程度からシートガスケットを使用した管フランジのように，締結体の性能を左右するレベルまでさまざまである．弾性相互作用の大きさは締結部の形状と剛性によって大きく変化する．管フランジのボルト締結では弾性相互作用がしばしば問題となるが，その大きさはフランジの形状によって変化する．

図 3.31 は管フランジの形状を模式的に示しており，座面の形状からそれぞれ，全面座，大平面座，小平面座と呼ばれている[82]．一般に内部流体の圧力が低い場合は全面座，内圧が高くなると大平面座，小平面座が使用される．

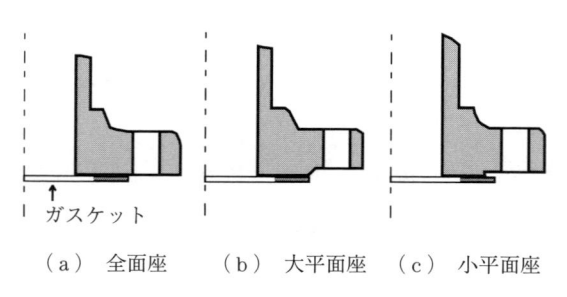

（a）全面座　　（b）大平面座　　（c）小平面座

図 3.31　管フランジの座面形状

弾性相互作用は座面面積が小さくなるに従って顕著になる．その主要な原因は，図 3.32（a）に示す**フランジローテーション**と呼ばれる現象である．大平面座，小平面座の管フランジでは，対応するフランジ面の間にすきまが存在するために，ボルトを締め付けると両者が近づくように変形する．この変形は隣接するボルトだけでなく，図 3.32（b）のように 180°離れた対角位置付近のボルト軸力にも影響する．すなわち，あるボルトを締め付けると，近くに配置されたボルトの軸力は低下し，対角位置付近のボルト軸力は，2枚のフランジの対応表面が離れるように**口開き変形**するために，増加することがある．

以上のように，1本のボルトを締め付けると，隣接するボルトだけでなく，向かい側のボルト軸力も変化するため，管フランジ締結体の締め付け過程において，各ボルトの軸力は弾性相互作用によって複雑に変化する．なお，矩形の

128   3. ねじの締め付けの力学

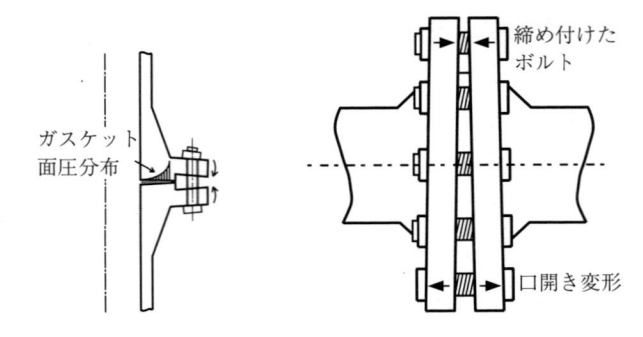

(a) フランジローテーション   (b) 管フランジの口開き変形

図 3.32 フランジローテーションと口開き変形

フランジの場合は，あるボルトを締め付けたときに向かい側のボルト軸力に影響するような口開き変形が起こりにくいため，円形のフランジに比べて軸力の変化は小さい。

一般的な管フランジ締結体では，内部流体のシールを目的として2枚のフランジの間にガスケットが挿入されており，弾性相互作用はこのガスケットの剛性に大きく影響される。リング状のフラットな金属製ガスケットを使用する場合，軸力のばらつきはガスケットがない場合と同じ程度であるが，剛性が低いガスケットを使用すると弾性相互作用は顕著に現れる。特に，シートガスケットやうず巻き形ガスケットのように剛性が低く，ボルトの締め付け力によって圧縮力を受けたときと荷重が減少したときの応力-ひずみ関係が非線形で，負荷曲線と除荷曲線の間にヒステリシスが存在すると，軸力のばらつきは非常に大きくなる[83),84)]。

弾性相互作用がほとんど現れない例として，8.2節で取り上げる複輪構造となった大型車の後輪がある。ボルトは同心円上に配置されているが，タイヤは薄い金属製のホイールにはめ込まれており，複輪を構成する二つのホイールの界面はフラットで，たがいに密着するような形状となっている。すなわち，グリップ長さが小さいために剛性が高く，フランジローテーションのような変形も起こらないので，弾性相互作用はほとんど発生しない[66)]。

一般的な乗用車のホイールの締結も含め，上記のケースのように被締結体の剛性が高く，形状誤差がほとんどない場合，実質的に弾性相互作用による軸力のばらつきは無視できると考えられる。

弾性相互作用は，締結部の点検などを目的として，ボルトを逐次取り外すときにも発生する。その過程において，あるボルトを取り外したことにより，隣接するボルトの軸力がかなり上昇することがある。このような締結部開放時に発生する弾性相互作用は，締め付け時に大きな弾性相互作用が現れる締結部において問題となることがある。ボルトを締め付け時と同じく星形の順序で取り外す場合と，単純に一方向に取り外す場合を対象として，発生するボルト軸力変化を有限要素解析により求めた研究が報告されている[85]。

3.6.3　軸力のばらつきの推定と最適な締め付け手順

弾性相互作用が大きく現れる代表的な構造物は，管フランジ締結体である。特に剛性の低いガスケットを挿入した場合，各ボルトを規定値で締め付けても，最終的に得られる軸力はボルト間で大きくばらつく。そこで，多数ボルト締結体の逐次締め付け過程について，以下の2点を明らかにする必要がある。

課題1：規定のトルク（軸力）で多数ボルトを逐次締め付けたときに発生する軸力のばらつきの推定

課題2：最終的にすべてのボルト軸力が一様となるような最適な締め付け手順の確立

上記の二つの課題は，いずれも有限要素解析により求める手法が提案されている[83],[84],[86],[87]。解析手法の詳細は各文献に記述されているので本書では省略し，弾性相互作用によるボルト軸力のばらつき現象を中心に解説する。

図3.33は，ジョイントシートガスケットを挿入した内径が20インチの管フランジを対象として，呼び径がM33の24本のボルトを締め付ける過程の解析に使用した有限要素モデルである[87]。図中にボルト番号と締め付け順序を示している。

図3.34（a）は，各ボルトに目標軸力に等しい初期軸力 F_i を与えて，対角

節点数 7176
要素数 4656

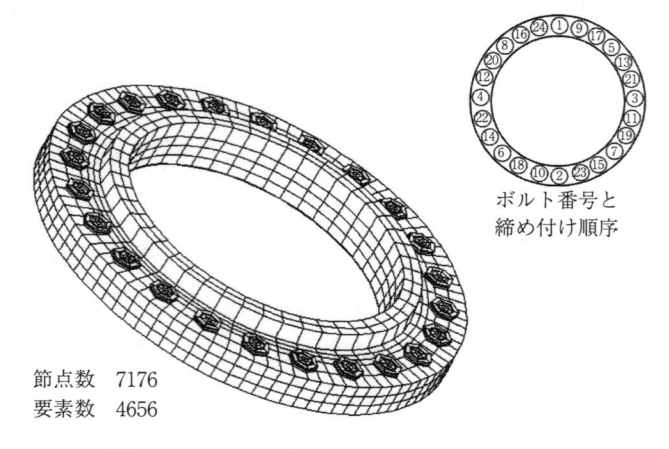

図3.33 20インチ管フランジの有限要素モデル

ボルト番号と締め付け順序

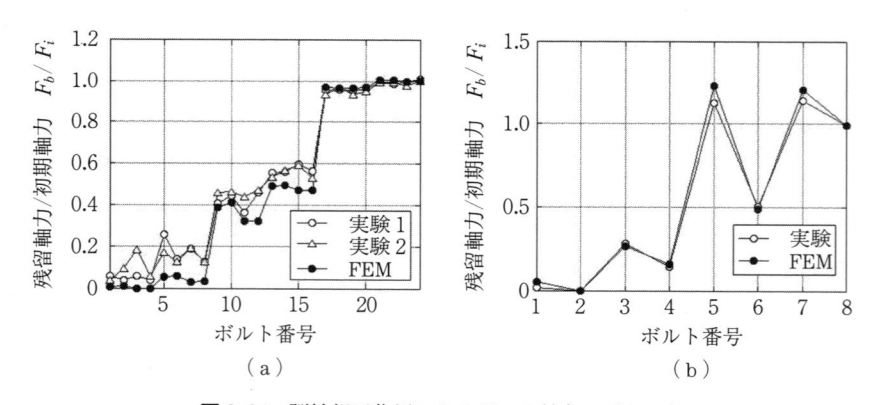

図3.34 弾性相互作用によるボルト軸力のばらつき

状に締め付けたときに発生する弾性相互作用を示している。横軸はボルト番号を表しており，F_bは最終的にボルトに残留している軸力である。実験値と解析結果はかなりよく一致している。最初に締め付けた8本のボルトの軸力は非常に小さく，つぎの8本は目標値の50%程度，最後の8本はほぼ目標値となっている。

問題は，ここで示したような軸力のばらつきが，管フランジの規格が変わると大きく変化する点である。すなわち，規格化された管フランジの寸法・形状

3.6 多数ボルトの逐次締め付けと弾性相互作用   131

は相似ではないため，軸力がばらつくパターンは規格によって大きく異なる．図3.34（b）は，うず巻き形ガスケットを用いて，JIS B 2238呼び圧力40 K，呼び径40の大平面座を持つフランジについて，8本のボルトを対角状に締め付けた場合の実験値と有限要素解析の結果を比較したものである．

図に示したように，1ターンの締め付けでは，最初に締め付けた2本のボルトの軸力はほぼ零となる．つぎの2本は目標軸力の20％前後，5本目と7本目は目標値より20％程度高くなり，6本目は目標値の50％程度となる[83]．

軸力のばらつきに影響する弾性相互作用以外の因子を排除するために，締め付け実験では各ボルトに装着したひずみゲージの出力を指標として軸力を与えている．したがって，最後に締め付けた8本目のボルトの軸力は目標値となっている．

図3.35は，20インチの管フランジを対象とした有限要素解析により，締め付けが完了した時点における24本のボルトの軸力がすべて規定軸力となるような初期軸力を求め，その値を用いてボルトを逐次締め付けた場合の実験結果を示している．実験誤差を考慮しても，1回の締め付けで，ほぼ一様な軸力が得られていることがわかる．

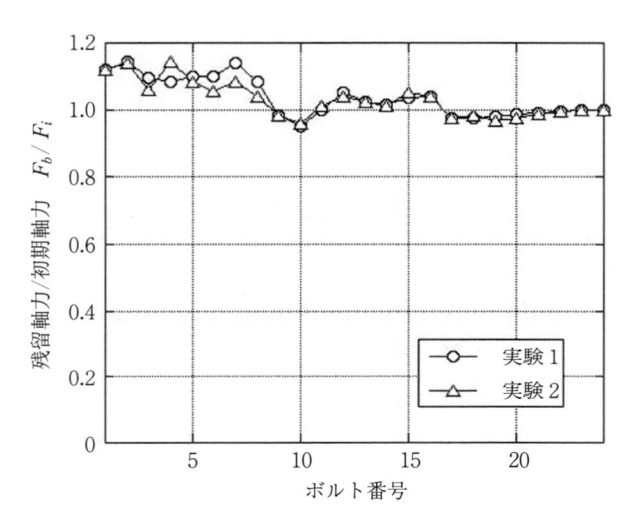

図3.35 最適締め付け手順による一様なボルト軸力

課題2については，例えば，付加価値の高い機械構造物の締結部を対象として，1ターンでボルトの締め付けを完了したい場合に有効である。一方，この手法をシートガスケットのような剛性の低い挿入物がある締結部に適用すると，特定のボルトに非常に高い軸力を与えなければならないという問題がある[83]。さらに，多数のボルトを異なる軸力で締め付けることは現場作業の観点から困難を伴う。

そこで，管フランジの締め付けに限定して，課題1の解析手法を用いて現場作業に適応するように発展させた指針が「JIS B 2251 フランジ継手締付け方法」として公開されている。ボルト本数の少ない管フランジでは従来どおりの対角締めであるが，ボルト本数がある程度多くなると，対角締めではなく"一方向"に締め付ける。作業のポイントは"最初に90°離れた4本のボルトを目標値で締め付け，その後，一方向に繰返して目標値で締め付ける"という点である。対角締めの場合，あるボルトの軸力は，その後の作業で両側のボルトが締め付けられたときに大きく変化するため，締め付け作業中に2回変化する。これに対して"一方向締め付け"では，大きな軸力変化は締め付け方向の前方のボルトを締め付けたときの1回のみとなるので，弾性相互作用の影響を抑制することができる。締め付け手順の詳細は JIS B 2251 を参照していただきたい。なお，この締め付け指針の対象は，あくまでも管フランジである点を付記しておく。

3.7　ねじの締め付けに要するエネルギー

3.7.1　トルク法における締め付けエネルギー[88]

ねじの締め付け作業では，呼び径が等しいねじに同じ軸力を与える場合でも，グリップ長さが大きくなると，締め付けに必要なエネルギーは大きくなる。このことは，グリップ長さが大きくなると，同じボルト軸力に対して伸びが大きくなることから明らかである。

本節では，もっとも広く使用されているトルク法を対象として，締め付けに

必要なエネルギーを算出する式を示し，ねじのピッチ，グリップ長さなどの因子の影響を定量的に明らかにする．ボルト・ナットをトルク法で締め付ける場合に必要なエネルギー W_{trq} は，締め付けトルク T_t とナット回転角 ϕ を用いて次式のように表すことができる．

$$W_{trq} = \frac{1}{2} T_t \phi \tag{3.41}$$

式（3.41）から明らかなように，トルク T_t を一定とすると W_{trq} は回転角 ϕ に比例する．回転角 ϕ と軸力 F_b の関係は，式（3.32）で与えられる．

$$\phi = \frac{2\pi}{P} F_b \left(\frac{1}{k_b} + \frac{1}{k_f} \right) = \frac{2\pi}{P} \frac{F_b}{k_{total}} \tag{3.32，再掲}$$

また，締め付けトルク T_t と軸力 F_b の関係は，式（3.15）で与えられる．

$$T_t = \frac{1}{2} F_b \{ d_2 \tan(\rho_{th}' + \beta) + d_{nu} \mu_{nu} \} \tag{3.15，再掲}$$

式（3.32）と式（3.15）より，締め付けエネルギー W_{trq} とねじのピッチ P の関係を考察する．式（3.32）によると，回転角 ϕ と P は反比例の関係にある．しかしながら，ピッチの小さなねじでは有効径が大きくなるために，k_{th} と k_s がわずかに増加する．したがって，ピッチが小さくなることによって回転角が大きくなる割合は，反比例の関係よりやや小さくなる．

1.4.3項で示したように，リード角 β はピッチ P にほぼ比例して変化する．したがって，式（3.15）において P が小さくなると β も減少するが，通常，β の絶対値は，ねじ面の摩擦角 ρ_{th}' よりもかなり小さいので，影響は限定的である．

以上の結果より，W_{trq} と P の関係は「同じ呼び径のねじでは，締め付けに必要なエネルギーはピッチにほぼ反比例して大きくなる．その増加割合は，ピッチに反比例する場合よりもやや小さめである」といえる．

呼び径が等しい並目ねじと細目ねじを比較する．例えば，細目ねじのピッチが並目ねじの1/2の場合，締め付けには2倍近いエネルギーが必要となる．締め付けエネルギー W_{trq} のうち，ボルト・ナットと被締結体の変形に消費さ

れるエネルギーはわずかであり，大部分はねじ面とナット座面の摩擦仕事として消費される。また，前述の W_{trq} とピッチ P の関係から，細目ねじを締め付ける場合，並目ねじに比べてねじ面とナット座面で大きなエネルギーが消費されるため，面が荒れて摩擦係数が高くなる可能性があると推察される。

ピッチ以外の因子と締め付けエネルギー W_{trq} の関係は，以下のとおりである。

1) 式（3.32）の ϕ に関連して，W_{trq} は被締結体材料のヤング率に反比例する。

2) 式（3.15）の T_t に関連して，W_{trq} はねじ面とナット座面の摩擦係数 μ_{th}，μ_{nu} に対して比例的に増加する。

3) 式（3.32）の ϕ に関連して，被締結体の厚さの合計であるグリップ長さ L_f が大きくなると，k_b と k_f は，L_f にほぼ反比例して小さくなるため，W_{trq} は比例的に大きくなる。

4) 式（3.32）と式（3.15）に現れる軸力 F_b に関連して，式（3.41）で計算される W_{trq} は，F_b の2乗に比例する。

5) 式（3.32）と式（3.15）に関連して，ボルト軸応力 σ_b が同じ場合，W_{trq} は，呼び径 d のほぼ3乗に比例する。

5) 項の呼び径 d と締め付けエネルギー W_{trq} の関係は，やや複雑である。「σ_b が一定」の条件で考察する。式（3.32）の ϕ に関連して，ピッチ P は，呼び径 d とともに大きくなるが，その増加率は d が大きくなるほど小さい。σ_b が一定の場合，ボルト軸力 F_b は d の2乗に比例する。一方，相似なボルト締結体では各部のばね定数 k_{th}，k_s，k_{cyl}，k_{hd}，k_f は，呼び径 d にほぼ比例する。以上の影響を総合すると，d が大きくなると ϕ はある程度増加する。

つぎに，式（3.15）の T_t に関連して，F_b は d の2乗に比例し，式の中括弧内の項は，ほぼ d に比例する。その結果，T_t は d のほぼ3乗に比例することになる。したがって，W_{trq} は d の3乗の比例よりもやや大きめの値となる。

以上の結果から，各因子と締め付けエネルギーの関係はつぎのようにまとめることができる。

1) 締結部材料のヤング率が低く，グリップ長さが大きな締結部に対して，

ピッチの小さな細目ねじを用いて締め付ける場合,大きな締め付けエネルギー W_{trq} が必要となる.

2) 呼び径が等しく目標軸力が同じ場合,細目ねじは並目ねじに比べて締め付けに必要なエネルギーが大きい.そのために,面が荒れて摩擦係数が増加すると並目ねじに比べて軸力が低めとなる.

JIS 規格によると,並目ねじのピッチ P は M64 の 6 mm がもっとも大きい.また,実際の締結部では,呼び径が M64 よりも大きなねじでは,ピッチを 6 mm より小さくするケースが多いようである.以上の点から,呼び径の大きなねじでは,呼び径が大きくなる割合以上に大きな締め付けエネルギーを消費するため,焼き付きをはじめとして,さまざまな問題が発生する可能性が高くなる.

3.7.2 締め付けエネルギーに影響する因子

ボルト締結体の寸法,締め付け条件を以下のように設定して,締め付けエネルギー W_{trq} を計算する.

〈計算条件〉 ボルト軸応力 $\sigma_b = 100$ MPa,ねじの呼び径 $d = 16$ mm,ボルト穴径 $d_h = 17.5$ mm,被締結体外径 $D_o = 128$ mm,ピッチ $P = 2$ mm,1.5 mm,1 mm,グリップ長さ $L_f / d = 2 \sim 20$,摩擦係数 μ_{th},$\mu_{nu} = 0.05 \sim 0.3$,遊びねじ部の長さ $L_s = 1/5 \, L_f$,締結部材料のヤング率 $E = 70$,100,150,200 GPa

〈標準計算条件〉 $P = 2$ mm,$L_f / d = 4$,μ_{th},$\mu_{nu} = 0.12$,$E = 200$ GPa

図 3.36 (a),(b) は,締め付けエネルギー W_{trq} に対するピッチ P と摩擦係数の影響を示している.ねじ面とナット座面の摩擦係数 μ_{th},μ_{nu} は,等しいと仮定している.図中の W_{th},W_{nu} は,ねじ部とナット座面で消費されるエネルギーであり,それぞれ式 (3.15) に示したトルクー軸力関係式の右辺の中括弧の第 1 項と第 2 項に対応している.

図 3.36 (a) より,W_{trq} は,ピッチ P にほぼ反比例して大きくなっている.図中に回転角 ϕ の値も示している.同じく図 3.36 (b) は,W_{trq} が摩擦係数に対して比例的に増加することを表している.この場合,式 (3.32) から明らかなように,ϕ は摩擦係数に関係なく一定である.

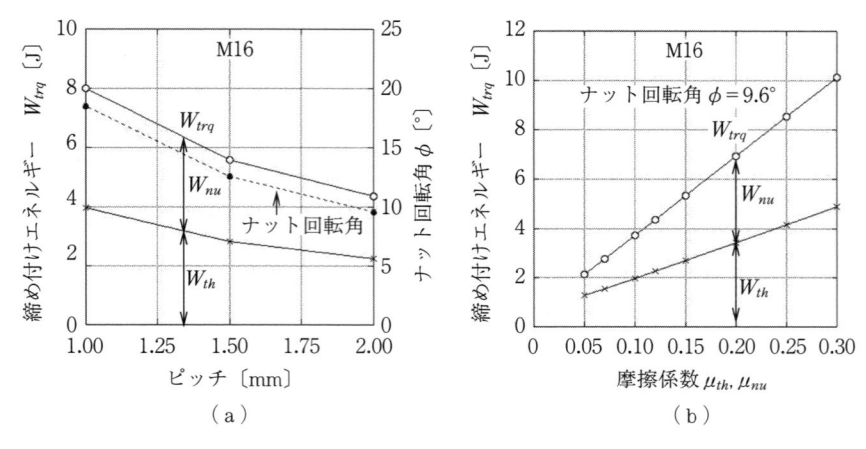

図 3.36 ピッチと摩擦係数の影響

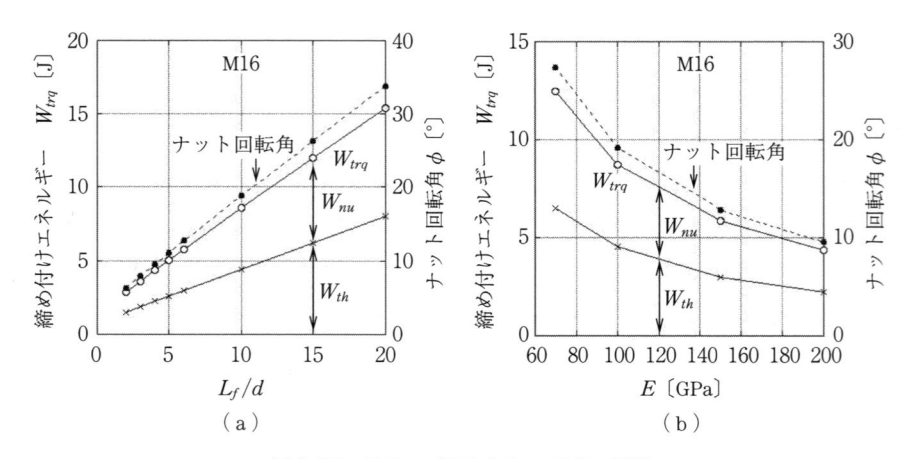

図 3.37 グリップ長さとヤング率の影響

図 3.37（a），（b）は，グリップ長さ L_f とヤング率 E の影響を示している。グリップ長さ L_f については，図 3.37（a）に示すように，W_{trq} は L_f/d に対して比例的に増加している。また，図 3.37（b）は，ピッチと同じく W_{trq} がヤング率にほぼ反比例して増加することを示している。以上の結果は，3.7.1 項における締め付けエネルギーに対する各種因子の影響に関する考察と整合している。

4 ねじの静的強度と疲労強度

4.1 はめあいねじ部の荷重分布とねじ山荷重分担率

4.1.1 ボルト・ナットにおける荷重分布

ボルト・ナットを用いて締め付ける場合，ボルトには軸力 F_b による引張力，ナットはその反力による圧縮力を受ける。その結果，三角形状のボルトとナットのねじ山は片側のみで接触する。**図 4.1**（a）に示すように，接触する側を**圧力側フランク**，接触しないほうを**遊び側フランク**と呼ぶ。図 4.1（b）は，"ねじ山をそろばん玉形状と仮定"した軸対称有限要素解析による結果であり，ボルトに軸力を与えたときの，はめあいねじ部周辺のミーゼス応力分布と変形パターンの一例を示している。応力の大きさはグレースケールの濃淡により表示している。

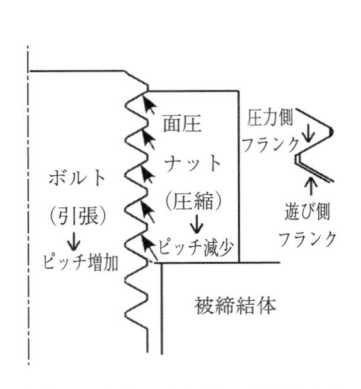

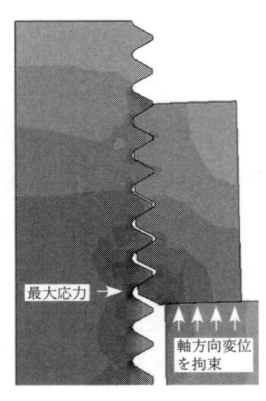

（a） はめあいねじ部に作用する力　　（b） ミーゼス応力分布と変形パターン

図 4.1　はめあいねじ部に作用する力と応力分布，変形パターン

はめあいねじ部の変形に着目すると，圧力側フランクのみが接触しており，ナット座面に近いねじ山ほど変形が大きくなっている。ボルト側とナット側のねじ山の変形については，引張力を受けるボルト側のねじのピッチは大きくなり，ナット側のピッチは小さくなるため，ボルトとナットの実質的なピッチが変化する。また，ナットの頂面側と座面側を比較すると，前者は自由表面，後者は被締結体と接触しているために軸方向変位が拘束されている。

以上の原因により，ボルト・ナットのはめあいねじ部は特徴的な荷重分布を示す。すなわち，はめあいねじ部の圧力側フランクに作用する力は，図4.1(a) のように，ナット座面にもっとも近い第1ねじ山で大きく，頂面側に向かって減少する。その結果，ナット座面にもっとも近いボルトねじ谷底で最大応力が発生する。

山本は，ボルトとナットをそれぞれ円柱の外側と中空円筒の内側にねじ山を巻き付けた構造に置き換えて，それらの変形を表す式から各部の剛性をばね定数で表し，はめあいねじ部の荷重分布を表す式を導いている[89]。

$$\frac{d^2F}{dx^2} - a_1 F = 0 \tag{4.1}$$

$$a_1 = \frac{\dfrac{1}{A_{ex}E_{ex}} + \dfrac{1}{A_{in}E_{in}}}{P\left(\dfrac{1}{k_{ex}} + \dfrac{1}{k_{in}}\right)}$$

式 (4.1) において，x はナット頂面を基準として座面に向かってとった座標，F はその断面に作用する荷重の大きさを表している。A は断面積，P はピッチを表し，添字の ex と in によっておねじとめねじを区別している。k_{ex} と k_{in} は，おねじとめねじの1山当りの軸方向剛性を表すばね定数である。式 (4.1) を積分して，ナットの高さを H_{nu} とすると，F は次式のように表される。

$$F = F_b \frac{\sinh(\sqrt{a_1}x)}{\sinh(\sqrt{a_1}H_{nu})} \tag{4.2}$$

式 (4.2) は，ナット頂面からナット座面に向かって，はめあいねじ部の荷

4.1 はめあいねじ部の荷重分布とねじ山荷重分担率　　139

重分布が零からボルト軸力のF_bまで，sinh (x)の関数に従って変化することを示している．

　ねじ山をそろばん玉形状と仮定して，ボルト軸力F_bに対して各ねじ山が受け持つ荷重の割合は**ねじ山荷重分担率**（ratio of flank loads）と呼ばれており，はめあいねじ部の荷重分布特性の概要を知ることができるため，強度評価の一つの指針として用いられている．

　ボルト・ナットのねじ山荷重分担率は，式（4.2）を用いて計算することができる．M16のボルト・ナットを例に説明すると，ピッチPが2 mm，ナットの高さH_{nu}が12 mmの場合，上端の$x=0$から$P=2$ mmの倍数の位置における6か所のFを計算して，隣接する位置におけるFとの差をそれぞれF_bで除せばよい．

　以上の結果，ナット座面にもっとも近い第1ねじ山からナット頂面側の第6山まで，各ねじ山が受け持つ荷重分担率を計算することができる．

　ねじ山荷重分担率の分布パターンは，ボルト・ナット，管用ねじ，アイボルトなど，ねじの種類，使用形態によって異なる．ボルト・ナット締結体では，ボルト軸力によってボルトは引張力，ナットは圧縮力を受けるため，ナット座面に近い第1ねじ山がもっとも大きな荷重を受け持ち，ナット頂面側に向かって荷重分担率は減少する．次項では，めねじ側の剛性が非常に大きいアイボルト，おねじとめねじが，ともに引張荷重を受けるアイナットの荷重分布特性について解説する．

4.1.2　アイボルト，アイナットにおける荷重分布

　図4.2に示す**アイボルト**（eyebolt）と**アイナット**（eyenut）は，大型構造物の吊上げなどに使用されるねじ部品である．通常のボルト・ナットの締め付けでは，ボルトには引張力，ナットにはそれと釣り合う圧縮力が発生する．

　アイボルトとアイナットの場合，おねじ側とめねじ側のいずれも重力，慣性力による引張力を受ける．その結果，はめあいねじ部に作用する荷重はボルト・ナットと異なった分布特性を示し，以下の微分方程式を解くことにより求

4. ねじの静的強度と疲労強度

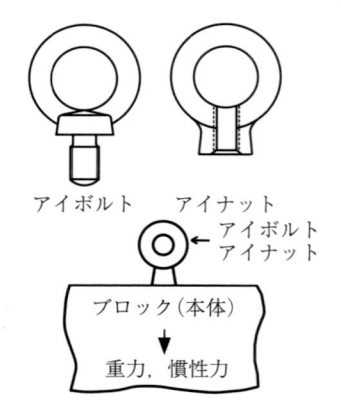

図 4.2 アイボルトとアイナット

められる[90]。

$$\frac{d^2F}{dx^2} - a_1 F + a_2 F_b = 0 \qquad (4.3)$$

$$a_2 = \frac{1}{PA_{in}E_{in}\left(\dfrac{1}{k_{ex}} + \dfrac{1}{k_{in}}\right)}$$

式 (4.3) の F は，おねじの先端から距離 x の断面に作用する荷重の大きさである。ボルト・ナットの荷重分布を表す式 (4.1) に対して，定数項 $a_2 F_b$ が付加された形となっている。式 (4.3) を積分すると，アイボルトとアイナットの荷重分担率を求めることができる。

図 4.3 (a) は，アイナットのねじ山荷重分担率を示しており，式 (4.3) から得られた値と有限要素解析による結果を比較している。図 4.3 (b) は解析に使用した有限要素モデルである。

アイナットの荷重分担率は，はめあいねじ部の両端で高くなっている。その原因は，おねじとめねじの両方に引張荷重が作用し，本体から突出したおねじとかみ合っているアイナットのめねじ部分の体積が小さいことによる。図には示していないが，アイボルトのねじ山荷重分担率は本体側から上部のリングに向かって単調減少し，通常のねじ込みボルトや植込みボルトの本体側ねじ部と同様の分布パターンを示す。アイボルトの場合，本体に加工されためねじ側の

4.1 はめあいねじ部の荷重分布とねじ山荷重分担率

(a) アイナットのねじ山荷重分担率　　(b) アイナットの有限要素モデル

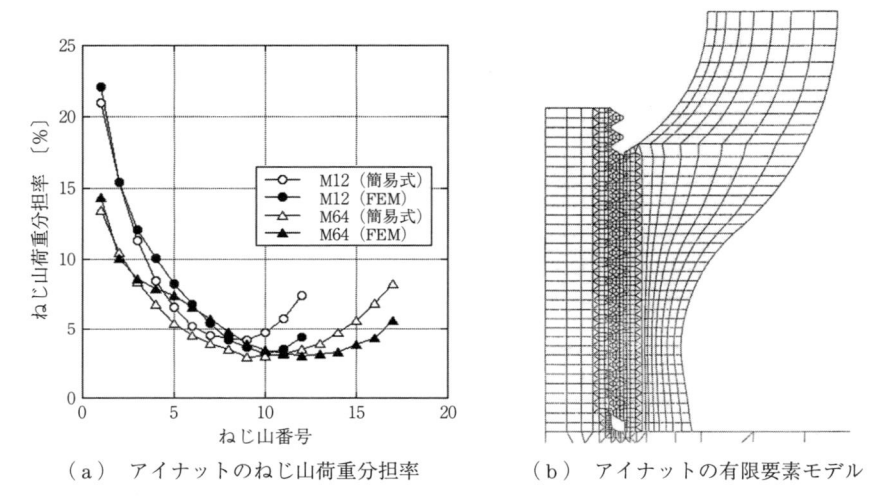

図 4.3　アイナットのねじ山荷重分担率

体積が非常に大きく，剛性の高いナットとみなすことができるため，このような荷重分布パターンを示すと考えられる．

おねじとめねじが，ともに引張あるいは圧縮を受けるねじとして管用ねじがある．パイプの機械的接合などに使用される管用平行ねじでは，はめあいねじ部の両端で荷重分担率が高くなり，中心に対してほぼ対称に分布する．また，パイプの肉厚が薄くなると，剛性低下によって半径方向の変形が大きくなるため，中央部の分担率が高くなるなど特徴的な分布特性を示す．

4.1.3　有限要素法によるねじ山荷重分担率の解析

ねじ山をそろばん玉形状と仮定して軸対称有限要素法を適用すると，ねじ山荷重分担率は比較的容易に求めることができる．ボルト軸部に軸力 F_b を与え，はめあいねじ部の各圧力側フランクに作用する圧縮力の軸方向成分を計算し，それらを F_b で除すと，各ねじ山の分担率が計算できる．

図 4.4 は，M16 の並目ねじを対象としたねじ山荷重分担率の解析結果の一例である．ピッチは 2 mm，ナットの高さを 12 mm としたため，かみ合いねじ

142　　　4．ねじの静的強度と疲労強度

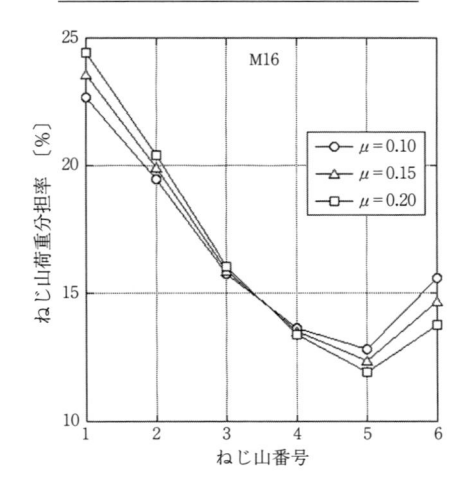

図4.4 ボルト・ナットのねじ山荷重分担率

山数は6となっている。

　図中のパラメータは摩擦係数 μ で，ねじ面とナット座面の摩擦係数 μ_{th}，μ_{nu} は等しいと仮定している。ねじ山荷重分担率は第1ねじ山で最大となり，ナット座面からナット頂面に向かって減少し，第6山でわずかに増加している。また，第1ねじ山の分担率は摩擦係数の増加に伴って大きくなっている。ねじのフランクは，ボルト頭部座面と異なりボルト軸直角断面に対して30°傾いており，そのために摩擦係数が小さいと容易に半径方向のすべりが発生する。しかしながら，摩擦係数が大きくなると"おねじとめねじの相対すべりに対する拘束"が大きくなり，はめあいねじ部の変形パターンが変化する。その結果，μ の増加に伴って第1ねじ山の荷重分担率が大きくなると考えられる。ナット頂面にもっとも近い第6山において再び分担率が高くなるのは，ねじ面の半径方向における相対すべりの方向が逆転することによる。この現象は，ねじ山をそろばん玉形状に置き換えた軸対称解析において顕著に現れる。一方，後述する，ねじ山らせんモデルを用いた解析では，ナット頂面にもっとも近いねじ山の分担率が再び高くなるという現象はほとんど現れない。その原因は以下のように説明できる。

　図4.1（b）に示したはめあいねじ部の半径方向の変形パターンを参照する

と，ナット座面に近いねじ山の変形は，頂面側のねじに比べて大きくなっている。その結果，ナットは外周部から曲げ荷重を受けた場合のように，軸線に対して下に凸に変形するため，もっともナット頂面に近いねじ山では，めねじがおねじに食い込むような変形パターンとなっている。

一方，実際のねじ山ではリード角が存在するために，軸方向変位に対する拘束は軸対称モデルで仮定した"そろばん玉モデル"に比べて小さい。以上のような軸方向変位に対する拘束の差が，そろばん玉モデルと，らせんモデルの解析結果に差が現れた主要な原因と考えられる。

4.2 ねじの静的強度と応力集中

4.2.1 応力集中と応力集中係数

応力集中（stress concentration）は，**切欠き**（notch）など形状が不連続な部分において局部的に応力が高くなる現象である。一般に，機械構造物は特定の機能を達成するために，円弧やU字形切欠きなど断面形状が局部的に変化する複雑な形状を有している。そのために，ある程度の応力集中が発生することは避けられない。応力集中の度合いは，切欠き底に発生する最大応力 σ_{max} と切欠き断面の平均応力 σ_n の比である**応力集中係数**（stress concentration factor, shape factor）によって評価される。

$$\alpha = \frac{\sigma_{max}}{\sigma_n} \tag{4.4}$$

応力集中係数 α の具体的な値は，さまざまな切欠き形状を有する平板や軸が引張・圧縮，曲げモーメント，ねじりモーメントを受けた場合について，機械設計関係のテキスト，ハンドブックなどにまとめられている[91]。切欠き形状，荷重条件が複雑で既存の資料で対応できない場合は，有限要素法など数値解析手法により応力集中係数を求めることができる。

応力集中の発生と応力集中係数が変化するメカニズムを，簡単な例によって説明する。**図 4.5**（a）は1個の円孔を有する無限板が引張荷重を受ける場合

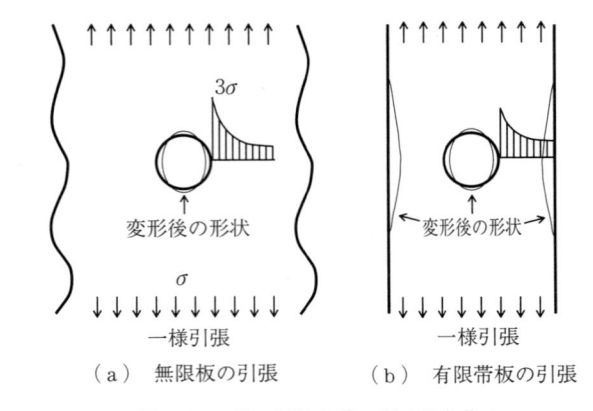

(a) 無限板の引張   (b) 有限帯板の引張

図4.5 1個の円孔を持つ板の応力集中

の応力集中現象を示している。

　よく知られているように，この場合の応力集中係数は3である。図4.5（b）のように板幅が有限になると，応力集中係数は3より小さくなる。その理由は以下のとおりである。

　引張荷重を受けると円孔は荷重方向に伸びるように変形するが，荷重に対して円孔の直角方向に存在する板の剛性は，円孔が縦長に変形することを妨げる。したがって，板幅が無限から有限に減少すると，円孔周辺の直角方向の剛性が低下して変形に対する拘束が小さくなり，応力集中係数が低下する。すなわち，応力集中係数は無限板の場合が最大で，板幅が小さくなるに従って低下する。

　もう一つの例は，切欠きが1個の板と複数の切欠きを持つ板が引張荷重を受ける場合の比較である。切欠きはすべて同じ形状の半円とする。切欠きが1個の板では，**図4.6**（a）に示すように，切欠き周辺の"口開き変形"が隣接する部分から大きく拘束される。

　例えば，荷重に直角方向の寸法が無限の"半無限板"の場合，応力集中係数 α_{I} は約3.06とかなり大きくなる。切欠きが2個になると，1個の場合に比べて変形しやすくなるため，応力集中係数 α_{II} は α_{I} より小さくなる。切欠きが3個になると，中央切欠きの応力集中係数 α_{IV} は端部の α_{III} より小さくなる。ま

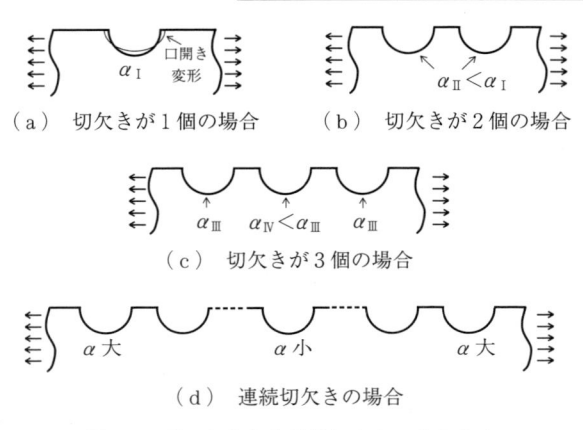

図4.6 単一切欠きと連続切欠きの応力集中

た，連続切欠きの端部に位置する切欠きは，切欠きがない側から変形を拘束されるので，中央部分の切欠きに比べて応力集中係数が高くなる．以上の結果をまとめると，応力集中係数の大きさは

　　単一切欠き＞連続切欠きの端部の切欠き＞連続切欠きの中央部分の切欠き

の順序となる．さらに一般化すると，「切欠き周辺の剛性が低く，荷重を受けると切欠き周辺が大きく変形する場合，応力集中係数は小さくなる」と表現できる．

切欠きの形状について，応力集中係数は，切欠き底の半径が小さいほど高くなる．また，負荷される荷重の形態によっても変化する．形状が同じ物体について，通常，応力集中係数は引張・圧縮荷重を受ける場合がもっとも大きく，曲げ，ねじりの順に小さくなる[92]．

4.2.2　ねじ部品における応力集中

ねじ部品において大きな応力集中が発生する位置は，ボルト・ナット締結体の場合，図2.1で説明した破壊・破損がしやすい箇所と一致しており，ナット座面にもっとも近い，ボルトの第1ねじ谷底，ねじの切り上げ部，ボルト頭部首下の3か所である．このうち，強度上もっとも問題となるのは，ボルト第1

ねじ谷底である．JIS 規格によるおねじ谷底の丸み半径 ρ の推奨値は，式 (1.7) に示したとおりである．ねじの切り上げ部については，図 4.6 で説明した連続切欠きの端部の切欠きであるために高い応力集中が発生し，加工上の問題から切欠き底の半径が小さくなるとさらに応力が高くなる．

ところで，大型ディーゼル機関のクランクピンボルトのように，大きな繰返し荷重を受けるボルトでは，疲労強度を上げるために軸部を細くした"伸びボルト"が使用されることがある．伸びボルトの場合，加工時に切り上げ部を除去するケースがある．ボルト頭部首下については，JIS B 1180 に応力集中の緩和を目的とした，丸み半径の最小値が示されている．また，頭部座面と被締結体表面が平行でない場合，軸力を与えた段階で，ボルトに曲げモーメントが発生するという問題がある．具体的には，被締結体の表面に加工上の問題から，ゆるやかなテーパが施されている場合などが相当する．この曲げモーメントの問題は，はめあいねじ部側でも同様である．

以上のようなケースでは，軸力に加えて曲げモーメントが作用するために，前述の 3 か所における応力集中が想定していた値より大きくなる可能性がある．なお，塑性加工によるゆがみが残っている薄板の締め付けでは，応力集中よりも，軸力低下によるゆるみが問題となることが多い．

ねじ部品の形状誤差も応力集中現象に影響する．JIS B 1180 では，図 1.11 のように，ナット座面の平行度とボルト頭部と円筒部の直角度の最大許容誤差を 1° あるいは 2° と規定している．大型機械構造物では，締結部の形状誤差に加えて，組立誤差も問題となることがあり，両者の相乗効果によって設計値よりかなり大きな応力集中が発生するケースがある．形状誤差と組立誤差を考慮して応力集中を定量的に評価することはかなり困難であり，そのような場合は，有限要素法などの数値解析が有効な手段となる．

4.2.3　ねじ谷底の応力集中現象

ねじ谷底の応力集中係数は，呼び径の大きなねじほど大きく，呼び径が同じであれば，並目ねじよりも細目ねじのほうが大きくなる．ねじ部品の形状は図

1.8 に示したように相似ではない。並目ねじのボルトの場合，呼び径 d が大きくなるほどピッチ P と呼び径の比 P/d が小さくなる。ボルトねじ谷底の応力集中を"片側に連続切欠きを持つ引張荷重を受ける有限幅の板"と対比すると，呼び径が大きくなるほど同じ板幅に対して切欠きの深さが浅くなり，半無限板の状態に近づくために応力集中係数が高くなるといえる[91]。ボルト第1ねじ谷底における応力集中係数は，有限要素解析を用いた過去の研究によると，4を超えると報告されている[10),93]。このような高い応力集中が発生する理由は，以下のとおりある。

まず，図4.4に示したねじ山荷重分担率に関連して，ナット座面に隣接したねじ山は非常に大きな荷重を受け持っており，ねじ谷底に大きな引張荷重が作用する。その場合，おねじとめねじは圧力側フランクでのみ接触しているので，フランク面に作用する圧縮荷重は，曲げモーメントのようにボルトのねじ谷底周辺を"口開き変形"させ，引張荷重による応力集中を助長する。

図4.7では，ボルトねじ谷底に発生する応力集中のメカニズムを模式的に示している。

以上のように，切欠き底に作用する引張荷重と曲げの重畳効果により，ボルトねじ谷底には高い応力集中が発生する。図4.1に示したはめあいねじ部の応

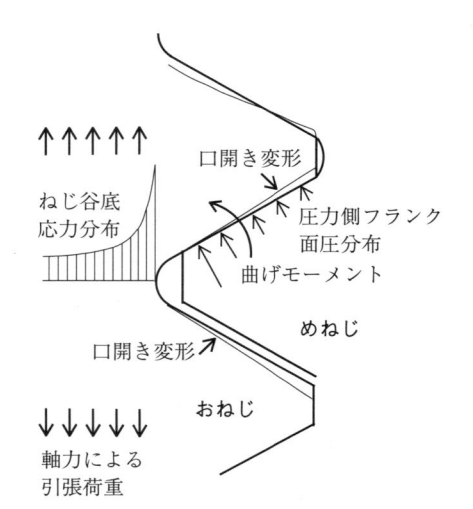

図4.7 ねじ谷底応力集中の発生メカニズム

力分布と変形パターンは，上記の説明を裏付けるものである。すなわち，ボルトの第1ねじ谷底周辺には非常に高い応力集中が発生しており，はめあいねじ部の変形はナット座面に近いほど大きく，ボルトの第1ねじ山はかなり大きく"口開き変形"している。

曲げモーメントの影響については，圧力側フランクに作用する圧縮力の大きさが同じであっても，面圧がフランクの先端寄りに作用すると，モーメントの腕が長くなるために応力集中が高くなる。

ところで，呼び径の1/2の穴を持つ中空ボルトでは，第1ねじ山のねじ山荷重分担率は中実ボルトよりも高くなるが，ねじ谷底の応力集中は低めになるという報告がある[79]。この現象は，穴を設けたことによって圧力側フランクにおける面圧の中心がねじ谷底側に移動し，モーメントの腕の長さが短くなったためと考えられる。

4.2.4 ねじ谷底応力集中の定量的評価

ねじ谷底の丸み半径は，応力集中に対して支配的な影響を持つ。大滝は，ねじ谷底付近の形状を谷底の丸みと等しい曲率を持つ連続関数で近似し，複素応力関数の厳密解を用いることにより，ねじ谷底からフランクに沿った応力分布を求めている[8),9)]。その解析結果から，メートルねじ，ウィットウォースねじの応力集中係数を求め，「ねじ谷底の応力集中係数は，呼び径が大きく谷底の丸みが小さいほど大きく，並目ねじよりも細目ねじのほうが大きい」ことを定量的に明らかにしている。清家らは，銅めっき法を用いて，ねじ谷底に沿った応力分布を測定し，最大応力はナット座面から2/3ピッチ離れたボルトねじ谷底で発生するという結果を得ている[17]。

福岡らは，ボルトが軸力のみを受ける場合を対象として，軸対称有限要素解析を用いて，ねじ谷底周辺の要素寸法を種々変化させた結果から，ねじ谷底の応力集中係数の値は4を超えるとしている[93]。解析では，要素の代表寸法が谷底の丸み半径の1/10以下の三角形要素を谷底周辺に配置し，ねじ谷底の丸み半径とねじ面，ナット座面の摩擦係数を種々変化させることにより，応力集中

係数を 2 桁の精度で求めている.

図 4.8 は,その解析に使用したモデルの全体図とねじ谷底周辺の分割である.解析の対象は M24 の並目ねじでピッチは 3 mm,おねじ谷底の丸み半径 ρ を,0.4 mm,0.3 mm,0.2 mm と変化させている.なお,式（1.7）より JIS が推奨する ρ の最小値を計算すると 0.375 mm である.図 4.9 に解析結果を示す.

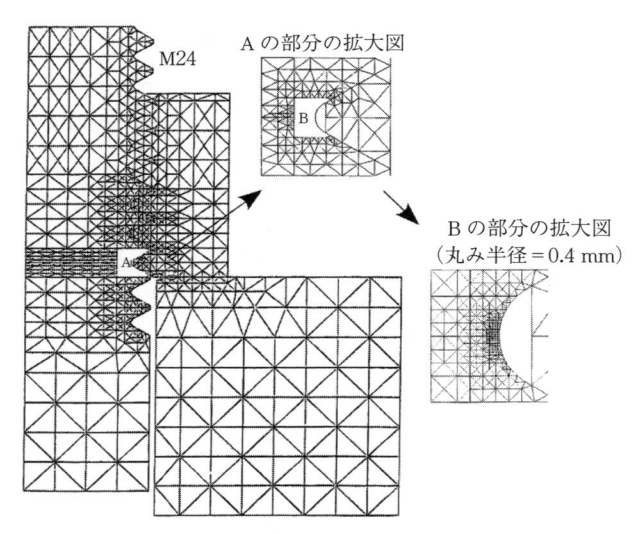

図 4.8 ねじ谷底応力集中解析用の有限要素モデル

丸山の銅めっき法による実験結果と比較するために,縦軸はねじ谷底の最大主応力を谷底の平均応力で除した値,横軸は谷底の丸み半径である.実験のばらつきを考慮すると,図に示したモデルは十分な解析精度を有していると考えられる.また,図の結果は,丸み半径に対する JIS の推奨値の妥当性を裏付けている.上記の解析では,らせん形状の影響が考慮されていないので,実際のねじに比べてねじ山の軸方向変形に対する拘束が高めとなる.したがって,後述するねじ山らせんモデルを使用した解析に比べて,応力集中はやや高めに評価されていると推察される.

トルク法でボルトを締め付けると,式（3.30）に示したように,ねじりモー

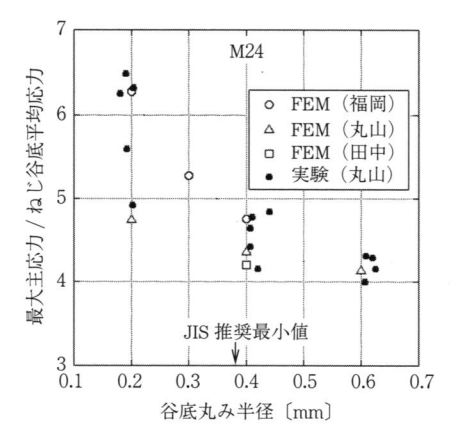

図 4.9 応力集中係数と谷底丸み半径

図 4.10 トルク法で締め付けた場合の応力集中

メントの影響によって，はめあいねじ部に作用する応力は軸力のみを受ける場合より高くなる。文献45）では，ボルト・ナット締結体を二次元要素でモデル化し，各節点における自由度を通常の軸対称モデルの r, z 座標に θ 座標を加えて，3とすることにより，トルク法により締め付けた場合の応力集中係数を求めている。

図 4.10 は M24 を対象として，トルク法で締め付けたときと軸力のみを与えた場合の結果を比較している。トルク法の場合，ねじりモーメントによるせん断応力の影響により応力集中が高くなる。また，摩擦係数が大きくなると，同じ軸力を発生するために大きなねじりモーメントが必要となるため，応力集中係数が急激に上昇している。この結果は，3.2節の〈数値で学ぶ3.7〉における，はめあいねじ部の応力と摩擦係数の関係と合致するものである。

4.2.5 応力集中とねじの塑性変形

これまで示したように，ねじ谷底の応力集中係数は，機械構造物でしばしば見受けられる切欠きに比べて高く，ボルト軸応力がさほど高くない場合でもねじ谷底周辺は塑性変形する。

一方，応力集中係数が高いことから，塑性域は比較的狭い領域に限られるので，塑性変形の発生がただちに締結部の破損につながるわけではない。

図 4.11 は，M16 と M12 の並目ねじのボルトに軸力のみが作用した場合について，軸応力 σ_b の増加とともに塑性域が広がっていく様子を示している。図中の黒塗りの部分が塑性変形領域である。締結部材料は弾完全塑性体とし，ヤング率とポアソン比は 200GPa と 0.3，接触面の摩擦係数は 0.15，ボルト軸応力 σ_b は，材料の降伏応力 σ_Y に対する比で表している。

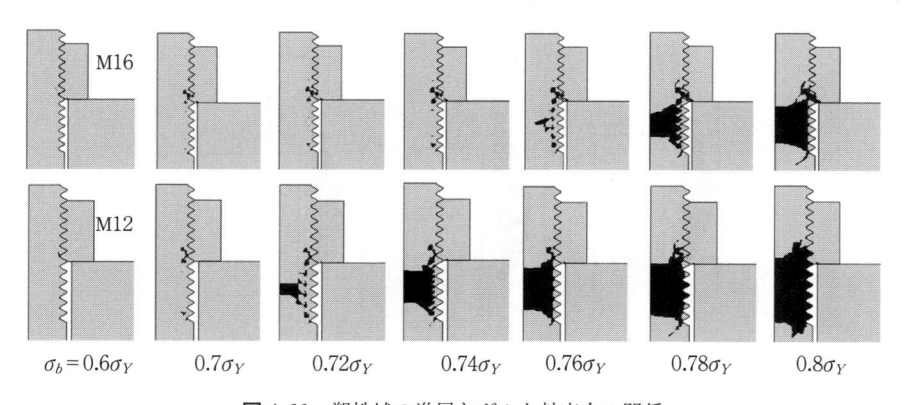

図 4.11 塑性域の進展とボルト軸応力の関係

第 1 ボルトねじ谷底付近から発生した塑性変形は，しだいに他のねじ谷底にも広がり，最終的には，遊びねじ部の中央付近において全断面が塑性変形している。図 4.11 に示した塑性域の広がり方は，「締めすぎ」によるボルトの破断が遊びねじ部から発生する事例が多いという現象と整合性がある。具体的な軸応力 σ_b の大きさについては，$0.7\sigma_Y$ から $0.8\sigma_Y$ に増加する間に急激に塑性域が広がっている。ここで，M16 では $0.76\sigma_Y$ を超えると急に塑性域が広がっているが，M12 の場合は $0.72\sigma_Y$ でも遊びねじ部の中心部分まで塑性変形している。

図 4.12（a）は，M12 をトルク法で締め付けた場合の塑性域の広がりを示している[94]。摩擦係数は 0.2 であり，二次元モデルを用いた解析手法は文献 45) と同じである。初期降伏応力は 790 MPa，塑性の接線係数は 2 700 MPa で，ひずみ硬化の影響を考慮している。解析条件が異なるので，図 4.11 と厳

4. ねじの静的強度と疲労強度

(a) ボルト軸応力の影響 (M12)

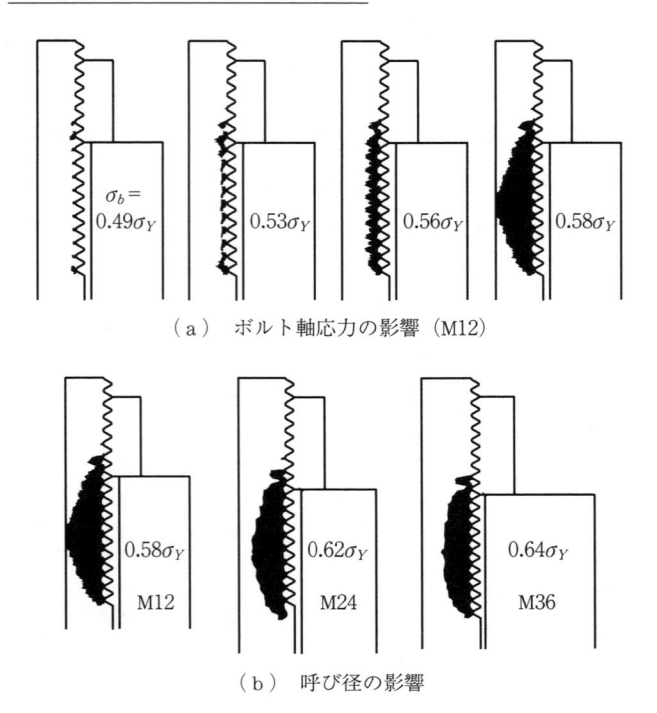

$\sigma_b = 0.49\sigma_Y$　　$0.53\sigma_Y$　　$0.56\sigma_Y$　　$0.58\sigma_Y$

$0.58\sigma_Y$ M12　　$0.62\sigma_Y$ M24　　$0.64\sigma_Y$ M36

(b) 呼び径の影響

図 4.12 トルク法における塑性域の進展

密な比較はできないが，軸力のみが作用した場合に比べて，ねじりモーメントの影響により，軸応力 σ_b が低い段階から塑性域がかなり大きく広がっている。

図 4.12 (b) は塑性域の広がりと呼び径の関係を示したものである。ここでは，M12 を対象とした図 4.12 (a) の右端の $\sigma_b = 0.58\sigma_Y$ と塑性域の広がりが同程度となるように，M24, M36 のボルトにトルクを与えて締め付けた場合の結果を比較している。M12 の軸応力は M24, M36 に比べて低く，トルク法で締め付けた場合も軸力のみを受ける場合と同様，呼び径が小さくなると塑性域の広がりが顕著になっている。その原因は，図 1.8 に示したようにねじ部品の形状は相似ではなく，呼び径が小さくなるとピッチと呼び径の比 P/d が大きくなり，おねじ谷底の断面積 A_r がボルト円筒部断面積 A に対して小さくなることによる。図 4.13 は両者の比 A_r/A と呼び径 d の関係を示したものであ

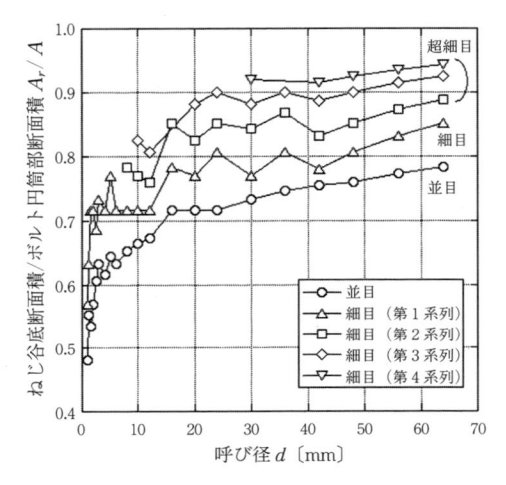

図 4.13 ねじ谷底とボルト円筒部断面積の比

る。A_r の計算には〈数値で学ぶ 2.2〉で示したねじ谷底直径 d_r の最大値 $d_{r|max}$ を用いている。

$$d_{r|max} = d - 1.227P \tag{4.5}$$

　細目ねじは，同じ呼び径に対していくつかの規格がある。それらを区別するために，並目ねじよりピッチが小さいねじを第 1〜4 系列の細目ねじとし，第 1 系列を単に細目ねじ，第 2 系列以下を超細目ねじと表示している。当然のことながら A_r/A の値は並目ねじがもっとも小さく，特に呼び径が 16 mm より小さい並目ねじでは A_r/A の値がかなり小さくなっている。このことは，軸応力が同じでも，呼び径が小さくなると谷底の平均応力が上昇して，塑性変形しやすいことを示している。図 4.13 に示した A_r/A と呼び径 d の関係は，トルクを与えて小径のねじを締結する場合，破断や大きな塑性変形が発生しやすい主要な原因の一つと考えられる。

　以上の点から，ボルトの軸応力 σ_b を決める場合は，例えば，$0.7\sigma_Y$ や $0.6\sigma_Y$ のように，単にねじ材料の降伏応力 σ_Y に対する比率だけではなく，呼び径によって変化する A_r/A の大きさも考慮すべきである。また，トルク法で締め付ける場合，摩擦係数はねじの塑性変形に大きく影響する。

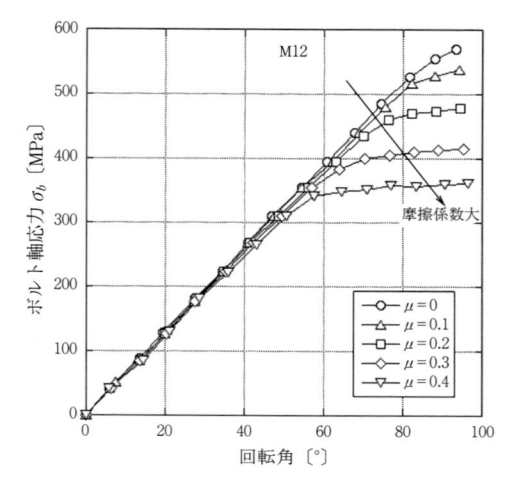

図4.14 塑性変形に対する摩擦係数の影響

図4.14は，摩擦係数をパラメータとしてボルト軸応力 σ_b とナット回転角 ϕ の関係を示したものである．

摩擦係数が低い場合，両者の関係は σ_b がかなり高くなるまでほぼ線形であるが，摩擦係数が高いと，軸応力が低い段階から非線形となっている．その理由は，式 (3.15) のトルク-軸力関係式において，摩擦係数が高くなると，同じ軸力 F_b を得るために大きな締め付けトルク T_t が必要となることによる．T_t が大きくなると，ねじ部トルク T_1 も大きくなり，ボルト軸部に作用するせん断応力が高くなり，ミーゼス応力が上昇して塑性域が広がりやすくなる．ボルトの塑性変形現象をまとめると以下のようになる．

1) 呼び径が小さいねじほど，また，同じ呼び径では並目ねじを筆頭にピッチの大きなねじほど，塑性域の広がりが大きい．

2) トルク法で締め付ける場合，軸応力が同じであれば，接触面の円周方向摩擦係数が大きくなると塑性域は広がりやすい．

近年，ボルトの塑性変形を許容した塑性域締め付けの使用が拡大している[95]．その場合，ボルト軸応力 σ_b をどの程度の値に設定するかがポイントとなる．塑性域締め付けを扱った過去の研究[96]では，ボルト軸応力 σ_b を $0.8\sigma_Y$

以上に設定している。図4.11, 図4.12を参照すると，この大きさの軸応力を与えた場合，はめあいねじ部から遊びねじ部にかけて，塑性域がかなり進展することがわかる。

4.2.6 ねじ谷底応力集中の軽減方法

ボルトねじ谷底の応力集中の低減を目的として，これまで多数の研究成果が発表されている。また，それらの研究成果を取り入れて多くの特殊形状のねじ部品が提案されている。以下に代表的な方法を列挙する。

（1） **ねじ谷底の丸みを大きくする** めねじ側のねじ山と干渉しない範囲内で，ボルトねじ谷底の丸み半径をできる限り大きくする。丸み半径の寸法やアールの形状の精度を高くする必要があるので，付加価値の高いボルトに対して有効である。具体的には，式（1.7）や図4.9の解析結果が参考となる。

（2） **はめあいねじ部の軸方向剛性を下げる** 応力集中は，対象となる部分が"変形しにくい"場合に顕著となる。そこで，もっとも応力集中が高くなるボルト第1ねじ谷底周辺が変形しやすいようなねじ部品形状とする。例えば，**図4.15**に示すように，軸心に向かってナット座面に直線状の面取り[97]，あるいは，曲線状の面取りを施す方法[98]がある。応力集中の軽減効果は直線

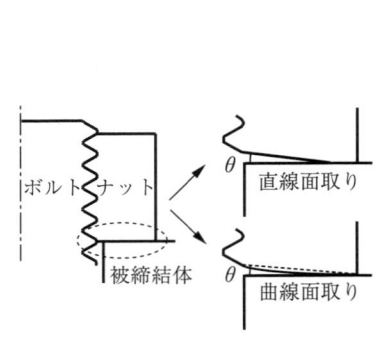

図4.15 ナット座面修正による応力集中の軽減

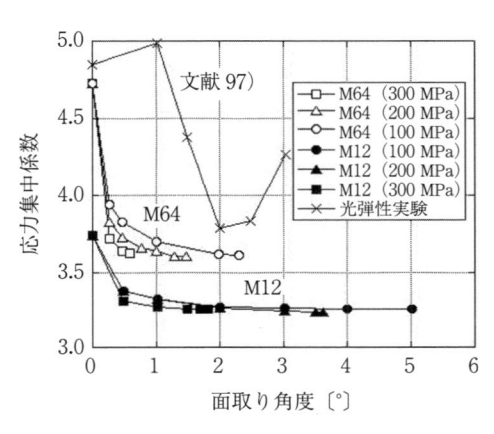

図4.16 座面の面取りによる応力集中の軽減効果

面取りのほうが高くなるが,座面の損傷を避けるためには曲線面取りのほうが望ましい。

ボルトが軸力のみを受ける場合を対象として,図 4.16 に曲線面取りを施したときの応力集中係数の軽減効果を示す。横軸は面取り角度であり,図中に文献 97) の実験結果も示している。面取り角度の変化に対して,実験結果はかなりばらついているが,座面に面取りを施すことは,ねじ谷底の応力集中の軽減に有効である。

M64 と M12 を対象とした有限要素解析の結果より,呼び径の大きなねじほど軽減効果が高いことがわかる。M64 の場合,最大で 27% 程度応力集中係数を低減できる。また,面取り角度がある程度以上になると,応力集中係数はほぼ一定となっている。この結果は「ナット座面に適当な曲率の面取りを施すだけで応力集中を軽減できる」ことを意味し,本手法のロバストさを示している。ボルト穴径 d_h の規格ついては,1 級,2 級,3 級と,直径が大きくなるほど軸方向剛性が低くなるため,応力集中係数が低くなる。

(3) **ボルトに比べてナットのピッチを大きめにする**　ボルト・ナットを締め付けると,ボルトは伸び,ナットは縮むために,両者のピッチに差が生じ,第 1 ねじ山の荷重分担率が大きくなる。そこで,ナットのピッチをボルト側より大きめにすることにより,はめあいねじ部の荷重分担率を平滑化し,第 1 ねじ谷底の応力集中を下げる。この手法は理論的に有効であるが,ピッチ修正量が非常に小さいために加工精度の点で問題が残る[98]。

(4) **ナット座面に向かっておねじとめねじのひっかかり高さを小さくする**

　ボルトまたはナットのねじ山をテーパに沿って加工する,あるいはテーパに沿ってねじ山をわずかに切り落とすことにより,第 1 ねじ山の荷重分担率を下げる。実際のねじ部品でも,おねじ側のねじ山を,あるテーパ角度で切り取って使用した例がある。

(5) **ナット側のねじ山が引張荷重を受ける形状とする**　管用ねじの場合と同様,おねじとめねじが,ともに引張荷重を受けるように,図 4.17(a)に示すようなナット形状とする[15]。文献 15) では,これ以外に図 4.17(b)

のような座面の外側でのみ接触するナットなど，さまざまな形状のねじ部品の応力集中低減効果を光弾性実験により評価している。図4.15に示したナット座面に面取りを施す方法は後者の変形タイプである。

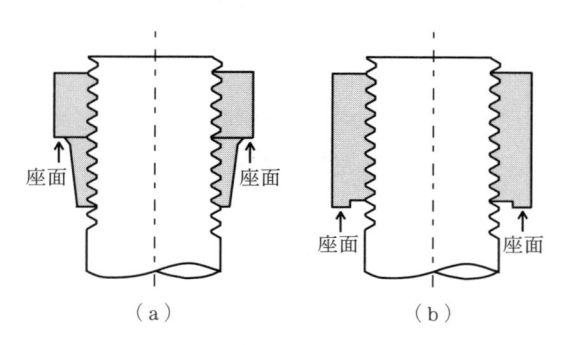

図 4.17 ナットの形状修正による応力集中の軽減

（6）はめあいねじ部の長さを大きくする　ボルト・ナット締結体において，ナットの高さ H_{nu} は，呼び径 d の 0.8 倍程度である。ナットの高さを大きくすると応力集中係数は減少するが，はめあいねじ部の荷重分担率の分布特性から推察されるように，その効果は限定的である。植込みボルトについては，1.5.1 項で述べたように，本体側の材料が炭素鋼系，鋳鉄系，軽合金の場合，それぞれ $1.25d$，$1.5d$，$2d$ としている。このように，本体側材料の剛性に応じてはめあいねじ部の長さを変化させると，第 1 ねじ谷底の応力集中係数は比較的近い値となることから[61]，JIS B 1173 に示された，上記のはめあい長さは妥当といえる。

4.3　ねじ谷底に沿った応力分布

4.3.1　ボルト・ナット締結体の応力集中

ねじ谷底の応力集中現象は，軸対称有限要素法により解析することが可能であるが，ねじ谷底に沿った応力の変化を求めることはできない[93]。また，ねじ山をそろばん玉形状と仮定するため，らせんに沿ったおねじとめねじ間のすべ

りの影響を考慮できないので，相互の変形拘束が実際のねじ山より大きくなる。

以上の点から，ねじ谷底の応力集中現象を厳密に評価するためには**ねじ山らせんモデル**による解析が必要となる。本節では 2.5 節で解説した「ねじ山のらせん形状を忠実に再現した有限要素モデル」により，ボルトのねじ谷底に沿った応力集中を定量的に評価する。

2.5 節に示した M16 の並目ねじの解析モデルに対して，ボルト軸部に 100 MPa の一様引張応力を与えた場合の解析結果を示す[47),99)]。ピッチ P は 2 mm である。ねじ面，ナット座面の摩擦係数 μ_{th}, μ_{nu} は等しいと仮定し，0.05, 0.2 と変化させる。材料は線形弾性体でヤング率は 200 GPa，ポアソン比は 0.3 とする。ボルト穴径は 1 〜 3 級に対応して 17 mm, 17.5 mm, 18.5 mm と変化させる。**図 4.18** にボルトねじ谷底に沿ったミーゼス応力分布の一例を示す。

縦軸はミーゼス応力 $\bar{\sigma}$ をボルト軸応力 σ_b で除した無次元数で，横軸はナット座面からの距離 z である。ねじ山数を 5 としたので $z=10$ mm がナット頂面となる。座面から 0.5 ピッチ，すなわち，1 mm 離れたボルトねじ谷底で最大

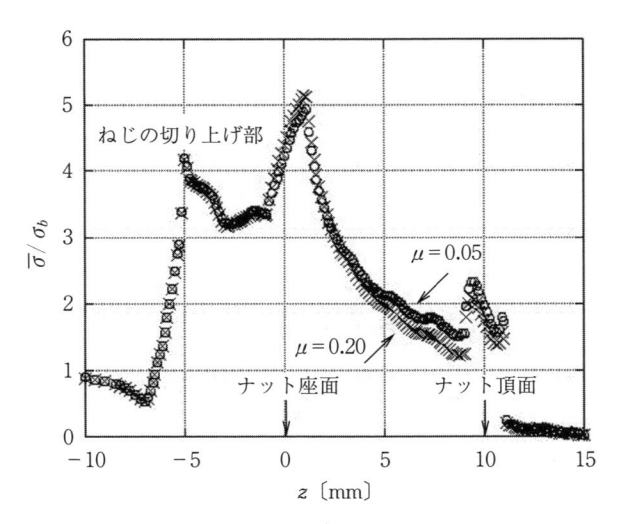

図 4.18 ねじ谷底に沿ったミーゼス応力分布

応力が発生している。この位置は，図2.26（b）に示したナットの分割図の右側に対応しており，ボルトのねじ山とかみ合っているナットのねじ山高さは1ピッチである。

このことから，ボルト第1ねじ谷底周辺の変形に対する拘束がもっとも大きい位置で，ねじ谷底の応力が最大となることがわかる。また，軸対称解析に比べて摩擦係数μの影響が小さい。その理由は，らせんの影響を考慮しているために，らせん方向のおねじとめねじの間の相対的な変形拘束が小さくなったことによる。

ボルトねじ谷底の応力は，第1ねじ谷底からボルト先端に向かって急激に低下するが，ナット頂面付近で再び小さなピークを示す。その理由は，はめあいねじ部の端部付近でナットのねじ山がしだいに消えていくために，ミーゼス応力の主成分である軸方向応力σ_zの符号が，ナット頂面付近でプラスからマイナスに急激に変化することによる。ナットのねじ谷底に沿ったミーゼス応力についても，座面から頂面側に向かって低下する傾向を示すが，最大値はボルトねじ谷底の60％程度である[21]。

図4.19は，応力集中に対する呼び径，摩擦係数，ボルト穴径の影響を示したものである[99]。呼び径については，ピッチPが1.75 mmのM12の並目ねじと比較している。ボルト穴径は2級を基準としている。縦軸は第1ボルトねじ谷底で発生した最大ミーゼス応力$\bar{\sigma}_{max}$をボルト軸応力σ_bで除した値，横軸は摩擦係数とボルト穴径d_hであり，後者は呼び径dで除して無次元化している。呼び径の増加に伴って応力集中が顕著になるという結果は，厳密解を用いた研究[8],[9]と一致している。摩擦係数が大きくなると，わずかながら応力集中が高くなっている。

ボルト穴径d_hについては，d_hが大きくなると，第1ねじ谷底周辺の軸方向剛性が小さくなるので応力集中は低下している。ボルト穴径はナット座面の面圧分布にも影響する。**図4.20**は，ボルト穴径が2級の場合について，ナット座面の円周方向の面圧分布を示したものである[47]。パラメータはボルト軸心からの距離rであり，ボルト穴に沿った面圧がもっとも高くなっている。

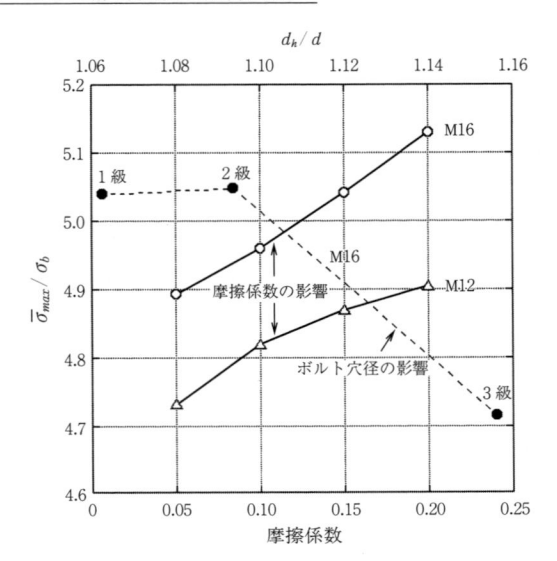

図 4.19 ボルトねじ谷底の応力集中係数

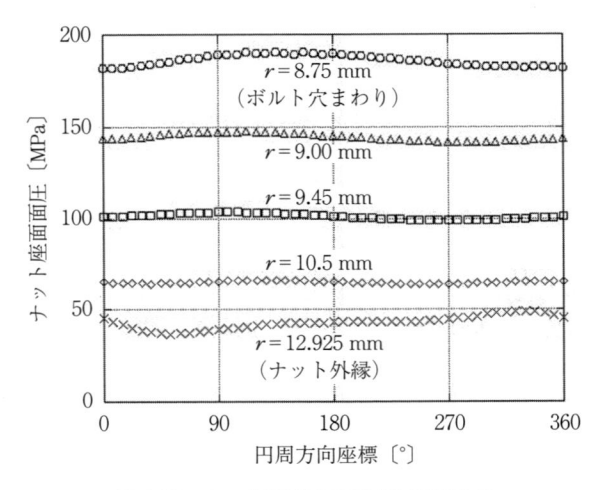

図 4.20 ナット座面の円周方向面圧分布

　また，らせんの影響によって，面圧はわずかながら円周方向に変化する。図には示していないが，ボルト穴まわりの面圧は 3 級よりも 2 級のほうが高い。平均面圧はナット座面面積 A_n が小さい 3 級のほうが高くなることから，軸方向

剛性の高い2級のボルト穴径のほうが半径方向の面圧変化が大きいといえる。

トルク法で締め付ける場合，ボルトには軸力に加えてねじりモーメントが作用するため，ねじ谷底のミーゼス応力は上昇する[45]。トルク法と軸力のみを受ける場合の応力集中の比較は，4.3.3項の本体に加工したねじ部の応力集中の項で実施する。

4.3.2 ねじのピッチと条数の影響

呼びがM16のボルト・ナットを対象として，ピッチPを2 mm，1.5 mm，1 mmと変化させて，ねじ谷底に沿った応力分布を比較する。ナットの高さH_{nu}を12 mm一定としたので，各ピッチに対するねじ山数は，6山，8山，12山となる。軸応力，材料定数，摩擦係数は前項と同じである。

図4.21（a），（b）は，細目ねじの有限要素モデルの軸断面の分割パターンを示している[88]。ピッチPはそれぞれ，1.5 mmと1 mmである。

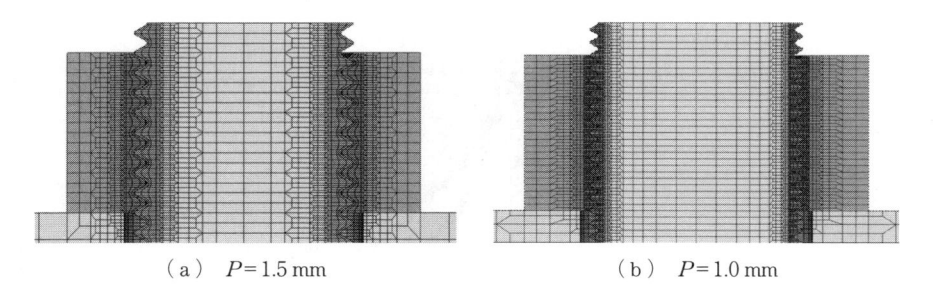

（a）$P=1.5$ mm　　　（b）$P=1.0$ mm

図4.21 細目ねじの有限要素モデル

図4.22（a）は，軸力のみを与えた場合のボルトねじ谷底に沿ったミーゼス応力$\bar{\sigma}$の分布を示している。$\bar{\sigma}$はボルト軸応力σ_bで除して無次元化している。ピッチが小さくなると，わずかながらボルト第1ねじ谷底の応力集中が大きくなっている。$\bar{\sigma}$をねじ谷底の平均応力σ_rで除すと，図4.22（b）に示したように，ピッチの小さなねじの応力集中がより明確となる。

図4.23はトルク法で締め付けた場合の結果である。図4.22（a）と同じく$\bar{\sigma}$はσ_bで除している。トルク法で締め付けた場合，図4.22（a）の軸力のみ

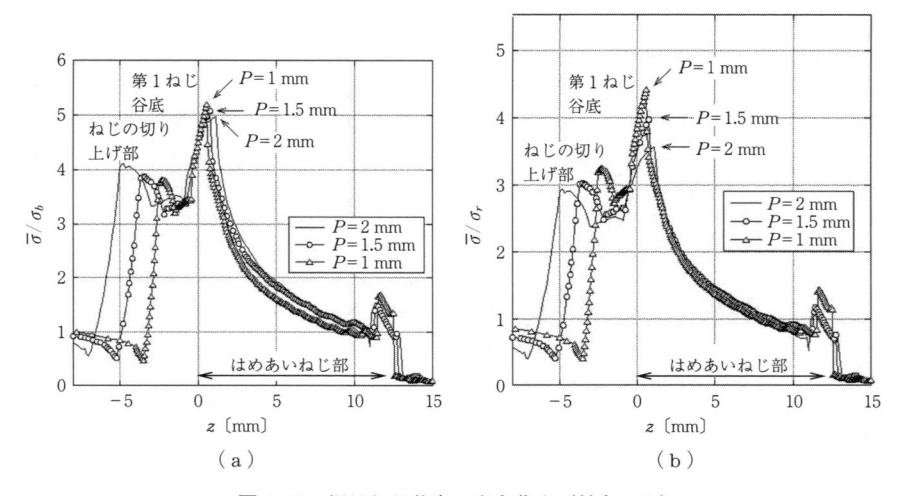

図 4.22 細目ねじ谷底の応力集中（軸力のみ）

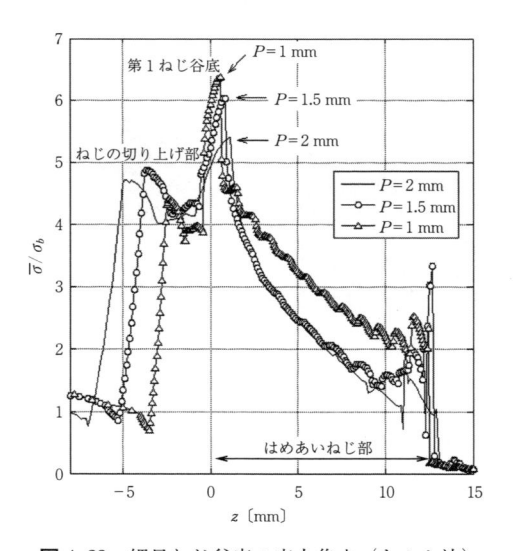

図 4.23 細目ねじ谷底の応力集中（トルク法）

を与えた場合と比較して，細目ねじの応力集中現象が顕著に現れている。

図 2.27 は，M16 の並目ねじのボルトの 2 条ねじと 3 条ねじの有限要素モデルである。ボルト軸応力 σ_b を 100 MPa，材料定数，摩擦係数は前項と同じと

し，トルク法で締め付けた場合と軸力のみを与えた場合について，ねじの条数を1条，2条，3条と変化させて，ボルトねじ谷底に沿ったミーゼス応力の分布を比較する。

図4.24（a），（b）に解析結果を示す。ナットの高さ H_{nu} を 10 mm としたので，らせんの巻き数は5，2.5，1.67となる。トルク法による締め付け，軸力のみが作用する場合のいずれについても，条数の増加に伴って最大応力が増加しており，その傾向はトルク法の場合にやや顕著である。

（a）トルク法による締め付け　　（b）軸力のみ

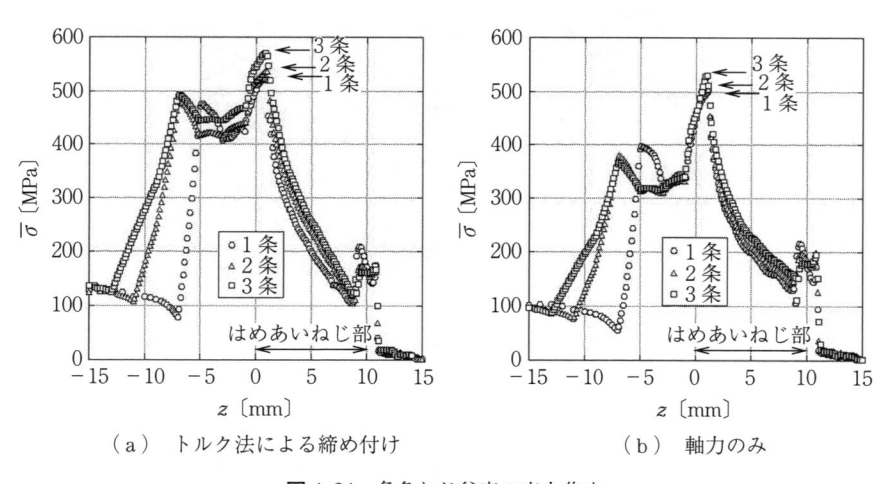

図4.24　多条ねじ谷底の応力集中

4.3.3　本体側はめあいねじ部の応力集中

ねじ部品による締結では，ボルトとナットを組み合わせて使用するケースがもっとも一般的である。しかしながら，締結部の寸法・形状によっては，ナットを使用せず，本体にめねじを加工して，六角ボルト，植込みボルトなどと組み合わせて使用することがある。本体側めねじは，近似的にナットの幅と高さが無限のねじとみなすことができるため，ナットに比べて剛性が高い。その結果，ボルト・ナット締結体とかなり異なった力学挙動を示す場合がある。

図4.25は，本体側はめあいねじ部の有限要素モデルを示している[21]。呼び

(a) 全体モデル　　(b) はめあいねじ部詳細

図 4.25 本体側はめあいねじ部の有限要素モデル

はM16でピッチは2mmである。**図 4.26**（a），（b）は，このモデルを用いて求めたおねじ谷底とめねじ谷底に沿ったミーゼス応力の分布であり，トルク法で締め付けた場合と軸力のみが作用する場合の結果を比較している。

　材料定数，解析条件は前項と同じである。おねじ側については，ねじの切り上げ部から第1ねじ谷底にかけて，トルク法で締め付けた場合のほうが全体に高くなっている。一方，めねじ側では軸力のみを与えた場合のほうが高い。トルク法で締め付けると，めねじは軸力による圧縮力に加えて，ねじりモーメントを受けて変形する。その際，らせんの影響によってミーゼス応力の主成分である軸方向応力 σ_z が減少したためと推察される。

　ボルト・ナット締結体と本体側はめあいねじ部のボルトねじ谷底に発生する最大ミーゼス応力 $\bar{\sigma}_{max}$ を比較する。**図 4.27** の縦軸は $\bar{\sigma}_{max}$ をボルト軸応力 σ_b で除した値，横軸は摩擦係数である。いずれの場合も摩擦係数の増加に伴って

4.3 ねじ谷底に沿った応力分布　　165

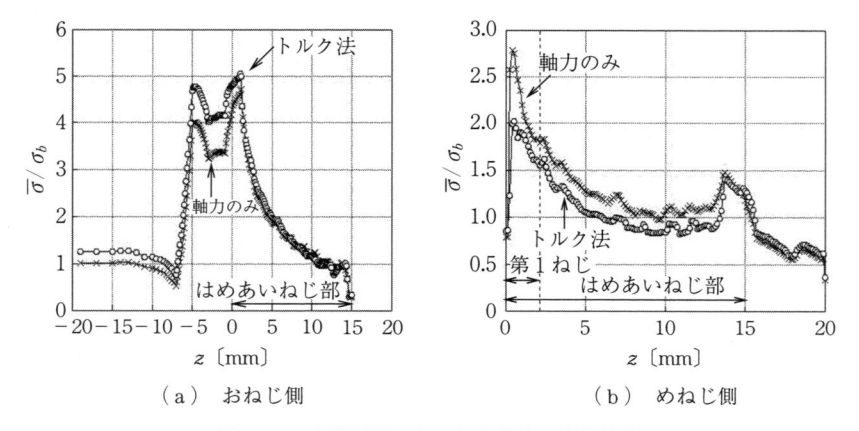

(a) おねじ側

(b) めねじ側

図 4.26 本体側はめあいねじ谷底の応力集中

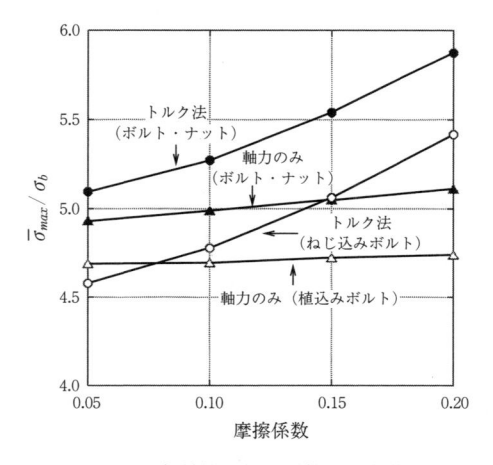

図 4.27 各種締め付け形態の応力集中

応力集中が高くなっており，その傾向はトルク法で締め付ける場合に顕著である。本体側はめあいねじ部について，軸力のみを受ける植込みボルトと，トルクを与えて六角ボルトをねじ込む場合を比較すると，摩擦係数が小さい領域では，ねじ込みボルトの最大応力のほうが低くなっている。

4.4 ねじの疲労破壊

4.4.1 金属疲労と応力振幅

疲労破壊（fatigue failure）は，機械構造物に繰返し荷重や変動荷重が作用すると，荷重の大きさが静的許容荷重よりかなり小さい場合でも，高い**応力振幅**（stress amplitude）が発生する部分にき裂が生じ，それが徐々に進展して破断に至る現象である。金属の疲労破壊現象は複雑であり，今日でも金属疲労が原因で発生した事故やトラブルは後を絶たない[100],[101]。特にねじの場合，鋭い切欠きを有し，荷重が複雑な形態で作用するため，**疲労強度**（fatigue strength）を高い精度で予測することは，なめらかな形状の構造物や部品に比べてかなり難しい問題である。

機械構造物の疲労強度は，負荷される荷重の形態，対象となる部材の材料，その加工工程と処理方法，切欠き部分に発生する応力振幅，部材に作用する平均応力，切欠き底における深さ方向の応力勾配など，さまざまな因子の影響を受ける。それらの因子のなかで，応力振幅の影響がもっとも大きく，応力振幅と繰返し荷重により破断するまでの回数の関係を示した **S-N 曲線**は，疲労強度を評価するうえでもっとも重要な線図である。図 4.28 に S-N 曲線の一例

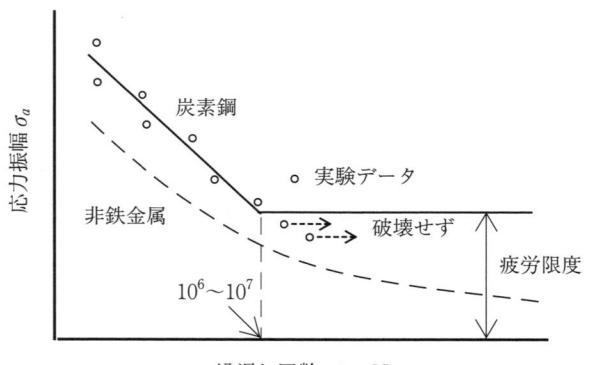

図 4.28 S-N 曲線

を示す。

　縦軸は応力振幅 σ_a，横軸は外力の繰返し数 N であり，片対数グラフで表される。応力振幅を種々変化させ，その応力振幅に対して疲労破壊が生じたときの繰返し数をプロットしていくと S–N 曲線が完成する。炭素鋼系の材料では，繰返し回数が $10^6 \sim 10^7$ 回を超えると S–N 曲線は平行となる。その場合の応力振幅は**疲労限度**（fatigue limit）あるいは疲れ限度と呼ばれ，機械構造物の疲労強度設計をする際の基準となっている。また，近年では，繰返し数が 10^9 回のオーダーで発生する超高サイクル疲労の研究がさかんに行われている。なお，アルミニウム合金のような非鉄金属材料では明確な疲労限度が現れないので，対象となる機器・構造物の使用形態を考慮して，ある繰返し回数における応力振幅を疲労限度としている。

　一般に，疲労限度は静的強度の指針である引張強さの高い材料ほど高くなるが，引張強さがある程度以上になると疲労限度の上昇率は小さくなる。平滑な試験片の疲労限度 σ_w と引張強さ σ_B の関係について，例えば，両振り荷重の場合，以下のような数値が示されている[102]。

$$\left.\begin{array}{ll} \text{炭素鋼} & \sigma_w \cong 0.5\sigma_B \\ \text{鋳　鉄} & \sigma_w \cong 0.4\sigma_B \\ \text{非鉄金属とその合金} & \sigma_w \cong 0.3\sigma_B \end{array}\right\} \quad (4.6)$$

　片振り荷重に対する疲労限度は，応力振幅を最大応力の $1/2$ と考えると両振り荷重より低くなり，炭素鋼では $0.4\sigma_B$ よりやや低めとなる。両者の比 σ_w/σ_B は，荷重の形態により変化する。両振り荷重の場合，同じ引張強さ σ_B の材料に対して，回転曲げに比べて引張圧縮の疲労限度は低くなる[92]。その場合，回転曲げの疲労限度 σ_w は式（4.6）に示すように，引張強さ σ_B の 50%程度であり，引張圧縮では 40%を少し下回る程度となる。また，回転曲げと平面曲げの疲労限度は，ほぼ等しいといわれている[102]。σ_w と σ_B の関係は，線形ではなく，σ_B の上昇に伴って σ_w の増加率は小さくなる。特に繰返しねじり荷重の場合，σ_B が 800 MPa を超えるあたりから，せん断応力の疲労限度 τ_w は 200 MPa 付近からほとんど増加しない[92]。

上記の値は，いずれも平滑試験片の疲労限度である．ねじのように鋭い切欠きを持つ部材では，材料の引張強さが高くなっても，疲労限度はさほど向上しない[103]．さらに，高強度材料の本体にめねじを加工して，高い強度区分のボルトを用いて締め付ける場合，引張強さに比べて疲労限度が向上せず，めねじの加工精度が低くなるために，目標とした疲労強度が得られないことがある．切欠き部分の疲労限度 σ_w は，切欠き底と同じ面積を持つ平滑な試験片の疲労限度 σ_{w0} に比べてさらに小さくなる．σ_{w0} と σ_w の比は，**切欠き係数**（notch factor）β と呼ばれる．

$$\beta = \frac{\sigma_{w0}}{\sigma_w} \tag{4.7}$$

切欠き係数 β は，上記の定義から1より大きな値となる．疲労限度の推定が難しい原因として，切欠き部分に発生する応力集中との関係が挙げられる．切欠き係数 β は4.1節で定義した応力集中係数 α より小さい．両者の関係は次式で定義される**切欠き感度係数**（notch sensitivity factor）η によって表される．

$$\eta = \frac{\beta - 1}{\alpha - 1} \tag{4.8}$$

一般に，応力集中係数 α が大きくなるほど，α と β の差は大きくなる．このことから，高い応力集中が発生する部分について，応力集中係数を基準として疲労限度を見積もると，過度に安全側に設計する可能性がある．近年の数値解析技術を用いると，形状が複雑であっても，ほとんどのケースについて応力集中係数の計算は可能である．

一方，切欠き係数の大きさについてはさまざまな評価方法が提案されているが，前述のように多くの因子に影響されるため，疲労試験を実施することなしに高い精度で推定することはかなり困難である．

実機の疲労限度を評価する場合，**寸法効果**（size effect）の影響を考慮しなければならない．寸法効果は，相似な形状であっても，部材が大きくなると疲労限度が低下する現象を指し，引張圧縮の繰返し荷重ではあまり見られず，曲

げ，ねじりで顕著に現れる．これをねじ部品に当てはめると，大きなねじほど疲労限度が低くなるといえる．さらに，ねじにはさまざまな形態の繰返し荷重が作用し，呼び径の異なるねじ部品は，図1.8に示したように相似ではないため，疲労現象に関して非常に複雑な挙動を示す．

4.4.2 ねじ部品における疲労破壊

ねじ部品において疲労破壊が発生しやすい箇所は，図2.1に示したとおりである．ボルト・ナット締結体の場合，応力集中が最大となるボルト第1ねじ谷底周辺で発生することが多いが，少しナット頂面寄りの第2，第3ねじ谷底で発生することもある．第1ねじ谷底周辺のつぎに発生しやすいのは，ねじの切り上げ部である．

ねじの切り上げ部は，連続切欠きの端部に位置するために，ほかの遊びねじの谷底より応力集中が高くなる．また，加工上の問題から，鋭い切欠きとなるケースがある．もう1か所は，ボルト頭部首下である．ほかの2か所に比べて応力集中係数は小さいが，ねじ部品の加工時に発生する金属組織上の問題から疲労強度が低くなることがある．

一方，本体側ねじ部で発生する疲労破壊はボルト・ナット締結体とかなり異なった様相を示す．当然のことながらボルトが疲労破壊するケースも多いが，めねじ側からの疲労破壊についても相当数の事例が報告されている．その場合，き裂の発生位置は「おねじとかみ合うもっとも奥のめねじ谷底周辺」であり，ボルトの疲労破壊が発生する第1ねじ谷底の反対側である．この現象は，かなり以前からディーゼル機関の連接棒周辺のトラブルとして報告されており，めねじの奥の谷底で大きな応力振幅が発生することが光弾性実験により示されている[104]．

ねじの疲労破壊は応力集中と密接に関係しているが，上記の例からわかるように，必ずしも応力集中が最大となる箇所から発生するわけではない．そこで4.7節では，ねじ山のらせん形状を忠実に再現した有限要素モデルを用いて，ねじ谷底に沿った応力振幅を求め，疲労破壊が発生する箇所との関係を説明する．

4.4.3　ねじの疲労強度に影響する因子

ねじ部品の疲労限度を推定する場合，呼び径，ピッチ，ねじ谷底の丸み，部品の材料に加えて，締め付け条件，荷重形態の影響を考慮しなければならない。したがって，平滑な試験片の疲労限度，あるいは切欠きを有する試験片のデータをそのまま適用することはできない。もっとも信頼できるのは実際のねじ部品を用いた疲労試験のデータである。

山本は多数の研究者により実施された疲労限度の実験結果をまとめて紹介している[105]。**図 4.29** は，そのデータを用いて疲労限度 σ_w と引張強さ σ_B の関係を示したものである。ボルト・ナットはともに鋼材で，加工方法は切削と研削加工である。

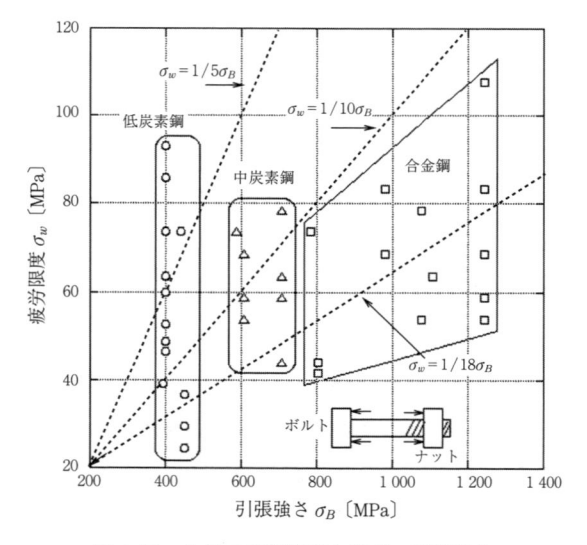

図 4.29　ねじの疲労限度と材料の引張強さ

山本は，上記の実験結果に基づいて平均応力の影響はないと仮定したうえで，「疲労限度はピッチ系列，ねじの形式にはあまり影響されない」と結論しているが，データの整理方法を変えるとピッチの影響が現れるので，その点については別途，詳しく解説する。

図中に示したように，荷重はボルトに引張の繰返し荷重が作用するように，ボルト頭部とナットの座面に与えている．疲労限度 σ_w は谷の断面積を基準として評価している．σ_w は 40 MPa 〜 80 MPa を中心に 25 MPa 〜 105 MPa の範囲に分布している．疲労限度 σ_w は引張強さ σ_B の上昇に伴って高くなっているが，両者の比 σ_w/σ_B は，式（4.6）に示した 0.5 よりもかなり小さい．材料別に見ると，疲労限度と σ_w/σ_B のばらつきは，おおむね以下のとおりである．

低炭素鋼　　$\sigma_w = 25\,\text{MPa} \sim 90\,\text{MPa}$　　左記の範囲で $\dfrac{\sigma_w}{\sigma_B}$ は大きくばらつく

中炭素鋼　　$\sigma_w = 40\,\text{MPa} \sim 80\,\text{MPa}$　　$\dfrac{\sigma_w}{\sigma_B} = 1/10$ 付近を中心に分布

合金鋼　　　$\sigma_w = 40\,\text{MPa} \sim 105\,\text{MPa}$　　$\dfrac{\sigma_w}{\sigma_B} = 1/18$ 付近を中心に大きくばらつく

各材料におけるばらつきの原因は，冒頭に述べた種々の因子の違いによると考えられる．図 4.29 で実施した疲労試験では，メートルねじ，ウィットウォースねじ，ユニファイねじの 3 種類のねじが使用されている．それぞれのねじの谷底の丸み半径 ρ とピッチ P の比 ρ/P は，以下のとおりである．

　　　　メートルねじ（略号 M）　　　　　$\dfrac{\rho}{P} = 0.108$

　　　　ウィットウォースねじ（略号 W）　　$\dfrac{\rho}{P} = 0.137$

　　　　ユニファイねじ（略号 U）　　　　　$\dfrac{\rho}{P} = 0.144$

呼び径の異なるねじ部品は相似ではなく，その非相似性は図 1.8 に示したようにピッチ P と呼び径 d の比 P/d で表すことができる．そこで，図 4.29 のデータを疲労限度 σ_w と P/d の関係に書き換えると**図 4.30** が得られる．図より，疲労限度 σ_w は，引張強さ σ_B より P/d と相関性が高いことがわかる．

ピッチ P，呼び径 d，谷底の丸み半径 ρ の影響は以下のとおりである．

1）並目ねじと細目ねじでは，疲労限度 σ_w は P/d が小さくなると低下す

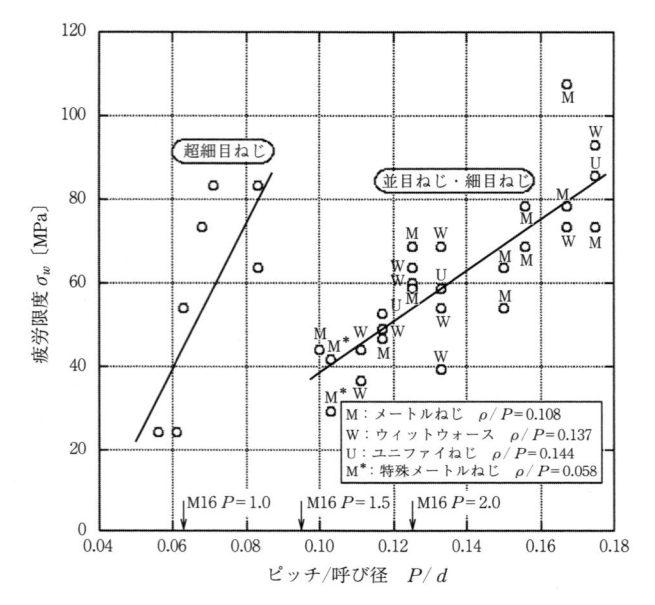

図 4.30 ねじの疲労限度とピッチと呼び径の比

る。いいかえると，呼び径が大きいほど，あるいは呼び径が同じ場合はピッチが小さいほどが疲労限度は低くなる傾向がある。

2） P/d が $0.08 \sim 0.1$ 付近まで小さくなると疲労限度 σ_w は顕著に上昇し，ピッチが非常に小さい超細目ねじは別のグループを形成する。このグループでも σ_w は P/d が小さくなると低下するが，その変化率はかなり大きい。

3） ねじの形式によって異なる谷底の丸み半径 ρ の影響は，ほとんど現れていない。

図 4.30 に示したように，ねじの疲労限度 σ_w を P/d で評価すると，並目ねじと細目ねじ，超細目ねじの二つのグループに分かれる点は特筆に値する。それぞれのグループについて，疲労限度 σ_w と P/d の関係を最小二乗法で近似すると，次式を得る。

$$\left.\begin{aligned}\sigma_w &= 617\frac{P}{d} - 23.1 \quad [\text{MPa}] \quad \left(\frac{P}{d} > 0.1\right) \\ \sigma_w &= 1\,839\frac{P}{d} - 72.3 \quad [\text{MPa}] \quad \left(\frac{P}{d} < 0.083\right)\end{aligned}\right\} \quad (4.9)$$

このように，疲労限度 σ_w が $P/d = 0.08 \sim 0.1$ 付近で急激に変化するという結果は，呼び径 d が変化すると現れる寸法効果に加えて，ピッチ P の大きさがねじの疲労限度 σ_w に及ぼす影響を判断することの難しさを示している．また，P/d に比べて谷底の丸み半径 ρ とピッチの比 ρ/P の影響が小さいことは，「疲労限度に対して，応力集中の大きさは必ずしも決定的な要因ではない」ことを裏付けている．

呼び径の影響については，強度区分が 8.8, 10.9, 12.9 の高強度ボルトを対象として，VDI 2230 (1986) に疲労限度と呼び径の関係図が示されている[106]．転造後熱処理したボルトの疲労限度 σ_w [MPa] と呼び径 d [mm] の関係は，以下のとおりである．

$$\sigma_w = 0.75\left(\frac{180}{d} + 52\right) \qquad (4.10)$$

式 (4.10) は，疲労限度は呼び径が増加すると反比例的に減少することを示している．図 4.30 に示した「ねじの疲労限度 σ_w はピッチと呼び径の比 P/d とかなり高い相関性がある」という結果は，寸法効果の影響も含めて，上記の VDI の式における呼び径 d の影響を説明するものといえる．また，熱処理後転造した場合の疲労限度は，ボルトの初期締め付け力，すなわち軸力 F_b により変化し，0.2%耐力に対する軸力 $F_{0.2}$ との比の関数として与えられている．

$$\sigma_w = 0.75\left(\frac{180}{d} + 52\right)\left(2 - \frac{F_b}{F_{0.2}}\right) \qquad (4.11)$$

通常，F_b と $F_{0.2}$ の比は 1 より小さいので，熱処理後転造したボルトは転造後熱処理したボルトに比べて疲労限度が高いといえる．これらの式より，転造後熱処理したボルトの疲労限度は初期軸力に依存しないが，熱処理後転造したボルトでは初期軸力が高くなると減少することがわかる．式 (4.10)，(4.11)

によると，疲労強度はピッチや谷底の丸みなどねじの詳細な寸法に関係なく，呼び径 d および F_b と $F_{0.2}$ の比のみによって決まることになるが，高強度ボルトの疲労限度の概略値を知るうえで有用な式である。適用可能な範囲は $0.2F_{0.2} < F_b < 0.8F_{0.2}$ である。

大滝は，複素応力関数を用いた解析にヤクシェフの実験結果と石橋の提案を組み合わせることにより，ねじの呼び径が大きいほど疲労限度が低下し，疲労限度が最小となるピッチが存在するという結論を得ている[9]。ほかの研究データとあわせて考えると，呼び径が大きくなると疲労強度が低下するという現象はきわめて信頼性が高い。「疲労限度が最小となるピッチが存在する」という点については，**図 4.30** において，P/d が $0.08 \sim 0.1$ 付近で疲労限度が最小となり，P/d がさらに小さくなると疲労限度が上昇するという解釈で説明がつく。以下に，実際の締結部の疲労強度を高い精度で評価することが困難な理由をまとめている。

1) 公表されている疲労試験データのほとんどは，切欠きのない平滑な試験片を対象としたものであり，ねじ部品に適用するためには，切欠き係数を正確に評価する必要がある。

2) 過去に実施されたねじの疲労試験のほとんどは，外力が軸方向に作用する場合である。これに対して，実機では軸方向荷重だけでなく，曲げ，ねじり，せん断などの荷重が作用し，複数の荷重が同時に作用するケースも多い。

3) 実機のねじ部品に大きな外力が作用すると，被締結体の外径が小さい場合を除いて外力の増加に伴って界面の離隔が進行し，面圧の作用する範囲が小さくなる。このような界面の離隔現象により，内力係数は荷重に対して非線形となり，その影響を簡単な計算式を用いて実用的な精度で評価することは困難である。

疲労限度を高い精度で求めるためには，実機と同じ条件で疲労試験を実施すればよいが，評価の対象部位が小さいなど，特別なケースを除いて困難な場合が多い。また，締結部形状や荷重形態が複雑な場合，材料力学の理論を応用し

た推定方法では十分な精度で応力振幅を評価できないことがある．以後の節では，ボルト締結体の疲労強度のさまざまな評価方法について，その問題点と有限要素解析の可能性を示す．

4.5 ねじの疲労強度の評価方法

4.5.1 ボルト締め付け線図の概要

ボルト・ナットを締め付けると，ボルトには引張力，被締結体にはその反力による圧縮力が作用する．一般的な締結部では，ボルト・ナットの伸びと被締結体の縮みはボルト軸力に比例する．

図4.31は，軸力 F_b で締め付けたボルト締結体に外力 W が作用した状態を示している．簡単のために，外力は被締結体表面に環状に作用する軸方向引張荷重とする．**図4.32**に示す**ボルト締め付け線図**（bolted joint diagram）は，それらの関係をまとめて表したものであり，従来からボルト締結体の疲労強度の評価に広く用いられている．本節ではボルト締め付け線図の概要を説明し，問題点については次節で解説する．

縦軸はボルト軸力，横軸はボルト・ナットの伸び δ_b と，被締結体の縮み δ_f

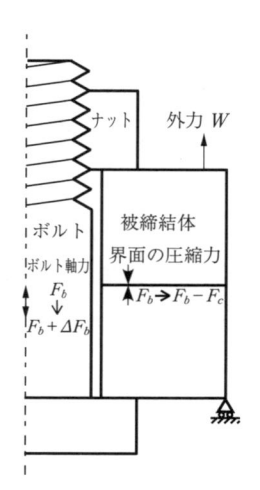

図4.31　外力を受けるボルト締結体

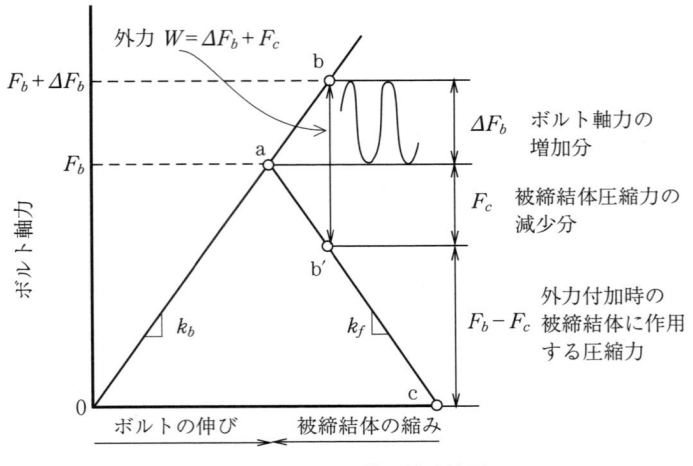

図4.32 ボルト締め付け線図

を表している。図中の三角形は**締め付け三角形**と呼ばれており，疲労強度だけではなく，6.4節で解説する接触面の"へたり"による軸力低下量を求める場合にも使用される。締め付け三角形を構成する右上がりと右下がり直線の傾きは，2.2節で説明したボルト・ナットの引張ばね定数 k_b と被締結体の圧縮ばね定数 k_f を表している。図中の F_b は初期ボルト軸力である。

　この初期締め付け状態に外力 W が作用する場合を考える。外力 W が引張荷重のとき，ボルト軸力は右上がりの直線に沿って増加し，被締結体の圧縮力は右下がりの直線に沿って減少する。外力 W によってボルト軸力が初期締め付け状態の F_b から ΔF_b だけ増加し，被締結体の圧縮力が F_b から F_c だけ減少する場合，次式が成り立つ。

$$W = \Delta F_b + F_c \tag{4.12}$$

　外力の大きさが，0 と W の間で変化する片振り荷重の場合，ボルトに作用する応力振幅 σ_a は，軸力変化量 ΔF_b の 1/2 をねじの有効断面積 A_s で除した値とする。

$$\sigma_a = \frac{\Delta F_b}{2A_s} \tag{4.13}$$

ΔF_b と W の比は，**内力係数**（load factor）あるいは内外力比と呼ばれており，ねじ締結部の疲労強度を評価する場合の指針として使用されている。

$$\phi_u = \frac{\Delta F_b}{W} \tag{4.14}$$

外力 W を一定とすると，内力係数 ϕ_u が小さいほど応力振幅 σ_a が小さくなることから，ϕ_u は，できる限り小さいほうが望ましい。図中の三角形の相似を考慮すると，内力係数 ϕ_u は，ボルト・ナットの引張ばね定数 k_b と被締結体の圧縮ばね定数 k_f，あるいはボルト・ナットの伸び δ_b と被締結体の縮み δ_f から計算できる。

$$\phi_u = \frac{k_b}{k_b + k_f} = \frac{\delta_f}{\delta_b + \delta_f} \tag{4.15}$$

式（4.15）は，ツームにより初めて提案されたものであり[3]，ボルトが伸びやすく，被締結体が変形しにくいほど ϕ_u が小さくなることを示している。

4.5.2 ボルト締め付け線図の問題点

図4.32によると，内力係数 ϕ_u は外力 W の大きさに関係なく一定である。しかしながら実際の締結部では，特別な場合を除いて ϕ_u は一定とならない。その理由は，引張荷重の外力が作用したときの被締結体のばね定数は，圧縮荷重のみを受ける初期締め付け時のばね定数 k_f と異なるためである。被締結体の剛性が締め付け時と引張荷重作用時で異なることは，過去の研究において報告されている。沢らは，弾性論を用いてさまざまなボルト締結体の内力係数を求めており，引張荷重を受ける場合の被締結体のばね定数 k_{pt} を定義して，内力係数を以下の式で表している[107]。

$$\phi = \frac{k_b}{k_b + k_f}\left(\frac{k_f}{k_{pt}}\right) \tag{4.16}$$

ここで，括弧内の項は Junker が提案する修正係数に相当する。

Zhang らは，材料力学の初等理論を用いて被締結体が引張荷重を受けたとき

のばね定数を求め，その大きさが荷重に対して非線形になることを示している[108),109)]。被締結体のばね定数が外力に対して非線形となる主要な原因は被締結体界面の離隔現象である。図1.12では，被締結体を界面の面圧分布の形態から細円筒，太円筒，平板に分類している。例えば平板の場合，外力が作用すると面圧が零の外縁部から界面の離隔が開始し，外力の増加に伴って離隔が進行する。太円筒の場合，平板より面圧が高いので離隔は起こりにくいが，外力が大きくなると同じように界面離隔が進行する。細円筒の場合は，界面の面積が小さく面圧がほぼ一様で高いために離隔は発生しにくいが，外力がある大きさ以上になると，界面全体が急に完全離隔状態となる。そのために，軸対称荷重が作用する細円筒に限り，従来のボルト締め付け線図を用いて評価した内力係数，ボルトに発生する応力振幅が実際の締結部と比較的よく一致するようである。しかしながら，細円筒とみなせる締結部に外力が軸対称荷重として作用するケースはまれであり，曲げ荷重，せん断荷重，ねじり荷重などが三次元的に作用する。そのような場合，図4.32のボルト締め付け線図を用いて，ボルトに発生する応力振幅，被締結体に作用する圧縮力などを正確に評価することは困難である。以下に，従来から使用されているボルト締め付け線図の問題点をまとめている。

1）　基本的に外力が軸対称に作用する場合を対象としている。
2）　引張外力を受けたときの被締結体のばね定数は，ボルト締め付け時のばね定数と異なり，ほとんどのケースにおいて外力に対して非線形となる。
3）　引張外力が作用すると，被締結体界面において面圧が作用する端の部分から離隔が発生するが，「界面離隔によるばね定数の変化」の影響が考慮されていない。
4）　実際の締結部に作用する曲げ，せん断，ねじりなどの外力に対する内力係数，ボルトの応力振幅，被締結体に作用する圧縮力などを適切に求めることができない。

ねじが疲労破壊する場合，き裂はボルトのねじ谷底から発生するケースが多い。これに対してボルト締め付け線図で求めることができるのは，はめあいね

じ部あるいはボルト円筒部の平均応力振幅であり，ねじ谷底ではより大きな応力振幅が発生している．また，締結部が曲げ荷重を受ける場合，荷重方向に対して180°離れた2か所のねじ谷底では，初期締め付け力による引張応力が，一方では増加し，もう一方では減少する．そのような現象に対処するためには有限要素法など数値解析による評価が有効である．

4.5.3 有限要素解析による締め付け線図の検証

本項では，軸対称有限要素解析を用いて被締結体界面の離隔現象を考慮したボルト締め付け線図を描くことにより，従来の締め付け線図の問題点を明らかにする．図 4.33 は，解析に使用した有限要素モデルと境界条件，解析条件を示している．

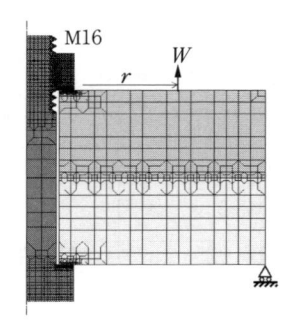

図 4.33 締め付け線図検証用の有限要素モデル

外力 W は，被締結体表面に環状片振り引張荷重として与える．ボルト・ナットの呼びは M16，軸応力は 100 MPa である．被締結体は，高さの等しい二つの中空円筒から構成されている．グリップ長さ L_f は 48 mm，ボルト穴径 d_h は 17.5 mm，被締結体の外径 D_o は 128 mm であり，外力の作用点の半径 r を変化させる．外力 W は零から界面が完全に離隔するまで増加させる．締め付け線図の描き方の概略は，以下のとおりである[110]．

1) ある大きさの外力を与えたとき，図 4.32 に示した締め付け線図において，ボルト軸力は傾き k_b の直線 a-b に沿って変化する．ボルト・ナットの新たな釣合い点は，ΔF_b の値を用いて傾き k_b の直線上にプロットでき

る。その点を真下に延長して，初期締め付け状態から，F_c だけ下の点が被締結体の状態を表す。図 4.34 は，ボルト・ナットと被締結体の新しい釣合い点の具体的な描き方を示している。

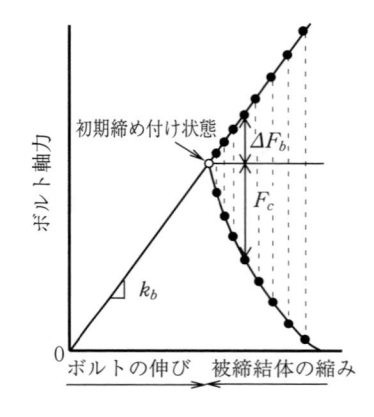

図 4.34　締め付け線図の作成方法

2) 外力を段階的に増加させると，そのステップ数だけ ΔF_b と F_c のペアが得られる。それらの点をつなぐと，外力 W を受けたときの被締結体の非線形挙動を表す締め付け線図が完成する。

図 4.35 に，有限要素解析により得られた締め付け線図を示す。外力の作用点の半径 r は，ナット外表面のすぐ外側の 12.925 mm から被締結体表面外縁まで変化させている。外力 W を環状荷重として与えると，W の大きさがボルト軸力 F_b を少し超えたあたりで界面が完全に離隔する。

ボルトの呼びが M16 で，軸応力が 100 MPa の場合，ボルト軸力 F_b は 20.1 kN であることから，外力 W は，0～27 kN 程度まで変化させている。図中に矢印で示した実線は，従来の手法で求めた被締結体の剛性 k_f を表している。有限要素解析により求めた値は，外力の大きさに対して非線形挙動を示している。外力の作用点 r の影響については，ボルト軸心に近くなるほど，被締結体に作用する圧縮力と変位の関係は直線に近づき，従来の締め付け線図との差が小さくなっている。反対に r が大きくなると非線形性が強く現れるのは，被締結体が周辺から曲げモーメントを受けた板のように変形し，界面の離隔が

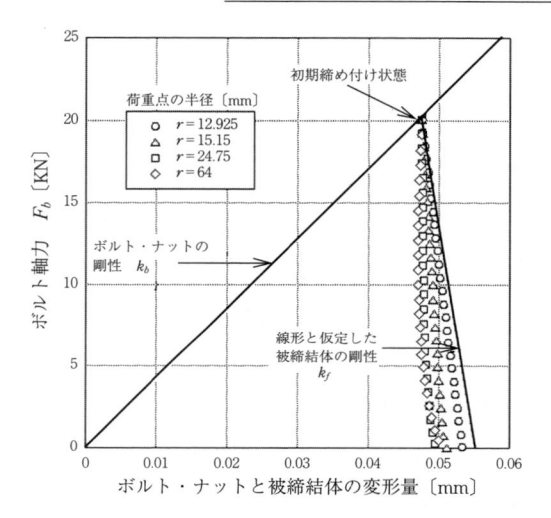

図 4.35 有限要素解析による締め付け線図

徐々に進行するためと考えられる。

つぎに,外力 W の大きさに着目する。W が小さい範囲では,傾きが急で被締結体の剛性が高く,内力係数 ϕ_u は小さい。すなわち,外力が小さい範囲における軸力変化 $\varDelta F_b$ は,従来のボルト締め付け線図から予測される値より低くなる。さらに,W が非常に小さい場合は,わずかながら軸力が増加し,被締結体の剛性を表す曲線の傾きが左下がりとなる。その場合の内力係数 ϕ_u は負となる。この現象は,円板形状の被締結体が周辺から曲げを受けた場合,ナット座面付近で軸力が減少するように回転変形することが原因と推察される。ボルト軸力低下による内部流体の漏洩が問題となる管フランジ締結体でも,外力が小さい範囲では内力係数 ϕ_u が負となるケースがある[82]。その状態から外力 W が増加すると,傾きは本来の右下がりとなる。

図 4.35 において,引き続き W が増加して被締結体界面の圧縮力が小さくなると,図では見にくいが被締結体の剛性を表す曲線の傾きが急に小さくなる。その結果,被締結体の界面が完全離隔する直前から軸力変化 $\varDelta F_b$ が急激に大きくなる。

以上をまとめると,「外力 W がある値に到達すると被締結体界面の離隔が開

始されるが，W が小さい範囲ではボルト軸力の増加は小さい。しかしながら，外力がさらに増加して完全離隔状態に近づくと，急激に応力振幅が大きくなる」と表現できる。完全離隔の少し前から軸力が急激に上昇する現象は，4.7節のらせんモデルを用いた解析によって詳細に示される。また，さらに大きな外力が作用して界面が完全に離隔すると，外力が直接ボルトに作用するために $\phi_u=1$ となる。界面が完全分離した後も，さらに外力が上昇すると，外力がすべて直接ボルトに作用するために疲労破壊に至る可能性が非常に高くなる。

4.5.4 ボルト軸力－外力線図

ボルト締め付け線図以外の疲労強度の評価方法として**ボルト軸力－外力線図**がある。**図 4.36** は，従来の研究を参考にして，ボルト軸力と外力の関係を模式的に示したものである。

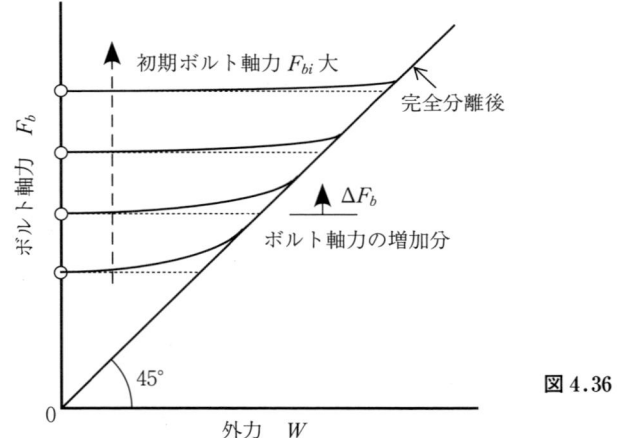

図 4.36 ボルト軸力と外力の関係

外力は，締結部に対して軸対称の環状引張荷重として作用する場合を対象とする。ボルト軸力－外力線図から，以下のことがわかる。

1) ボルト軸力と外力の関係は非線形で，両者の関係を表す曲線の傾きは，外力が大きくなるに従って増加する。すなわち，内力係数 ϕ_u は外力 W に対して非線形であり，その主要な原因は界面の離隔現象である。前項

で示したように，外力の着力点がボルト軸心に近い，あるいは被締結体形状が細円筒とみなせる場合，両者の関係は線形に近づく。

2) 界面が完全に離隔すると，外力は直接ボルト軸力を増加するように作用するので，図中の直線の傾きは45°となる。

3) 初期ボルト軸力 F_{bi} が高いほど界面の離隔が起こりにくく，同じ大きさの外力 W に対するボルトの軸力増加量 ΔF_b が小さいために，内力係数 ϕ_u は小さくなる。

図4.36は，「静的強度が問題のない範囲で初期ボルト軸力 F_{bi} を高く設定することは，ボルトの疲労強度の向上に対して有効」という重要な情報を提供している。本項と前項では，外力が軸対称荷重の場合を対象としたが，実際の締結部では外力が非軸対称に作用するケースが多い。また，締結部の形状により，外力が増加しても界面が完全に分離しないことがある。そのような場合，図4.36中に示した直線の傾きは45°より大きく，さらに危険な状態となる。4.6節では，外力が非軸対称に作用する締結部を対象とした解析モデルを設定して，実際のボルト締結体に対応可能なボルト軸力－外力線図を紹介する。

4.5.5 ねじの疲労強度と応力振幅の推定方法

ねじの疲労強度については，従来から多くの評価方法が提案されている。以下にその一部を紹介する。

(1) **VDI 2230 Blatt1** (2003)　ねじの疲労強度，応力振幅の体系的な評価方法として広く知られている。強度評価の手順は，材料力学，弾性学の理論を適用することにより構築されており，日本語訳も刊行されている[30]。1本のボルトで締結した場合を対象としているが，偏心荷重が作用した場合にも対応しており，界面離隔の影響も考慮できる。また，締結部材料の強度をはじめとして，設計に必要なさまざまな数値が掲載されていることから実用性は高い。ただし，力学の理論式を応用するために多数の記号を定義しており，全体の手順を理解するためにはかなりの労力を必要とする。記述のなかで，例えば，ボルト軸力変化と外力の関係に対する界面離隔や外力の着力点の影響について，

グリップ長さがある程度小さくなると，有限要素解析と異なる結果が示されているケースもある。また，VDIの考え方と関連して，偏心荷重を受けるボルト締結体の疲労強度を評価した研究[96]，VDIの手順の問題点を有限要素解析により検証した研究[38]も発表されている。

（2） 山本による推定方法[105] 日本機械学会が発表した「両振り引張圧縮荷重を受ける単一環状V溝付き丸棒」に対する切欠き係数の評価式を，ボルト・ナット締結体に適用できるように修正し，その式を構成する係数を4.4.3項で紹介した疲労限度のデータを用いて求めている。信頼性の高い切欠き係数の推定式と実験データを組み合わせて提案している点から，疲労限度の推定精度は高いといえる。なお，この手法の基礎となっている疲労限度のデータは，図4.29と図4.30に示したものである。したがって，疲労試験ではボルト頭部とナット座面の軸方向に引張荷重を繰返して作用させていることから，適用できる外力の作用形態にある程度制限がある点に留意しなければならない。

（3） 大滝による推定方法[9] 応力集中が問題となる箇所がねじ谷底周辺である点を考慮して，ねじ山の形状をねじ谷底の丸みを持った山形の連続と考え，複素応力関数を用いて谷底に沿った応力分布を求めている。その手法を用いて，メートル並目ねじ，メートル細目ねじやウィットウォースねじを対象として，呼び径，ピッチ，谷底の丸み半径を種々変化させて，ねじ谷底の応力集中係数を体系的に計算している。さらに，そこで求めた二次元形状に対する応力集中係数にNeuberの理論を適用して，三次元形状の応力集中係数に換算している。

疲労強度については，三次元応力集中係数からねじ谷底の切欠き係数を求める手法を提案している。この方法を用いてボルト締結体の疲労限度を求め，文献105）に示された多数の疲労限度の測定結果と比較することにより，解析手法の有効性を検証している。理論的に導いたねじ谷底の応力集中係数を基盤として，疲労強度の分野でよく知られた式を組み合わせて，ねじの疲労限度を推定している点において信頼性は高い。一方，外力の作用形態に対する制限につ

いては（2）項と同様である。

（4）**平均応力の影響を考慮した推定方法**　前述の山本と大滝の方法では，疲労限度はボルトの平均応力に依存しないと仮定している。平滑試験片による疲労試験では，一般に平均応力が高くなると疲労限度はやや低下するが，その影響は大きくないといわれている。吉本は，山本と大滝が求めた疲労限度に差が生じる原因を平均応力と考えて，縦軸に応力振幅，横軸に平均応力をとった耐久限度線図により，両者の差を埋める説を提案している[111]。

（5）**ばね-はりモデルによる推定方法**[112]　材料力学のやや高度な理論と初歩的な数値解析を組み合わせることにより，ボルトの応力振幅を求める手法である。界面の離隔現象，偏心荷重にも対応可能であり[113]，締め付け線図の作成方法も示されている[114]。ボルト円筒部の応力振幅に関して，解析結果が実験値とかなりよく一致するという結果を得ている。

従来から提案されているねじの疲労強度の評価方法の多くは，締結部形状と荷重形態が軸対称である。実際の締結部の形状は複雑であり，曲げ，せん断，ねじりなどさまざまな荷重が作用する。また，複数の荷重が同時に作用するケースも多い。金属の疲労強度に対してもっとも支配的な因子は，応力振幅であるといわれている。そこで，有限要素法を用いて締結部をモデル化し，実機の運転状態に対応した外力を与えたときに発生する応力振幅を疲労強度の指針とする考え方がある。特に，疲労き裂が発生するねじ谷底の応力振幅は重要である。有限要素解析を用いると，同じ形状の締結部が異なる荷重を受けた場合の応力振幅を求めることができるため，荷重形態の影響を評価することが可能となる。

4.6　被締結体界面の離隔と応力振幅

4.6.1　偏心外力を受ける締結部の応力振幅

実際の締結部では，ほとんどの場合において，外力は三次元的に作用する。図4.37（a）は偏心外力を受けるボルト締結体を模式的に示したものである。

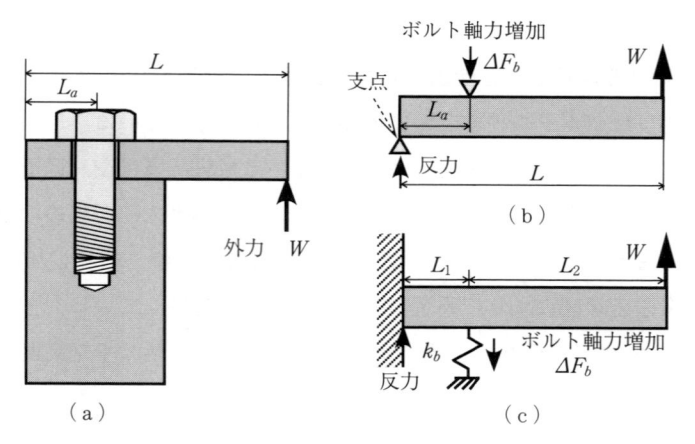

図 4.37 偏心荷重を受けるボルト締結体

締結部がすべて剛体と仮定すると，各部に作用する力は図 4.37（b）に示した「てこの原理」から求めることができる。被締結体界面の左端が支点，ボルトが作用点，外力を与える位置を力点とすると，ボルトに作用する力は外力 W に L/L_a を乗じた WL/L_a となる。

4.5.3 項で述べたように，外力が軸対称に作用する場合は，界面が完全離隔してもボルトには外力以上の力は作用しない。一方，L/L_a は 1 より大きいことから，偏心外力が作用するとボルトの軸力変化は非常に大きくなる可能性がある。図 4.37（c）は，偏心荷重を受けるボルト締結体を"1 点をばね支持した片持ばり"に置き換えた実際の継手により近いモデルである。この場合，ばね k_b に作用する力，すなわちボルトの軸力変化 ΔF_b は，ヤング率を E，断面二次モーメントを I として次式で与えられる。

$$\Delta F_b = \frac{W L_1^2 (2L_1 + 3L_2)}{2L_1^3 + \dfrac{6EI}{k_b}} \tag{4.17}$$

図 4.38 は，初期締め付け状態から外力の増加に伴って，被締結体界面の離隔が進行していく様子を示している。

① 初期締め付け状態において，被締結体界面ではボルト軸力 F_b による面

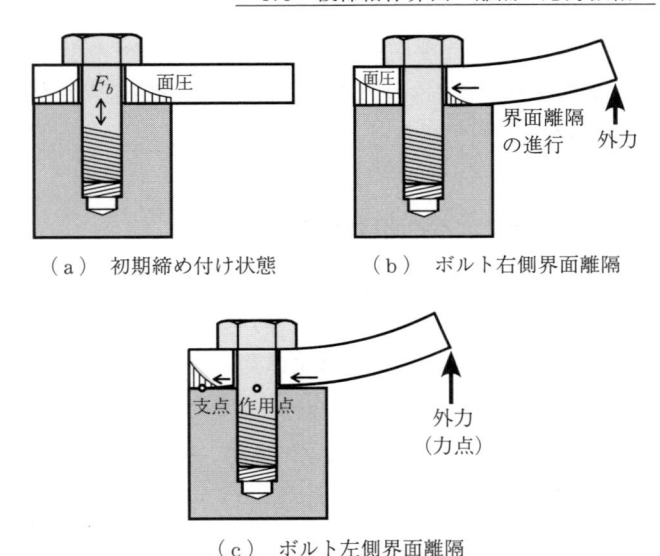

4.6 被締結体界面の離隔と応力振幅

（a）初期締め付け状態　　（b）ボルト右側界面離隔

（c）ボルト左側界面離隔

図 4.38 外力の増加と被締結体界面の離隔

圧が発生する。

② 外力 W が作用すると，図4.38（b）のようにボルトの右側の界面の端部から離隔し始める。

③ 外力を増加させていくとボルト穴周辺まで離隔が進行し，ボルトを超えてボルト穴の左端側に達する。

④ さらに外力 W が増加すると，図4.38（c）のように界面左端に向かって離隔が進む。

接触面が離隔した左端部を支点，ボルトを作用点，荷重を与えている点を力点と考えると，界面の離隔が進行すると，力学的には「釘抜き」に近い状態になることがわかる。すなわち，仮に界面が左端部まで離隔すると，ボルトの軸力増加量 ΔF_b は，図4.32や図4.36のケースのように W ではなく，W の L/L_a 倍となるために非常に大きくなり，疲労の観点からはさらに危険な状態といえる。図4.38（c）の場合，前述の支点は接触面のいずれかの位置に存在する。したがって，大きな外力が作用したときに端部付近まで離隔が進行しやすいボ

ルト配置の場合,界面が完全離隔に至らないような外力であっても,図4.37 (a) の L/L_a が大きい状態となるために,ボルトに非常に大きな応力振幅が作用する可能性がある。

4.6.2 有限要素解析による界面離隔現象の検証

ボルト締結体が非軸対称荷重を受けた場合の軸力変化と界面離隔の関係を,三次元有限要素解析により検討する。解析の対象とした締結部の寸法と有限要素モデルを**図4.39**に示す[115]。ボルトはM16の並目ねじ,モデルの寸法は文献96)の実験における試験片の形状に合わせている。ただし,実験に使用されたボルトはピッチが1.5 mmの細目ねじである。ヤング率は200 GPa,ポアソン比は0.3とし,接触面の摩擦係数は0.15,初期ボルト軸応力 σ_{bi} は50 MPa,100 MPa,200 MPa,300 MPa と変化させる。

図4.40(a)は,σ_{bi} = 100 MPa としたときのボルト軸力-外力線図である。縦軸はボルト軸力 F_b,横軸は外力 W,図中に界面離隔の進行状態を示してい

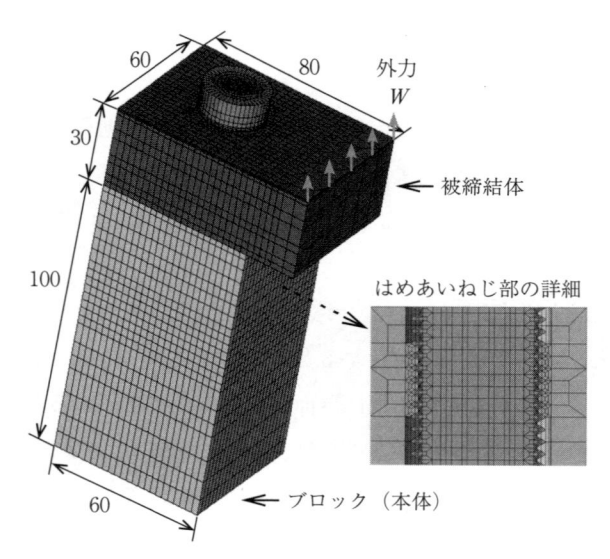

図4.39 非軸対称荷重を受ける有限要素モデル

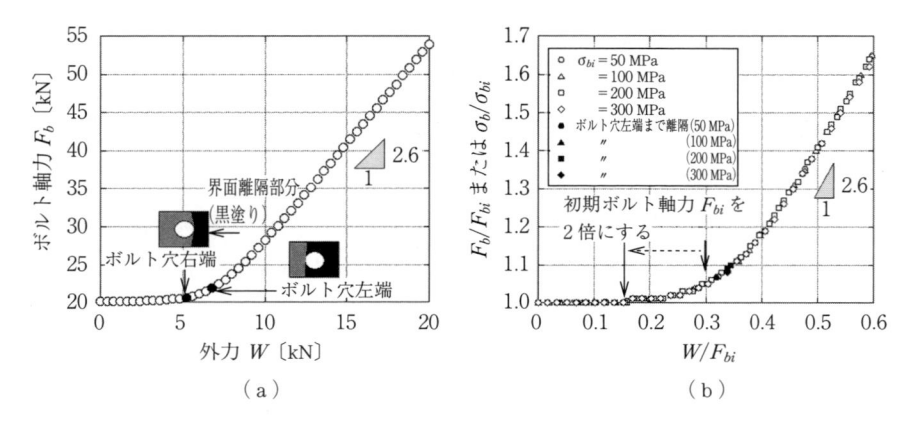

図 4.40 有限要素解析によるボルト軸力-外力線図

る。この図から以下のことがわかる。

① ボルト締結体に軸対称荷重を与えた場合と同様，ボルト軸力と外力の関係は非線形である。

② 界面の離隔がボルトを超えるあたりまで進行すると，ボルト軸力は直線的に増加する。その傾きは45°より大きく，被締結体左端から外力の作用点までの長さ L と，左端からボルト軸線までの長さ L_a との比 $L/L_a = 2.67$ に近い値となっている。

直線の傾きについては前項で説明した「釘抜き」の状態となっていることによる。図4.40（b）は，初期ボルト軸応力 σ_{bi} を変化させた場合の結果である。縦軸と横軸はそれぞれ初期ボルト軸力 F_{bi} で除している。なお，縦軸の F_b/F_{bi} は，ボルト軸応力と初期ボルト軸応力の比 σ_b/σ_{bi} に置き換えることができる。この図から以下のことがわかる。

① F_b/F_{bi} あるいは σ_b/σ_{bi} と，W/F_{bi} の関係は，1本の曲線で表すことができる。ボルト穴の左端まで離隔が進行する W/F_{bi} の大きさは，初期ボルト軸応力が小さい $\sigma_{bi} = 50$ MPa の場合を除いてほぼ等しい。

② 外力 W が一定の場合，ボルトに発生する応力振幅を低く抑えるためには「初期ボルト軸力 F_{bi} を締結部材料の静的強度の許容範囲内で高めに設

定する」ことが望ましい．図中に，一例としてF_{bi}の大きさを2倍としたときに対応して，W/F_{bi}が0.3から0.15に低下した場合の状態を示している．F_{bi}を高く設定すると，外力によるボルト軸力の増加量が顕著に低下することがわかる．

③ 同じ締結部に対して従来に比べて高い外力Wが作用する場合，外力の増加と同じ比率で初期ボルト軸力F_{bi}を上げただけでは，ボルト軸力が外力と同じ比率で増加するので危険である．このことは，図4.40（b）において横軸が変化しないことから明らかである．したがって，「締結部に作用する外力Wが増加する場合，応力振幅を上昇させないためには，ボルト軸力を上げる割合を外力の増加率より大きくしなければならない」といえる．

4.7 ねじ谷底に沿った応力振幅

4.7.1 ねじ山らせんモデルによる解析

図2.1に示したように，ボルト・ナット締結体の疲労破壊は，応力集中が最大となるボルト第1ねじ谷底周辺，あるいは2～3山ナット頂面寄りのねじ谷底で発生するケースが多く，ねじ谷底の応力集中と密接に関連している．これに対して本体側はめあいねじ部では，おねじとかみ合っている「一番奥のめねじの谷底」から疲労破壊が発生することがある．この位置における応力集中は，4.3.3項の図4.26（b）に示したように比較的小さい．したがって，ねじの疲労破壊のメカニズムを知るためには，ねじ谷底に沿った応力振幅の分布を明らかにする必要がある．

そこで以下の項では，ねじ山らせんモデルを用いて，ボルト・ナット締結体と本体側はめあいねじ部のねじ谷底に沿った応力振幅の分布を示す．"らせんの影響"を明確にするために，ねじ部のらせんを除いて締結部の形状は軸対称とし，外力は環状の片振り引張荷重とする．

4.7.2 ボルト・ナット締結体の応力振幅特性と疲労破壊

本項では，まず，並目ねじを対象としてねじ谷底の応力振幅の基本的な特性を示す[116]。つぎに，細目ねじと並目ねじの応力振幅の特性を比較する[88]。
図 4.41 は，呼びが M16，ピッチ P が 2 mm の並目ねじの解析モデルの寸法形状と荷重条件を示している。被締結体は厚さが 24 mm，外径が 128 mm，内径は 2 級のボルト穴径 d_h に対応した 17.5 mm の 2 枚の中空円筒から構成されている。ナットは六角形の平均直径 B を外径とする丸ナットとしている。初期軸応力 σ_b は 100 MPa，摩擦係数は 0.15 とする。σ_b に対応するボルト軸力 F_b は 20.1 kN であり，外力 W の大きさは，ボルト軸力 F_b を基準として W/F_b = 1/3，2/3，1，4/3，5/3 と変化させる。外力は，ボルト軸心からの距離 r が 16 mm，32 mm，64 mm の被締結体表面に与える。ナット平均直径 B が 25.375 mm であることから，r = 16 mm はナット外表面のすぐ外側となる。

図 4.42 に有限要素モデルを示す。応力振幅は，外力を受けたときと初期締め付け時のねじ谷底の軸方向応力 σ_z の差を 2 で除した値とする。

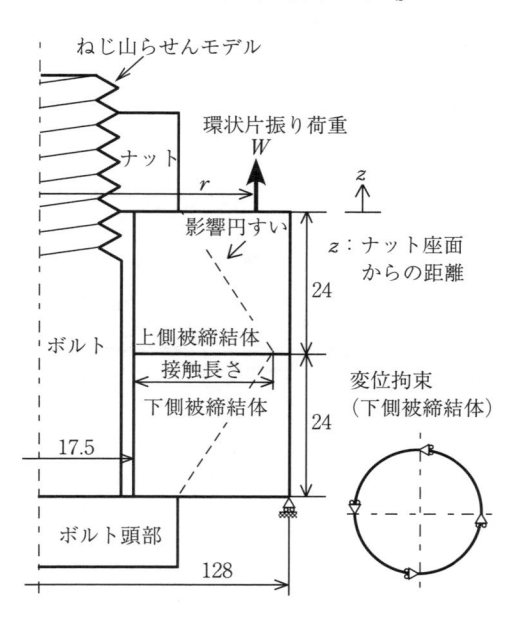

図 4.41 解析モデルの寸法形状と荷重条件

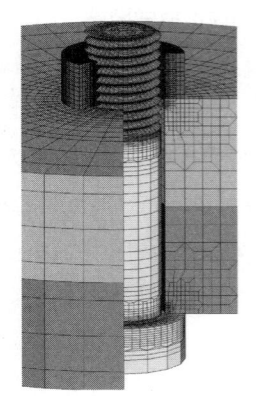

図 4.42 ボルト・ナット締結体の有限要素モデル

図 4.43（a），（b）はそれぞれ $r=16$ mm，64 mm に対する解析結果である。縦軸は応力振幅，横軸はナット座面からの距離，かみあいねじ山数は 5 山である。

図中の γ_c は，接触比を表しており，外力を受けたときと初期締め付け時の被締結体界面における半径方向接触長さの比である。すなわち，初期状態では $\gamma_c=1$，界面が完全に離隔すると $\gamma_c=0$ となる。図 4.43 に示した外力 W の大きさの範囲では，界面は部分的に接触しており，W/F_b が 1/3 と 2/3 のときは，応力振幅の明確なピークは認められない。外力の大きさが軸力に等しい $W/F_b=1$

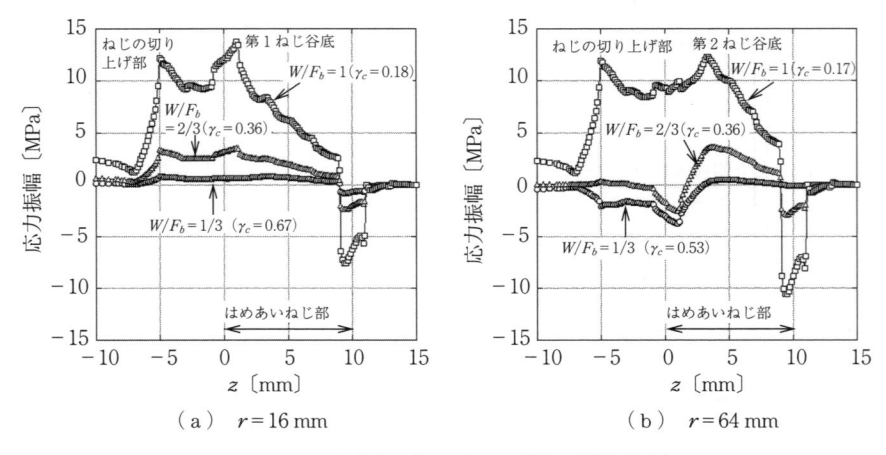

(a) $r=16$ mm

(b) $r=64$ mm

図 4.43 ねじ谷底に沿った応力振幅（部分接触）

になると γ_c が小さくなり，ボルト第1ねじ谷底と切り上げ部に鋭いピークが現れている．すなわち，外力があるレベル以上になると，界面離隔の進行が加速して，急激に応力振幅が増加する．この現象は「内力係数は外力に対して一定ではなく，界面が完全に離隔する直前から急激に増加する」という図4.35に示した軸対称解析の結果とも合致する．

外力 W がさらに大きくなると，被締結体の界面は完全に離隔し，応力振幅は図4.18のねじ谷底応力と同じような分布パターンとなり急激に増大する．**図4.44** は，$r = 16$ mm に対して界面が完全離隔したときの解析結果であり，ボルト第1ねじ谷底や切り上げ部の応力振幅は疲労破壊が発生するレベルの大きさに近づいている．

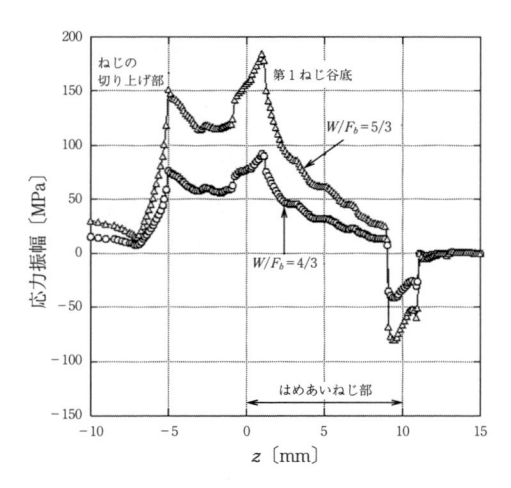

図4.44 ねじ谷底に沿った応力振幅（完全離隔）

細目ねじの応力振幅の解析には，応力集中の解析に用いた図4.21のモデルを使用する．**図4.45** では，ボルトの初期軸応力 σ_{bi} を 100 MPa，外力の着力点半径 r を 64 mm とし，ピッチ P を並目ねじの2 mm，細目ねじの1.5 mm，1 mm と変化させたときのねじ谷底に沿った応力振幅を比較している[88]．外力 W の大きさは初期軸力 F_b に等しく，$W/F_b = 1$ としている．最大応力振幅に着目すると，並目ねじの $P = 2$ mm と，細目ねじの $P = 1.5$ mm はほとんど差

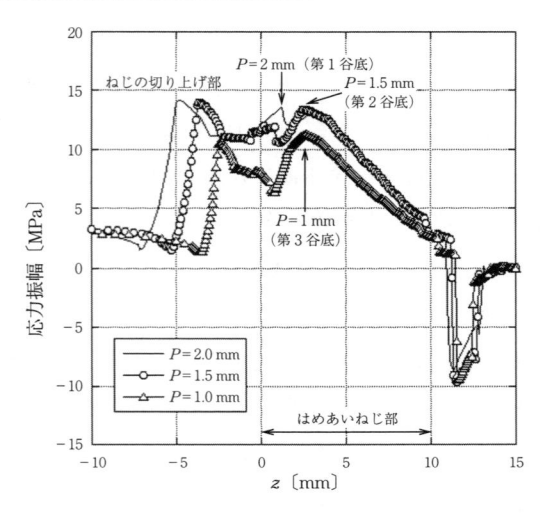

図4.45 ねじ谷底に沿った応力振幅（ピッチの影響）

がなく，$P=1\,\mathrm{mm}$ の超細目ねじになると，明らかに応力振幅が低下している。同じ呼び径の並目ねじと細目ねじの疲労強度の大きさについては，図4.30に示した疲労限度 σ_w とピッチと呼び径の比 P/d の関係より類推できる。

図4.30中の横軸には，M16のピッチが変化したときの P/d の値を矢印で示している。この図によると，ピッチが減少すると疲労限度は低下するが，$P=1.5\,\mathrm{mm}$ はいったん上昇に転じる領域のピッチと考えられる。また，$P=1\,\mathrm{mm}$ は，ピッチの減少に対して疲労限度が大きく低下する**超細目ねじ**のグループ内にあり，わずかなピッチの差によって疲労限度の大きさが変化しやすい領域と考えられる。解析と実験では外力の負荷条件が異なり，また，応力振幅のみで疲労限度を論じることはできないが，図4.45に示した解析結果は，図4.30の実験結果と，ある程度整合していると考えられる。

4.7.3　本体側はめあいねじ部の応力振幅特性と疲労破壊[21]

本体側はめあいねじ部の応力集中については，4.3.3項で示したように，めねじの剛性が非常に高いために，ボルト・ナット締結体とやや異なった傾向を示す。疲労破壊については，4.4.2項で解説したように，ボルト・ナット締結

体と異なった位置で発生するケースがある。

例えば，中速ディーゼル機関の連接棒大端部の斜め割り部分は，もっとも疲労破壊が発生しやすい部位である。その場合，図 4.46 に示すように，大端部にキャップを締め付けるクランクピンボルトだけでなく，大端部本体に加工しためねじ側から，疲労き裂が発生することがある。その疲労破壊のメカニズムを応力振幅の観点から検討する。

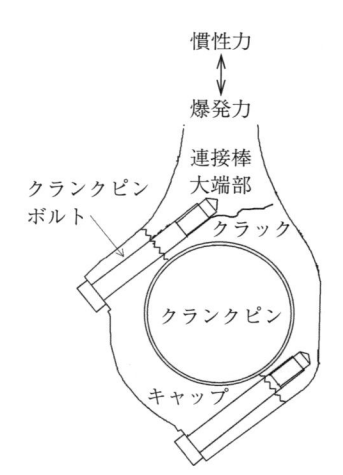

図 4.46 連接棒大端部の疲労破壊

解析には図 4.25 に示した有限要素モデルを用いる。初期軸応力 σ_{bi} は 100 MPa を標準条件とし，200 MPa，300 MPa の 3 通りに変化させる。σ_{bi} に対応するボルト軸力 F_b は，それぞれ 20.1 kN，40.2 kN，60.3 kN であり，そのほかの条件は，ボルト・ナット締結体の場合と同じである。

図 4.47（a），（b）は，ボルトねじ谷底と本体側めねじ谷底に沿った応力振幅の分布を示している。外力を与えた位置は $r = 16$ mm である。ボルト側では第 3 ねじ谷底において約 18 MPa の最大応力振幅が発生している。これに対して本体側めねじでは，一番奥のねじ谷底の応力振幅が 30 MPa を超えている。この結果は，「本体側はめあいねじ部では，ボルトだけでなく一番奥のめねじ側からも疲労破壊が発生しやすい」という実機の事故例，過去の報告と合致する[104]。図 4.47（c）は，ボルト・ナット締結体を対象として，同じ条件に対

（a）おねじ側

（b）めねじ側

（c）ナット側（ボルト・ナット締結体）

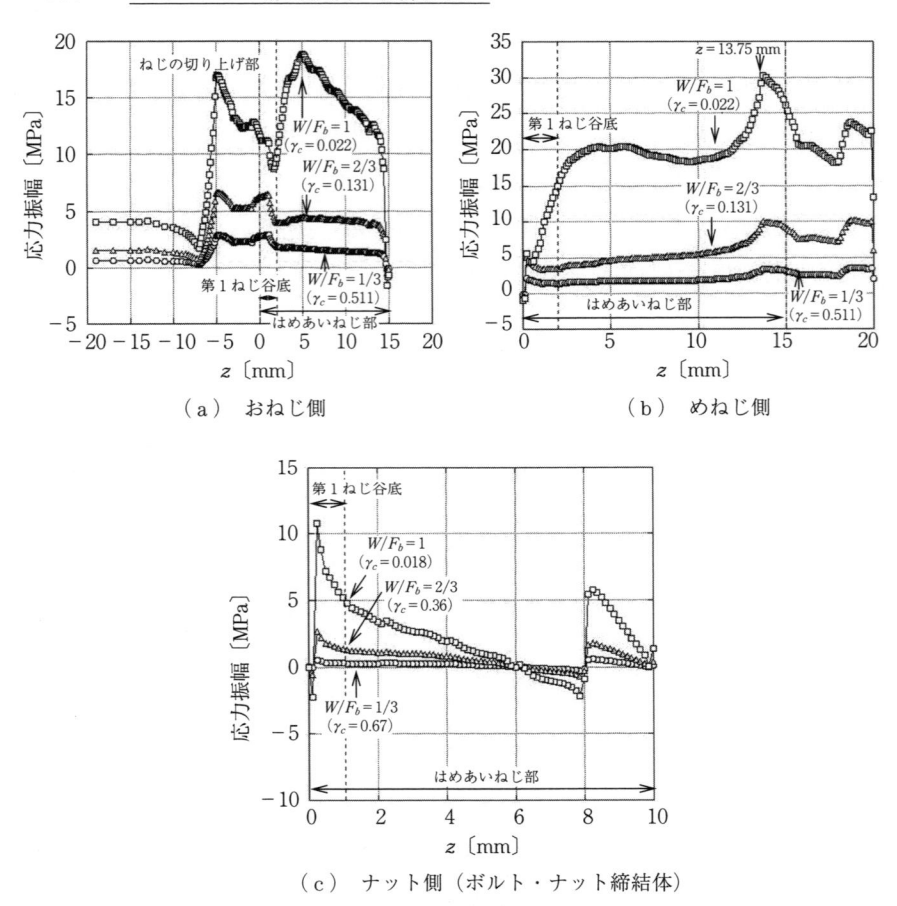

図 4.47 ねじ谷底に沿った応力振幅（部分接触）

して求めたナット側の応力振幅を示している。本体側めねじに比べて最大応力振幅はかなり小さくなっており，めねじの奥の谷底から疲労破壊するのは本体側めねじ特有の現象であることがわかる。なお，応力振幅の絶対値が小さいのは，初期軸応力 σ_{bi} が 100 MPa と低く，その場合の軸力 F_b の 20.1 kN よりわずかに大きな外力 W が作用すると，界面が完全に離隔する解析条件となっているためである。

図 4.48（a），（b）は，外力が大きく界面が完全に離隔したときのボルト

4.7 ねじ谷底に沿った応力振幅

(a) おねじ側

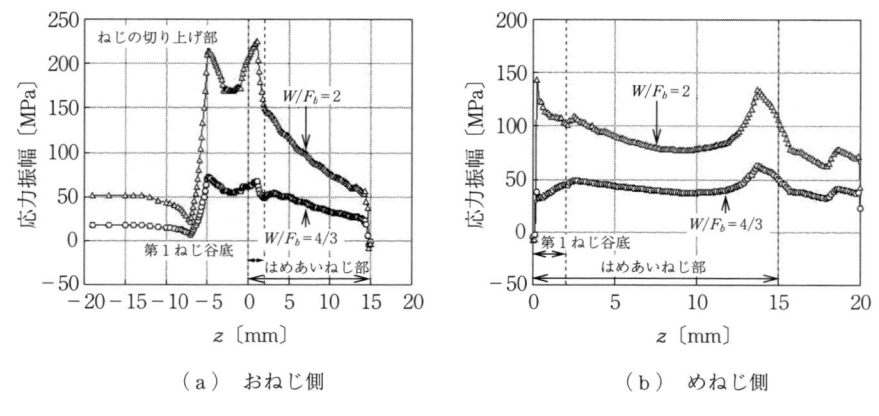

(b) めねじ側

図 4.48 ねじ谷底に沿った応力振幅（完全離隔）

側と本体側はめあいねじ部の応力振幅を示している。W/F_b は，4/3，2 と変化させている。この場合，本体側めねじの応力振幅もかなり上昇しているが，ボルト側の最大応力振幅のほうが高くなっている。

図 4.49（a），（b）は，最大応力振幅と外力の関係を示したものである。外力 W は，ボルト軸力 F_b で除して無次元化している。ボルト側では，W/F_b が 1 を少し超えて界面が完全に離隔するまで，座面からの距離がピッチ P の 2.5 倍である "$2.5P$" と表記した第 3 ねじ谷底の応力振幅が最大となってい

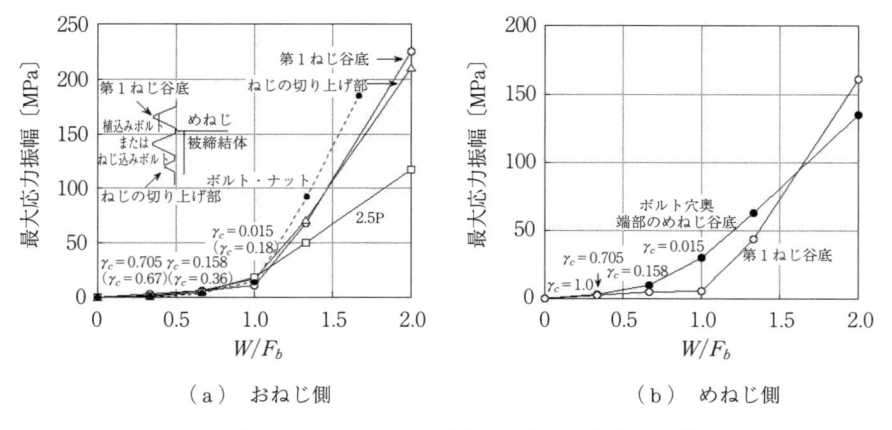

(a) おねじ側

(b) めねじ側

図 4.49 最大応力振幅に対するボルト軸力と外力の影響

る。界面が完全に分離したあとは、第1ねじ谷底で最大となっている。比較のため、図中にボルト・ナット締結体のボルトねじ谷底の応力振幅を破線で示しており、接触比 γ_c は括弧内の値が対応している。めねじ側では、界面が完全分離して W/F_b が1.5を超える付近まで、一番奥のめねじ谷底で最大応力振幅が発生している。このことは、図2.1と図4.46に示した実機の本体側はめあいねじ部において疲労破壊が発生しやすい位置を支持する結果といえる。

　界面の離隔が進行すると、ねじ谷底の応力振幅が高くなる。そこで、応力振幅を低く抑えるためには初期ボルト軸力を高くすればよい。そのためには、外力の上昇に対してどの程度軸力を高く設定すればよいか、明らかにする必要がある。**図 4.50** は、めねじに発生する最大応力振幅に対するボルト軸力 F_b と外力 W の影響を示したものである。

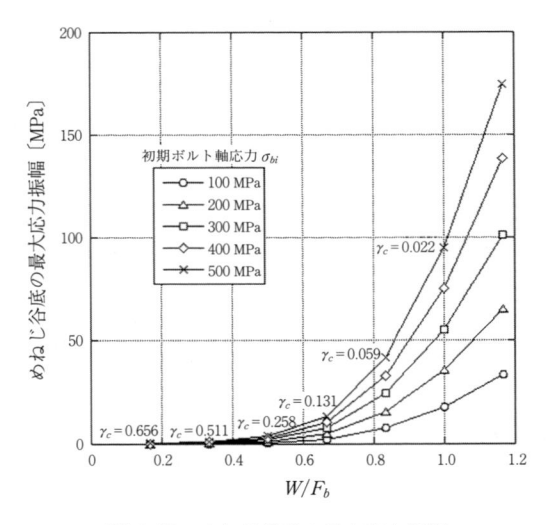

図 4.50 めねじ谷底の最大応力振幅

　パラメータは初期ボルト軸応力 σ_{bi} であり、100 MPa 〜 500 MPa まで変化させている。図は「外力と軸力の比 W/F_b を一定とすると、最大応力振幅はボルト軸応力にほぼ比例する」ことを示しており、実用的な観点から、以下のようにいいかえることができる。

① 外力 W が一定の場合,軸力 F_b を上げると最大応力振幅は低くなる。
② 外力 W の上昇に対して軸力 F_b を同じ比率で高くしても,最大応力振幅も比例して高くなるため非常に危険である。

上記の結果は,4.6.2 項の図 4.40（b）に示した「非軸対称外力を受けるボルト締結体」の場合と同じ現象である。したがって,応力振幅を低く抑えるためには"ボルト軸力を可能な限り高めに設定する"ことが重要である。

4.7.4 応力振幅と塑性変形[21]

ねじ谷底には大きな応力集中が発生するため,比較的低い軸力でもねじ谷底周辺は塑性変形する。本項では,ねじ谷底の応力振幅に対する塑性変形の影響を検討する。解析モデル,解析条件は前項と同じとし,弾塑性解析の実施にあたり,塑性域における締結部材料の構成式として,ボルト材料の引張試験で得られたデータに基づいて,以下に示す Swift の式を用いる[94]。

$$\sigma = 839.48(0.0002 + \varepsilon^p)^{0.0743} \tag{4.18}$$

ここで,σ は真応力,ε^p は塑性ひずみであり,降伏応力 σ_Y は 446 MPa となる。図 4.51 は,軸応力 σ_b が σ_Y の約 90% である 400 MPa の場合の解析結果を示す。環状引張荷重の外力を 3 回与えており,図中に弾性解析による結果も示している。

弾性解析による結果と比較して,1 回目の負荷ではかなりの差が見られるが,2 回目以降は小さくなっている。図には示していないが,より軸応力が低い $\sigma_b = 300$ MPa の場合も同様の結果が得られる。したがって,ねじ谷底の応力振幅を評価する場合,実用的には弾性解析で十分な精度が得られると考えられる。

図 4.52 は,上記の現象を説明するために,ボルトねじ谷底応力とボルトの軸部ひずみの関係を模式的に示したものである。1 回目の負荷では塑性変形が進行して,2 回目以降の負荷に対する降伏応力が上昇する。しかしながら 2 回目以降の負荷では,除荷・再負荷過程が弾性域と同じ傾きの直線上を移動するため,結果的に応力振幅は弾性解析と近い値となる。

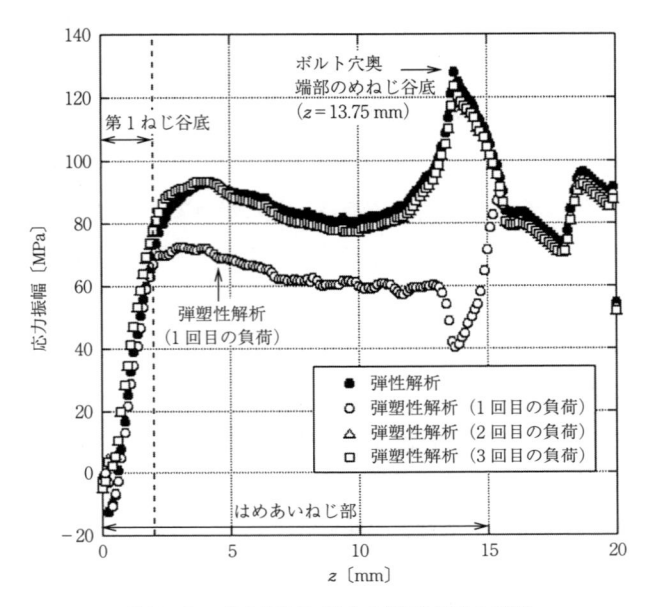

200   4. ねじの静的強度と疲労強度

図 4.51 応力振幅に対する塑性変形の影響

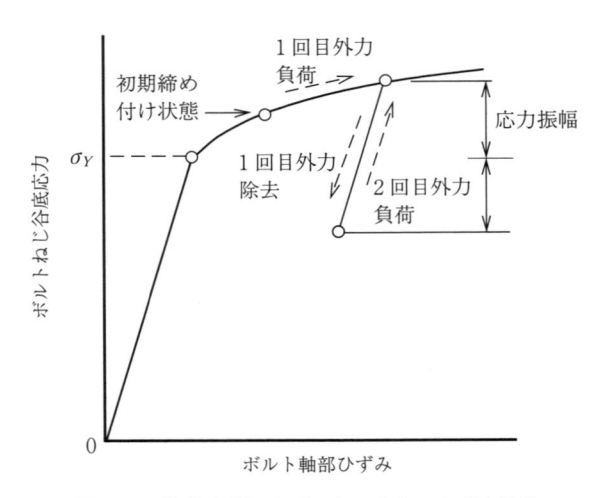

図 4.52 塑性変形したボルトの応力・ひずみ挙動

4.8 ねじの疲労強度の向上策

　ねじの疲労破壊は，ねじ部品の材料，呼び径やピッチなど，ねじの寸法，締結部の形状，外力の大きさ，ねじ谷底の応力勾配など多くの因子の影響を受ける．したがって，疲労強度を向上させるためにはさまざまな方策が考えられるが，疲労強度に対してもっとも支配的な因子は，ねじ部に作用する応力振幅である．そこで，疲労強度を上げるためには，外力を受けたときのボルト軸力の変化量が小さく，実際に疲労き裂が発生するねじ谷底の応力振幅を小さく抑えることが重要である．以下に，応力振幅を低減するための具体的な方法を列挙する．

　（1）**可能な範囲でボルト軸応力を高く設定**　界面の離隔を防ぐ，あるいはできる限り離隔を狭い範囲に抑えるために，静的な強度が許容する範囲でボルト軸応力を高くする．図4.50に示したように，「外力とボルト軸力の比率を一定とすると，応力振幅は軸応力にほぼ比例して増加する」ので，外力が大きくなる場合，ボルト軸力はそれ以上の比率で高くする必要がある．

　（2）**剛性の低いボルトの使用**　ボルト締め付け線図から明らかなように，外力を受けたときにボルトが変形しやすく，被締結体が変形しにくい場合に軸力変化は小さくなる．すなわち，ボルト・ナット全体の剛性を表すばね定数 k_b は小さく，被締結体のばね定数 k_f は大きいほうが望ましい．前者について，具体的には**図4.53**（a），（b）に示す伸びボルトや中空ボルトを使用する．伸びボルトは軸部の外周を細くしたボルトである．図4.53（c）に示した内燃機関の連接棒を締結するために使用される"クランクピンボルト"は，伸びボルトの一種である．ボルトの軸方向剛性は断面積に比例して小さくなる．また，ヤング率 E と断面二次モーメント I の積で表される"曲げ剛性"については，直径をわずかに細くするだけで I が大きく低下するため，曲げ荷重を受ける締結部に対して効果が高い．

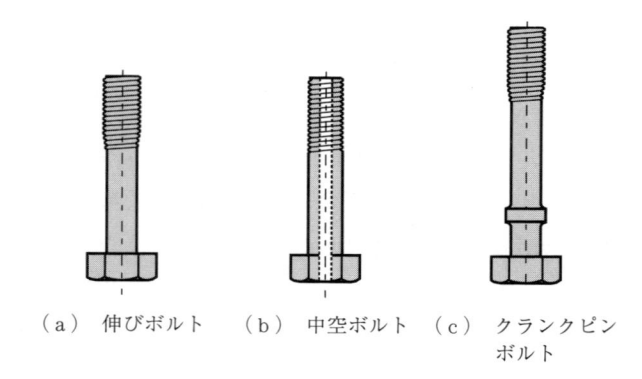

(a) 伸びボルト　(b) 中空ボルト　(c) クランクピンボルト

図 4.53 応力振幅低減を目的としたボルト

図 4.54 (a) では，ねじ山らせんモデルを用いて，ボルトねじ谷底に沿った応力振幅の大きさを示すことにより，伸びボルトの効果を評価している。

解析の対象は M16 の並目ねじのボルト・ナットで，軸部の直径はねじ谷底直径まで細くしている。そのほかの解析条件は，4.7.2 項と同じである。実線で示した通常のボルトに比べて，ボルト第 1 ねじ谷底付近の応力振幅が低下している。しかしながら，外力 W が大きくなって界面が完全離隔すると，図 4.54 (b) に示したように，第 1 ねじ谷底の応力振幅に関して伸びボルトの効

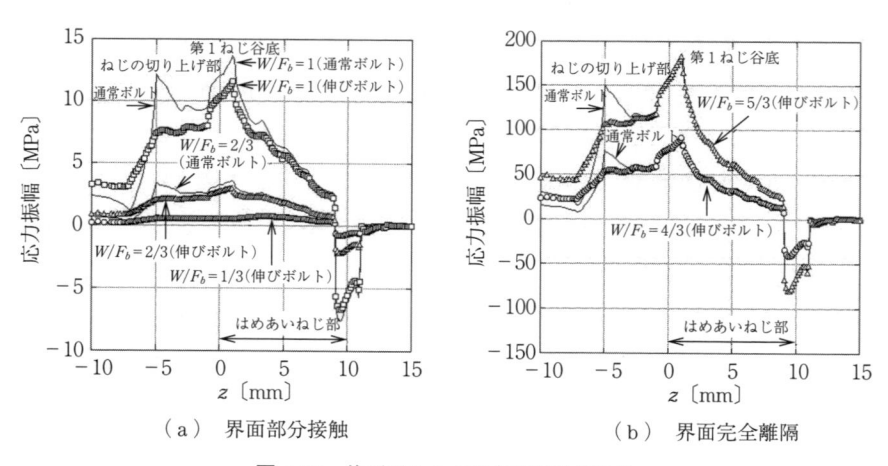

(a) 界面部分接触　(b) 界面完全離隔

図 4.54 伸びボルトの応力振幅低減効果

果は，まったく認められない．また，中空ボルトでは，軸方向剛性が断面積に比例して小さくなるが，曲げ剛性の低下率は非常に小さいので，曲げ荷重を受ける締結部に適用したときの効果はほとんど期待できない．

ボルトの剛性は，ヤング率の低い材料のねじを使用することによって下げることができる．表1.3に示したように，チタン合金のヤング率は炭素鋼の50%強である．このことは，炭素鋼ボルトの代わりに同じ形状のチタン合金ボルトを使用した場合，グリップ長さを2倍大きくしたときと同様の効果が得られる．

図4.55は，被締結体を炭素鋼として，チタンボルトと炭素鋼ボルトを用いた場合のねじ谷底に沿った応力振幅を比較している[26]．解析には図4.42の有限要素モデルを使用しており，境界条件，荷重条件は4.7.2項と同じである．

外力はボルト軸線から半径16 mmの位置に与えており，界面は部分的に接触している．チタンボルトを使用した場合，第1ねじ谷底における応力振幅のピーク値は，炭素鋼ボルトの約2/3に低下している．チタンボルトはコスト高という問題があるが，低ヤング率に加えて線膨張係数が小さいという特性から熱負荷を受けてもゆるみにくい．以上の点から，付加価値の高い締結部への

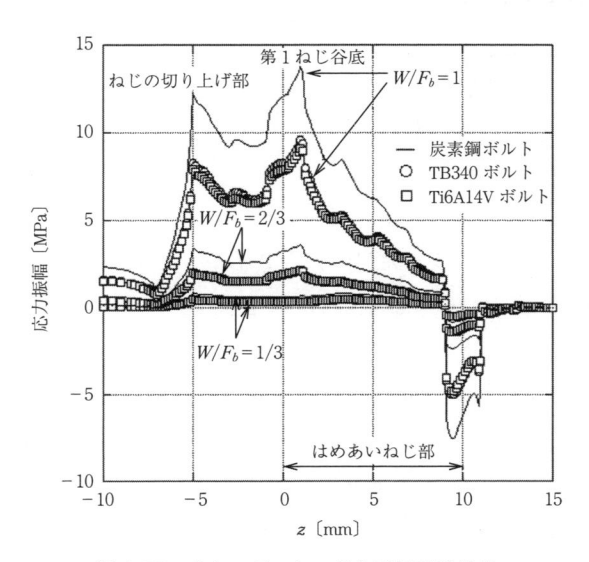

図 4.55 チタンボルトの応力振幅低減効果

適用には大きな可能性を含んでいるといえる。

（3） **軸力変化が小さくなるボルト配置**　外力に対するボルト軸力の変化量が小さくなるようにボルトを配置する。例えば，図 4.37（a）のように偏心外力を受ける場合，4.6 節の説明から明らかなように，可能な範囲で外力の作用点寄りにボルトを配置すると，曲げモーメントによって発生する軸力変化を低減することができる。この方法は，ボルトの直径に対して被締結体の幅がある程度大きい場合に有効である。

（4） **締結部の形状変更による軸力変化量の低減**　被締結体の幅があまり大きくない場合，ボルト軸力が作用する部分を半径方向に延長すると，曲げモーメントの影響を低減できる。図 4.39 の有限要素モデルに対して，**図 4.56** に示すように，被締結体の端部に長さ L_{ex} の突起を追加してボルト軸線から被締結体左端まで長さを大きくする。

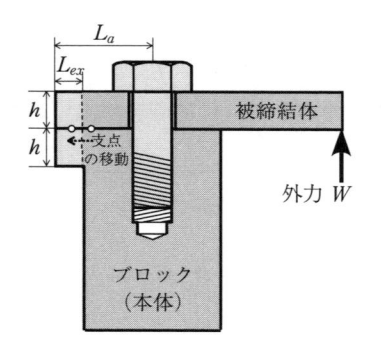

図 4.56　軸力変化が小さくなるボルト配置

図 4.57（a），（b）は，突起の大きさ L_{ex} を変化させたときの，ボルトねじ谷底に発生する最大応力と外力の関係を示している。

被締結体の厚さ h は，それぞれ 30 mm と 20 mm である。最大応力は，外力のモーメント作用によって引張応力が増加するボルトの右側のねじ谷底で発生する。突起を設けることにより，いずれの場合もねじ谷底応力の増加率が減少しており，特に離隔がかなり進展した部分の傾きが小さくなっている。

板厚が薄い h = 20 mm の場合，30 mm に比べて L_{ex} が小さな範囲で応力の低減効果が飽和しており，その効果も低い。その理由は，ボルトに作用する曲げ

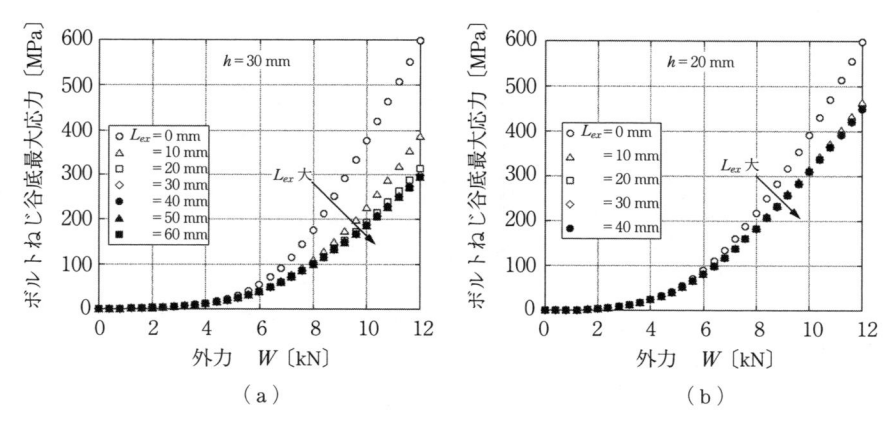

図4.57 突起の追加による応力振幅の低減効果

モーメントに関して，板の剛性とボルト軸線から支点までの距離によって説明できる．

はりと板の断面2次モーメントIは，よく知られているように板厚hの3乗に比例する．したがって，材料が同じ場合，板の曲げ剛性はhの3乗に比例するため，板厚が30 mmと20 mmを比較すると，前者のほうが板の曲げ変形がかなり小さく，図4.37（b）に示した締結部全体を剛体と仮定した簡単な力学モデルにより近くなる．その結果，図4.38（b），（c）の変形パターンからわかるように，変形の大きな20 mmのほうがボルト軸線から支点までの距離が短くなり，外力の拡大率が大きくなる．

以上の考察より，外力が作用したときのボルト軸力の変化を抑えるためには，支点がボルト軸線からできるだけ離れることが望ましいといえる．

（5） 長いボルトの効果に関する考察 ばね定数k_bは，ボルトの長さにほぼ反比例することから，「長いボルト」を使うことは有効である．**図4.58**（a）と図（b）左の締結部形状を比較すると，呼び径が同じ長いボルトを使用するとk_bは小さくなるが，被締結体の厚さが同じ比率で大きくなるとk_fはそれに反比例して小さくなる．

その結果，締結部に環状片振り引張荷重が作用する場合，内力係数は低下し

(a) 短いボルト　　(b) 呼び径が同じ長いボルト

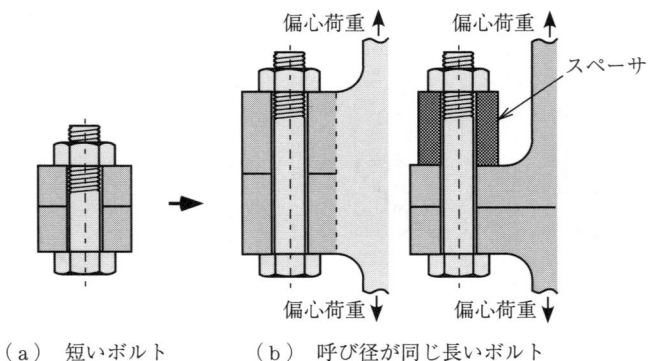

図 4.58　長いボルトの応力振幅低減効果

ない。このことは，締め付け線図において k_b と k_f が同じ比率で小さくなることから明らかである。

　一方，実際の締結部では，図（b）に示したように偏心荷重による曲げモーメントが作用するケースが多い。その場合，ボルトに発生する応力振幅は「偏心荷重を受ける締結部」を対象とした VDI 2230 の計算方法[30] が参考になるが，グリップ長さの影響について十分な精度で評価できないケースも見受けられる。したがって長いボルトの効果は，図（b）のように，荷重が作用する部分まで含めて締結部をモデル化して，有限要素解析によりボルトに発生する応力振幅を評価することが望まれる。

　図 4.59 に示す圧力容器のような締結部における「締結部形状と内力係数」の関係について，Junker は，上に凸，平坦，下に凸の順に内力係数が小さくなるとしており，VDI 2230 でもこの考え方を踏襲している。しかしながら，グリップ長さやボルトの位置を一定として，これらの締結部形状を模した簡単な有限要素モデルを用いて評価すると，ボルト軸力と外力の関係に関して三つの形状の間に大きな差は見られない。このことは，外力の大きさが同じ場合，ボルトに作用する軸方向の引張力と曲げモーメントの大きさがふたの形状の影響を受けないことから説明できる。

4.8 ねじの疲労強度の向上策

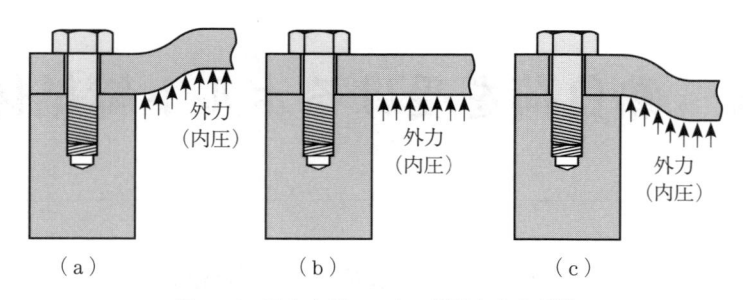

|　（a）　|　（b）　|　（c）　|

図 4.59 圧力容器のふたの形状と内力係数

したがって，図 4.59 のような形状の締結部を設計する場合，応力振幅を下げるためにはまず界面の離隔を抑えることが重要である。そこで，可能な範囲でボルト軸力を高く設定し，対象となる締結部の状況に応じて，上記の（2）〜（4）項の考え方を導入する。

〈数値で学ぶ 4.1〉　伸びボルトと中空ボルトの曲げ剛性

M16 の並目ねじについて，軸部をねじの谷底の直径まで細くした伸びボルトと，直径の半分を中空とした中空ボルトの曲げ剛性を通常の中実ボルト比較する。

ヤング率が等しいとすると，両者の曲げ剛性は断面 2 次モーメント I によって比較できる。内半径と外半径がそれぞれ a, b の中空軸の断面 2 次モーメントは $I=\pi(b^4-a^4)/4$ である。この式の b に呼び径の 1/2 の 8 mm, $a=0$ mm を代入すると，中実ボルト，b にねじ谷底直径 13.546 mm の 1/2 の値，$a=0$ mm を代入すると伸びボルト，b に呼び径の 1/2 の 8 mm, a に 4 mm を代入すると中空ボルトの各断面 2 次モーメントが計算できる。伸びボルトの谷底の直径については，〈数値で学ぶ 2.2〉の結果を用いる。

計算結果は，中実ボルト，伸びボルト，中空ボルトの順に 3 217, 1 653, 3 015（mm^4）となる。中実ボルトに対する伸びボルトと中空ボルトの曲げ剛性の比を求めると，51.4% と 93.7% となり，伸びボルトの有効性が確認できる。

5 熱負荷を受けるボルト締結体

5.1 ボルト締結体の熱・力学挙動の基礎

5.1.1 熱変形と熱応力[117]

物体に熱を与えると膨張し，冷却すると収縮する．熱膨張や収縮の大きさ δ は，材料固有の線膨張係数 α_{ex} に温度変化 ΔT と物体のもとの長さ L を乗じて求めることができる．

$$\delta = \alpha_{ex} \Delta T L \tag{5.1}$$

炭素鋼の平均的な線膨張係数 α_{ex} は，表1.3に示したように 12×10^{-6} 程度である．例えば，長さ1mの丸棒の温度が常温から100℃上昇すると，約1.2mm伸びる．温度が変化すると熱膨張，収縮のいずれかが発生し，熱応力はその変形が拘束された場合に発生する．

炎天下の地面に置いた細い針金は，温度上昇によって膨張するが，変形が拘束されていないので熱応力は発生しない．太い丸棒の場合は，温度が上昇する過程では物体内に温度勾配が生じるので熱応力が発生する．その後，十分時間が経過して全体の温度が一様になると**自由膨張**（free expansion）の状態となるため，細い針金と同じように熱応力は零となる．

炎天下の線路が許容値を超えて膨張すると，隣接するレール間でたがいの変形を拘束するために大きな圧縮力が発生する．実際の機械構造物では，物体内に温度勾配が生じることによって発生する熱応力が問題となることが多い．例えば，配管中を高温流体が流れると，内表面は流体の熱によって高温となり，外表面に向かって温度が低下する．その結果，内表面に近い部分は自由膨張の分だけ伸びることができないので圧縮応力が発生し，外表面付近にはそれと釣

5.1 ボルト締結体の熱・力学挙動の基礎

り合うために引張応力が発生する。テーブルの上に熱いお茶をこぼしたとき，表面に圧縮応力が発生するのは，加熱された部分の自由膨張が周辺の室温の部分によって拘束されるためである。

熱応力の基本的な計算式は，両端の変位が拘束された真直棒を一様に加熱あるいは冷却した場合を対象として導かれる。解析手順を省略して，以下に結果のみを示す。

$$\sigma = \alpha_{ex} \Delta T E \tag{5.2}$$

式 (5.2) において，線膨張係数 α_{ex} と温度変化 ΔT の積は**熱ひずみ**（thermal strain）と呼ばれている。変形が完全に拘束された場合，熱応力 σ の大きさは長さ L に関係なく，α_{ex} と ΔT とヤング率 E によって決まる。例えば $\alpha_{ex} = 12 \times 10^{-6}$，$E = 200$ GPa，$\Delta T = 100$℃ とすると，$\sigma = 240$ MPa という高い圧縮応力が発生する。実際の機械構造物では変位が完全拘束されることはないので，発生する熱応力は，これよりかなり小さくなる。

二つの物体の熱膨張，収縮がたがいの変形を拘束する場合も熱応力が発生する。ボルト締結体が熱負荷を受けると，ボルト・ナットと被締結体がたがいの変形を拘束するので，このメカニズムにより発生する熱応力はボルトの軸力変化と類似点が多い。**図 5.1** に示すように，軸方向変位がたがいに拘束された棒の温度が，室温からそれぞれ ΔT_{I}，ΔT_{II} だけ上昇した場合を考える。

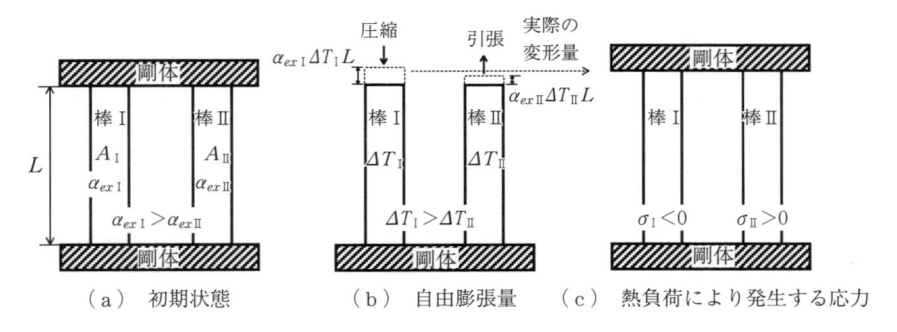

図 5.1 たがいの変位が拘束された棒に発生する熱応力

（a）初期状態　（b）自由膨張量　（c）熱負荷により発生する応力

膨張後も2本の棒は曲がらないと仮定し，$\Delta T_\mathrm{I} > \Delta T_\mathrm{II}$，線膨張係数は $\alpha_{ex\mathrm{I}} > \alpha_{ex\mathrm{II}}$ とする。棒Ⅰと棒Ⅱの自由膨張量は $\alpha_{ex\mathrm{I}} \Delta T_\mathrm{I} L$，$\alpha_{ex\mathrm{II}} \Delta T_\mathrm{II} L$ となる。ここで，棒Ⅰの伸びは棒Ⅱに比べて大きいので，棒Ⅰは圧縮され，棒Ⅱは伸ばされる。棒Ⅰと棒Ⅱに発生する応力を $\sigma_\mathrm{I}(<0)$，$\sigma_\mathrm{II}(>0)$ とすると，両者の伸び量は等しくなるので，以下に示した変位の釣合い式が成り立つ。

$$\alpha_{ex\mathrm{I}} \Delta T_\mathrm{I} L + \frac{\sigma_\mathrm{I}}{E_\mathrm{I}} L = \alpha_{ex\mathrm{II}} \Delta T_\mathrm{II} L + \frac{\sigma_\mathrm{II}}{E_\mathrm{II}} L \tag{5.3}$$

E_I，E_II は，各棒のヤング率を表している。各棒の断面積を A_I，A_II とすると，棒Ⅰに発生する圧縮力 $\sigma_\mathrm{I} A_\mathrm{I}$ と棒Ⅱに発生する引張力 $\sigma_\mathrm{II} A_\mathrm{II}$ は，大きさが等しく符号が逆となる。

$$\sigma_\mathrm{I} A_\mathrm{I} = -\sigma_\mathrm{II} A_\mathrm{II} \tag{5.4}$$

式 (5.3) と式 (5.4) を連立して解くと，次式が得られる。

$$\left. \begin{aligned} \sigma_\mathrm{I} &= -\frac{\alpha_{ex\mathrm{I}} E_\mathrm{I} \left\{ \Delta T_\mathrm{I} - \dfrac{\alpha_{ex\mathrm{II}}}{\alpha_{ex\mathrm{I}}} \Delta T_\mathrm{II} \right\}}{1 + \dfrac{A_\mathrm{I} E_\mathrm{I}}{A_\mathrm{II} E_\mathrm{II}}} = -\overline{K} \alpha_{ex\mathrm{I}} E_\mathrm{I} \Delta T_\mathrm{I} \\ \sigma_\mathrm{II} &= -\frac{A_\mathrm{I}}{A_\mathrm{II}} \sigma_\mathrm{I} \end{aligned} \right\} \tag{5.5}$$

ここで，$\overline{K} = \dfrac{1 - \dfrac{\alpha_{ex\mathrm{II}}}{\alpha_{ex\mathrm{I}}} \dfrac{\Delta T_\mathrm{II}}{\Delta T_\mathrm{I}}}{1 + \dfrac{A_\mathrm{I} E_\mathrm{I}}{A_\mathrm{II} E_\mathrm{II}}}$

式 (5.5) は，両端を固定した棒Ⅰの熱応力 $\alpha_{ex\mathrm{I}} E_\mathrm{I} \Delta T_\mathrm{I}$ に $\overline{K}$ を乗じた形となっており，$\overline{K}$ は拘束係数と呼ばれている。

5.1 ボルト締結体の熱・力学挙動の基礎　　211

――――〈数値で学ぶ5.1〉　熱負荷による伸びと熱応力――――
　長さ50 mmの炭素鋼，ステンレス鋼，アルミ合金製の丸棒が常温から100℃加熱したときの伸び量を比較する。式（5.1）に対して，$\Delta T=100$℃，$L=50$ mm，表1.3に示した常温の線膨張係数 11.8×10^{-6}，17.3×10^{-6}，23.2×10^{-6} を代入すると，0.059 mm，0.087 mm，0.116 mmとなる。丸棒の両端を完全に固定したときに発生する熱応力は，同じく表1.3の常温におけるヤング率，207 GPa，195 GPa，73 GPaを用いると，式（5.2）より，244 MPa，337 MPa，169 MPaとなる。ここで $\alpha_{ex}E$ は温度上昇1℃当りの熱応力を表し，各材料に発生する熱応力の指針となる。上記の材料の $\alpha_{ex}E$ は，それぞれ2.44 MPa，3.37 MPa，1.69 MPaであり，ステンレス鋼は大きな熱応力が発生しやすい材料であることがわかる。

5.1.2　ボルト軸力変化の発生メカニズム

　締結部が熱負荷を受けるとボルト軸力は増加あるいは減少する。その場合の軸力変化の大きさは，締結部の安全性に影響するレベルから無視できる程度までさまざまである。増加量が大きいと，ねじ部品を含む締結部の塑性変形が問題となり，顕著に減少すると，ゆるみが問題となる。以下に軸力変化が発生するメカニズムを列挙する。

　（1）　**ボルト・ナットと被締結体の温度差の影響**　　ナット座面，ボルト頭部座面などの界面を除いて，両者の間で温度分布はなめらかに変化するが，ボルト・ナットと被締結体の平均温度の間にある程度以上の差があると，実質的な軸力変化が発生する。軸力変化の概略値は両者の平均温度から推定できる。

　（2）　**ボルト・ナットと被締結体の材料の組合せの影響**　　締結部の温度がほぼ一様でも，両者の材料が異なると，式（5.1）に示した線膨張係数 α_{ex} の差により，両者の熱膨張量 δ に差が生じてボルト軸力が変化する。軸力変化は線膨張係数の差に比例するため，わずかな差でも問題となることがある。

　（3）　**ボルト寸法の影響**　　熱膨張や冷却による収縮の大きさ δ は，式（5.1）中のもとの長さ L に比例する。実際の締結部では，呼び径が同じでも長いボルトを使用すると，各部の剛性の影響により軸力変化が大きくなる。長

いボルトは疲労強度，ゆるみなど機械的強度の向上には有効であるが，熱負荷を受けると軸力変化が大きいので注意を要する。

（4）**締結部温度の時間変化の影響**　熱負荷を受けたのち，ボルト軸力は比較的短時間でピーク値に到達し，その後低下して一定値となるケースが多い。軸力のピークの大きさは，ステンレス鋼のように締結部材料の熱伝導率が低く，締結部が受ける単位面積当りの熱量である熱流束が大きいほど高くなる。

（5）**熱流れの方向の影響**　締結部に熱負荷が作用する場合，熱はボルト軸線に対して直角あるいは沿った方向に流れるケースが多い。前者の場合，ボルトに対して高温側と低温側に位置する被締結体の熱膨張差により，軸力変化に加えて曲げモーメントが発生する。ボルトの軸線に沿って熱が流れる例として，ナット側あるいはボルト頭部側の締結部表面から熱負荷を受けるケースが考えられる。また，ボルト軸線に向かって半径方向に熱が流れ込む場合，ボルト・ナットに比べて被締結体の温度が高くなる。両者の材料が同じ場合はボルト軸力が上昇するが，ボルト・ナット材料の線膨張係数が被締結体に比べて大きい場合，加熱時間が経過すると軸力が減少することがある。例えば，ボルト・ナットがステンレス鋼，被締結体が炭素鋼の場合，ステンレス鋼の線膨張係数が1.5倍程度大きいため，このような現象が起こりやすいので注意を要する。

（6）**ヤング率の温度依存性による剛性低下の影響**　表1.3に示したように，一般にヤング率は温度上昇に伴って低下する。ボルト・ナットと被締結体の材料と温度および両者のもとの長さが等しいと，熱膨張量に加えて熱ひずみも等しくなるが，ヤング率の低下によってボルト軸応力が低下することがある。また，管フランジに広く使用されているシートガスケットは，高温において剛性が低下するために，プラントが運転状態になると，締め付けボルトの軸力が顕著に低下することがある。

（7）**締結部周辺環境の影響**　締結部の表面熱伝達率が大きい場合，締結部内の温度勾配が大きくなるために，軸力変化の原因となることがある。例えば，運転状態で高温となっている屋外に設置された機械構造物の場合，降雨などにより温度が変化すると，ボルト軸力が大きく変化することがある。

(8) **締結部の界面と小さなすきまを流れる熱の影響**　接触面を流れる熱と小さなすきまを流れる熱については，2.7節で解説した"接触熱伝達率"と"見かけの接触熱伝達率"によって定量的に評価できる。接触熱伝達率は，材料の熱伝導率，ビッカース硬度，面圧，表面粗さの大きさによって変化するため，締結部材料の種類，表面状態，締め付け条件によって変化する。そのために，締結部が熱負荷を受けると各部の熱膨張差の影響で面圧が変化するので，接触熱伝達率は時間とともに変化する。見かけの接触熱伝達率はすきまの大きさによって変化する。ボルト締結体で対象となるのは，ボルト穴まわりとはめあいねじ部の遊び側フランクのすきまである。前者については，ボルト穴径 d_h が1級，2級，3級の順にすきまが大きくなる。例えば，M16のボルトでは，d_h はそれぞれ，17 mm，17.5 mm，18.5 mm であり，ボルト軸部と穴表面のすきまは 0.5 mm，0.75 mm，1.25 mm となる。その結果，等級が高くなるに従って熱が伝わりやすくなる。遊び側フランクのすきまは非常に小さいために，かなりの熱が流れ，ねじ部の温度変化によってすきまの大きさが変化する。

5.1.3　ボルト軸力変化の簡易推定式

熱負荷を受けたときの軸力変化，特に加熱開始後あまり時間が経過していない**非定常状態**（transient state）における値を求めるためには，数値解析が必要となるケースが多い。一方，十分時間が経過して温度場が**定常状態**（steady state）となり，ボルト・ナット，被締結体内部の温度勾配があまり大きくない場合については，5.1.1項の考え方を応用して，軸力変化の概略値を求めることができる。**図5.2**は，ボルト・ナットで締め付けた締結部が熱負荷を受けた状態を示している。

実際の締結部の温度は複雑な分布パターンを示すが，ここでは，簡単のために各部分の平均温度を用いて軸力変化の計算式を導く。ボルト・ナットの温度上昇を ΔT_b，被締結体の温度上昇を ΔT_f とする。ボルト・ナットと被締結体材料の線膨張係数およびヤング率は，それぞれ α_b，α_f，E_b，E_f とし，ボルト軸応力の変化量を $\Delta\sigma_b$，被締結体の圧縮応力の変化量を $\Delta\sigma_f$ とする。ボルト・

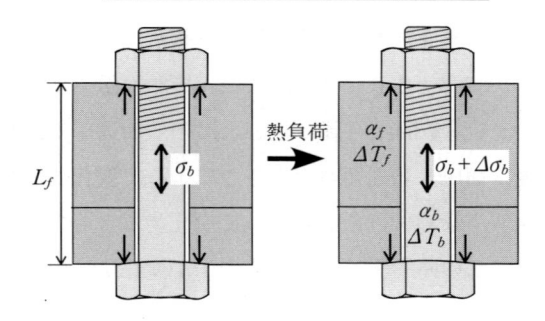

図5.2 熱負荷を受けるボルト・ナット締結体

ナットの応力は，呼び径 d に対応するボルト円筒部の断面積 A で考える。被締結体の断面積については，図1.12に示した締め付け形態により変化するが，ここでは外径が小さく一様圧縮される細円筒とする。ボルト・ナットと被締結体の変位および力の釣合いは，グリップ長さを L_f として，式（5.3），（5.4）と同じ形式で表すことができる。

$$\left. \begin{array}{l} \alpha_b \Delta T_b L_f + \dfrac{\Delta \sigma_b}{E_b} L_f = \alpha_f \Delta T_f L_f + \dfrac{\Delta \sigma_f}{E_f} L_f \\ \Delta \sigma_b A = - \Delta \sigma_f A_f \end{array} \right\} \quad (5.6)$$

式中の A_f は，被締結体の断面積である。式（5.6）を連立して，$\Delta \sigma_b$, $\Delta \sigma_f$ を求め，軸方向剛性を表す AE_b/L_f と $A_f E_f/L_f$ をボルト・ナットと被締結体のばね定数 k_b, k_f に置き換える。さらに，$\Delta \sigma_b A$ がボルト軸力変化 ΔF_b を表していることから，ΔF_b の計算式を導く。

$$\Delta F_b = - \frac{(\alpha_b \Delta T_b - \alpha_f \Delta T_f) L_f}{(1/k_b) + (1/k_f)} \quad (5.7)$$

式（5.7）の導出にはさまざまな仮定を置いているが，ボルト締結体が熱負荷を受けたときのボルト・ナットと被締結体の平均温度変化および材料定数が与えられると，軸力変化の概略値 ΔF_b を求めることができる。ボルト・ナットと被締結体が同じ材料で，線膨張係数も等しい場合は $\alpha_b = \alpha_f$ と置く。

$$\Delta F_b = - \frac{\alpha_b (\Delta T_b - \Delta T_f) L_f}{(1/k_b) + (1/k_f)} \quad (5.8)$$

ボルト・ナットと被締結体の材料が異なり，両者の温度差が小さい場合，式

5.1 ボルト締結体の熱・力学挙動の基礎

(5.7) に $\Delta T_b = \Delta T_f = \Delta T$ を代入すると次式を得る。

$$\Delta F_b = -\frac{(\alpha_b - \alpha_f)\Delta T L_f}{(1/k_b)+(1/k_f)} \tag{5.9}$$

通常，ボルト・ナットと被締結体は同種材料であり，定常状態ではボルト・ナットと被締結体の温度差は比較的小さいケースが多い。式 (5.7) ～ (5.9) を参照すると，ボルト締結体が熱負荷を受けたときの軸力の挙動は以下のようにまとめることができる。

1) 軸力変化量 ΔF_b はボルト・ナットと被締結体材料の線膨張係数の差に比例する。

2) ΔF_b は初期温度からの温度変化 ΔT に比例するため，高温あるいは低温になるほど軸力変化が大きい。

3) グリップ長さ L_f の影響について，見かけ上 ΔF_b はグリップ長さ L_f に比例して大きくなるが，ボルト・ナットと被締結体のばね定数 k_b，k_f が反比例的に小さくなるために，その変化率は軽減される。

1) について，例えば，ボルト・ナットが炭素鋼，被締結体がオーステナイト系ステンレス鋼の場合，$\alpha_b < \alpha_f$ より，締結部の温度が上昇すると $\Delta F_b > 0$ となって軸力は増加するが，反対に冷却されると軸力は減少する。ボルト・ナットと被締結体が異種材料の場合，式 (5.9) によると軸力変化は線膨張係数の差に比例する。この関係は締結部を異種材料で構成することの難しさを示している。したがって，異なった材料を組み合わせる場合は，線膨張係数の正確な値を使わなければならない。例えば，ヤング率を 200 GPa とした場合と 206 GPa の場合，弾性応力解析において得られる応力値の差は 3% である。

一方，熱負荷に対するボルト軸力変化は，線膨張係数の差に温度上昇 ΔT を乗じた値に比例するため，わずかな差でも大きな値となるケースがある。すなわち，「線膨張係数の値を決めるときはヤング率以上に注意を払う必要がある」といえる。3) のグリップ長さの影響について，疲労強度と耐ゆるみ性能はいずれもグリップ長さが大きいほど高くなるが，熱負荷については軸力変化が大きくなるので注意を要する。

―――― 〈数値で学ぶ5.2〉　線膨張係数の差と軸応力変化 ――――

　M16の並目ねじのボルト・ナットを対象として，グリップ長さ L_f と呼び径 d の比 L_f/d を，2，4，6，8，10と変化させて，ボルトの軸応力変化 $\Delta\sigma_b$ を計算する．そのほかの条件は〈数値で学ぶ2.1〉と同様とする．

　ボルト・ナットと被締結体の材料をそれぞれ，炭素鋼，ステンレス鋼，常温からの温度変化 ΔT を100℃とする．材料定数と熱定数は，表1.3と表1.4に示した常温の値であるヤング率：207 GPa（炭素鋼），195 GPa（ステンレス鋼），線膨張係数：11.8×10^{-6}（炭素鋼），17.3×10^{-6}（ステンレス鋼）を用いる．

　式 (5.9) に ΔT=100℃を代入し，上記の値を用いて ΔF_b を求めて $\Delta\sigma_b$ を計算すると，グリップ長さの小さいほうから，45.9 MPa，55.0 MPa，58.9 MPa，61.0 MPa，62.4 MPa となる．当然のことながら，ボルト・ナットと被締結体材料が逆の場合，同じ大きさだけ軸応力が低下する．

　ここで，軸応力が変化する割合は，グリップ長さが大きくなるに従って小さくなっている．そのメカニズムは，グリップ長さとばね定数 k_b, k_f の関係から説明できる．また，締結部形状が相似であれば $\Delta\sigma_b$ の値はボルト・ナットの呼び径の影響をほとんど受けない．

―――― 〈数値で学ぶ5.3〉　締結部の温度差と軸応力変化 ――――

　ボルト・ナットと被締結体の材料が，ともに炭素鋼，ボルト・ナットの平均温度が被締結体より10℃低いとする．〈数値で学ぶ5.2〉と同じ条件のもとで，式 (5.8) の温度差の部分に−10℃を代入して $\Delta\sigma_b$ を求める．ただし，ヤング率は207 GPaとする．

　軸応力の変化 $\Delta\sigma_b$ は，グリップ長さ L_f の小さいほうから，10.0 MPa，12 MPa，12.8 MPa，13.3 MPa，13.6 MPa となり，$\Delta\sigma_b$ は L_f が大きくなるに従って増加するが，その割合は L_f の増加に伴って減少している．

5.2　接触面を伝わる熱の評価方法

5.2.1　接触熱伝達率の測定方法

　接触熱伝達率 h_c〔W/m²K〕は，熱伝達率と同じ単位を有する量で，単位温度差当りの接触面を通過する熱流束 q〔W/m²〕を表す．

$$h_c = \frac{q}{\Delta T} \tag{5.10}$$

h_c を求めるためには，界面を通過する熱流束 q と温度差 ΔT〔K〕が必要となる。**図 5.3** に接触熱伝達率の測定装置を示す。てこ機構を利用して，2本の丸棒の試験片を一定の面圧で押し付け，上側試験片の上部をラバーヒータで加熱し，両試験片の界面付近の温度分布をサーモグラフィにより測定する。ΔT は，上下の各試験片の表面温度を界面まで外挿して求める。熱流束 q は，温度分布から算出した温度勾配にフーリエの法則を適用することにより算出する。詳細は文献 118) に記述されている。

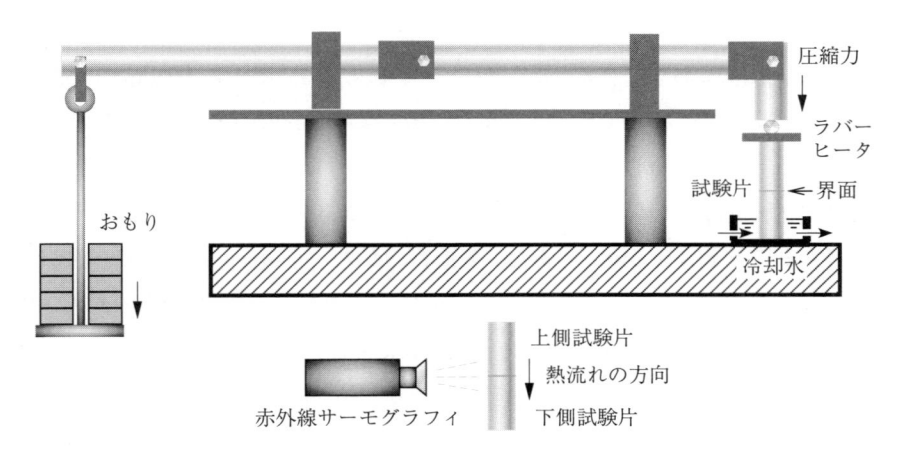

図 5.3 接触熱伝達率の測定装置

2本の試験片の材料が同じ場合は，同種材界面の接触熱伝達率[119]，異なる材料を組み合わせると異材界面の接触熱伝達率を求めることができる[118]。試験片の面圧を受ける面の表面粗さ Ra は，標準的な値である，0.8 μm，1.6 μm，3.2 μm，6.4 μm となるように加工し，面圧は最大 50 MPa 程度まで変化させている。

5.2.2　同種材界面における接触熱伝達率[119]

ねじ部品，締結部材料として広く使用されている炭素鋼（S45C，SS400），ステンレス鋼（SUS304），アルミニウム合金（A2024），純アルミニウム（A1050）

を対象として測定した結果,接触熱伝達率 h_c の評価式として次式が提案されている。

$$h_c = 10^5 \left[c_1 \lambda \frac{(p_n/Hv)^{2/3}}{Rat^{m_h}} + \frac{c_2}{Rat^{n_h}} \right] \quad (5.11)$$

ここで

$Rat = Ra_1 + Ra_2$

$c_1 = 0.06 \in [0.055, \ 0.065]$

$c_2 = 0.09 \in [0.085, \ 0.095]$

$m_h = 0.8 \in [0.8, \ 0.9]$

$n_h = 0.7 \in [0.7, \ 0.8]$

式 (5.11) において,λ,p_n,Hv は,それぞれ熱伝導率〔W/mK〕,面圧〔MPa〕,ビッカース硬度である。また,Rat は対応表面の表面粗さ Ra_1 と Ra_2 の和,c_1,c_2,m_h,n_h は定数である。式 (5.11) は,同種材界面の接触熱伝達率 h_c が面圧 p_n とビッカース硬度 Hv の比の 2/3 乗に比例し,熱伝導率 λ に比例することを示している。また,表面粗さが大きくなると減少して,熱が流れにくくなることを表している。式 (5.11) は純チタン (TB340),チタン合金 (Ti 6Al 4V),インコネル 600 で構成された界面にも適用可能である[26]。

ボルト締結体のねじ面,ナット座面,ボルト頭部座面は高い面圧を受けるので,接触熱伝達率 h_c の値は高くなる。被締結体界面については,**影響円すい**によりボルト軸心から離れるに従って面圧が低下する。また,ボルト・ナットで締め付けた場合と本体側はめあいねじ部に隣接する界面では,面圧の分布パターンが大きく異なる。熱負荷を受けるとボルト軸力が変化し,それに伴って面圧も変化する。そこで,数値解析によりボルト締結体の熱・力学挙動を評価する場合,式 (5.11) を用いると h_c は面圧の関数として計算できるので,加熱/冷却時間とともに変化する界面の面圧分布特性の影響を考慮することが可能となる。

5.2.3 異材界面における接触熱伝達率[118]

ボルト締結体では，ねじ部品と被締結体に異なった材料が使用されることがある。このような場合の異材界面における接触熱抵抗の研究は，1950年代後半から1960年代にかけて集中的に実施されており，「同じ材料の組合せであっても，熱の流れる方向によって接触熱抵抗の大きさが異なる」ことが報告されているが[120]，定量的評価が可能な式は，ほとんど提案されていない。そこで，広く使用されている工業材料である炭素鋼，ステンレス鋼，アルミニウム合金から構成される界面を対象として，図5.3に示した実験装置を用いて異材界面の接触熱伝達率 h_c を求め，その結果を用いて，式 (5.11) と同じ形式で表した評価式が提案されている。

$$h_c = 10^5 \left[c_1 \lambda_1 \frac{(p_n/Hv_1)^{2/3}}{Rat^{m_h}} + c_2 \lambda_2 \frac{(p_n/Hv_2)^{2/3}}{Rat^{m_h}} + \frac{c_3}{Rat^{n_h}} \right] \quad (5.12)$$

ここで

$Rat = Ra_1 + Ra_2$

$c_1 = 0.01 \in [0.008, 0.017]$

$c_2 = 0.025 \in [0.013, 0.036]$

$c_3 = 0.15 \in [0.1, 0.2]$

$m_h = 1.0 \in [0.7, 1.1]$

$n_h = 0.8$

記号は式 (5.11) と同じであり，熱伝導率 λ とビッカース硬度 Hv に添字1，2を付して二つの材料を区別している。括弧内の第1項は高温側の材料，第2項は低温側の材料に関する項である。

図5.4は炭素鋼とステンレス鋼の組合せに対する測定結果である。熱伝導率の高い炭素鋼から低いステンレス鋼に流れる場合の接触熱伝達率 h_c は，熱流れの方向が逆の場合に比べて低くなっている。上記の結果は「異材界面における接触熱伝達率は，低温側材料の熱伝導率が高い場合に熱が流れやすくなる」と言い換えることができる。定数の値は変化するが，式 (5.12) は純チタン，チタン合金と炭素鋼，ステンレス鋼から構成される異材界面にも適用できる[26]。

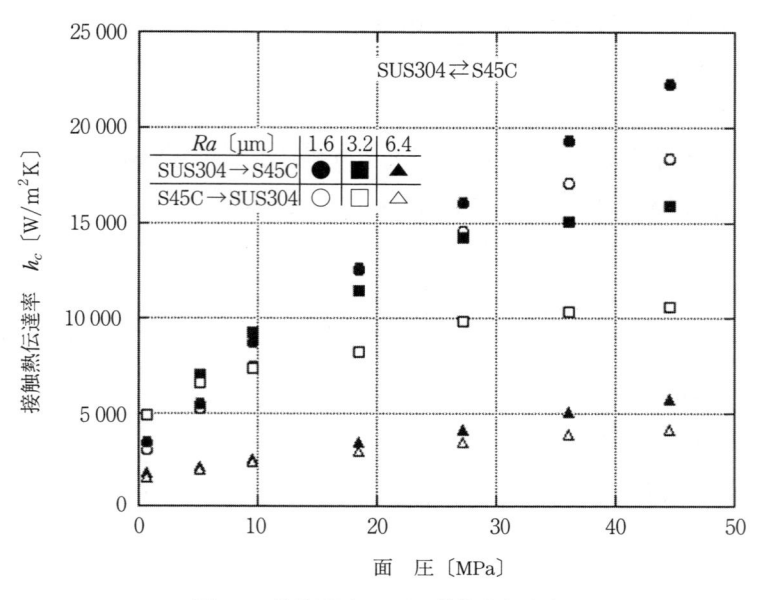

図 5.4 異材界面における接触熱伝達率

5.3　小さなすきまを流れる熱の評価方法[121]

　2.7 節で説明したように，ボルト円筒部とボルト穴表面の間には 0.2 mm ～ 5 mm 程度のすきまが存在する。また，はめあいねじ部では，おねじとめねじが接触していない遊び側フランクに非常に小さなすきまが存在する。いずれも対応する表面は薄い空気層により隔てられているが，断熱境界として扱うことはできず，すきまを介して熱が流れる。**図 5.5** は，小さなすきまを流れる熱を測定するための実験装置である。二つの試験片の間のすきまはマイクロメータの機構を利用して細かく調整可能である。

　一方の試験片の外側表面にラバーヒータを装着して，すきまを種々変化させる。2 枚の試験片の間と周囲への放熱量の釣合いから，単位温度差当り両表面間のすきまを通過する熱流束を求め，**見かけの接触熱伝達率** h_e を算出する。

5.3 小さなすきまを流れる熱の評価方法

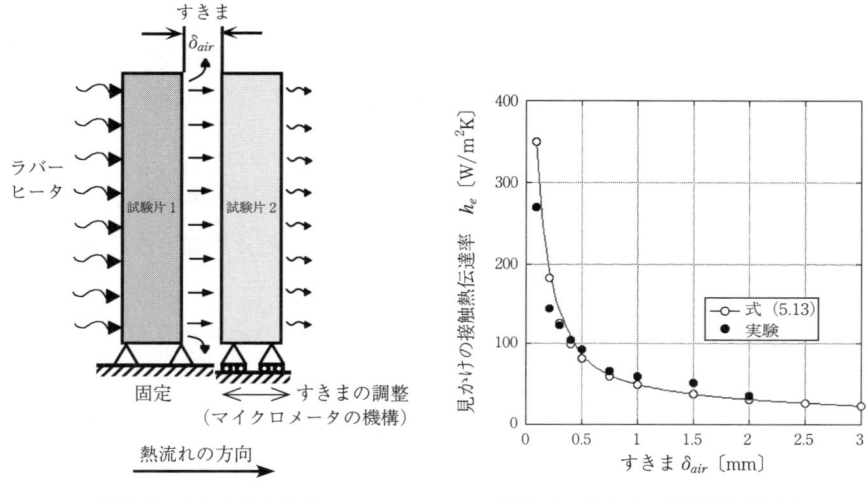

図 5.5 小さなすきまを流れる熱の測定

図 5.6 見かけの接触熱伝達率とすきまの関係

実験結果を**図 5.6**に示す.

すきまが小さくなるに従ってh_eは大きくなっている.すきまが 1 mm 程度になるとその傾向は顕著となり,0.5 mm より小さい領域では急激に上昇している.また,3 mm 程度のすきまでも,ある程度の熱が流れることがわかる.熱の流れが空気の熱伝導,対流熱伝達,ふく射の組合せによると仮定すると,h_eは次式で表すことができる.

$$h_e = \frac{\lambda_{air}}{\delta_{air}} + h_{cv} + h_r \tag{5.13}$$

λ_{air}とδ_{air}は,空気の熱伝導率とすきまの大きさである.対流熱伝達率h_{cv}は,測定結果より約 25W/m²K,ふく射熱伝達率h_rは,物体の放射率などを用いて計算することができる[121].図 5.6 に示したように,式 (5.13) により求めたh_eは実験結果とかなりよく一致している.

5.4 ボルト締結体における接触熱伝達率と見かけの接触熱伝達率

図5.7は熱負荷を受けるボルト締結体における熱流れを模式的に示したものである。接触熱伝達率h_cと見かけの接触熱伝達率h_eが問題となる界面は，以下のとおりである．

- 接触熱伝達率h_c：ナット座面，ボルト頭部座面，被締結体界面，圧力側フランクの接触面
- 見かけの接触熱伝達率h_e：ボルト穴周辺，遊び側フランクのすきま，被締結体界面

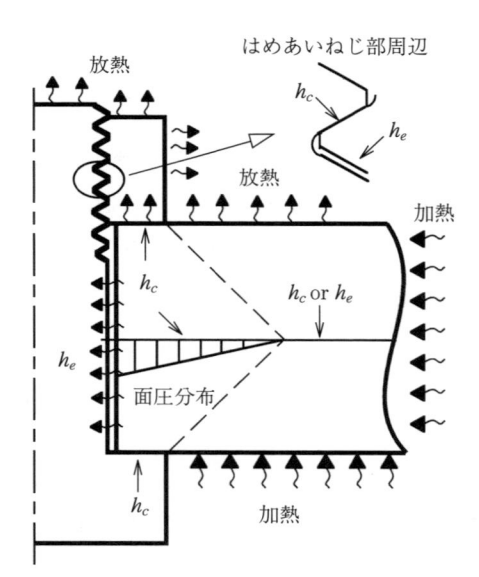

図5.7 ボルト締結体における熱流れ

被締結体界面において，面圧を受ける部分はh_cが関係するが，軽く接触している部分については，すきまの有無により，h_cあるいはh_eにより通過する熱量を評価する．すきまの大きさが零とみなせる場合，式 (5.13) によるとh_eは無限大となるので，h_cの評価式に面圧零を代入して対応する．

5.4 ボルト締結体における接触熱伝達率と見かけの接触熱伝達率

接触熱伝達率 h_c は，式 (5.11) と式 (5.12) に示したように，面圧の上昇に伴って高くなる．ナット座面とボルト頭部座面では，図 3.25 に示したボルト円筒部断面積とナット座面面積の比を参照すると，ボルト軸応力の 60～80% 程度の平均面圧が作用するために，h_c はかなり大きくなり，界面の熱抵抗は小さい．しかしながら，面積が小さいので全体の熱流れに及ぼす影響は限定的である．

はめあいねじ部において，ねじ面の面圧はナット頂面から座面に向かって高くなるが，この場合も接触面積が小さい．これに対して被締結体界面は，面積が広いために面圧は全体に低く，図 5.7 に示した特徴的な面圧の分布特性に起因して，ボルト軸線から離れるに従って熱抵抗が大きくなり，温度分布に大きく影響する．ここで注意すべき点は，影響円すいの外側の軽く接触している部分，あるいは，板のそりなどによって，わずかなすきまが存在する部分も熱が流れるという点である．また h_c は，材料の熱伝導率に比例することから，熱伝導率の低いステンレス鋼などでは温度分布に対する影響が大きくなる．

もう一つの重要な因子は表面粗さである．表面粗さが大きくなると，h_c が小さくなって熱抵抗が増加し，温度分布に対する影響が大きくなる．

見かけの接触熱伝達率 h_e は，図 5.6 に示したように，すきまが小さくなると急激に上昇する．2.7 節で述べたように，1～3 級までのボルト穴径 d_h は，呼びが M6～M64 のボルトについて 0.2 mm～5 mm の範囲で変化する．したがって，ボルトの呼び径が小さく，ボルト穴径も小さい場合，ボルト穴周辺のすきまを介して，かなりの熱が流れる．遊び側フランクについては，すきまが非常に小さく，熱負荷を受けるとすきまの大きさが変化する．また，圧力円すいの外側の被締結体界面において，被締結体の変形により小さなすきまが存在する場合，熱流れの方向によっては h_e を考慮する必要があるケースも考えられる．

3.5 節で紹介したボルトヒータによる締め付けでは，ヒータにより加熱されたボルトから被締結体に流入する熱について，ナット座面，ボルト頭部座面については，接触熱伝達率 h_c により評価できる．この場合の h_c は，面圧が高い

ためにかなり大きな値となるが，接触面積が小さいので流入する全熱量の大きさは限定的である．また，ボルト軸部から被締結体のボルト穴表面に伝わる熱は，見かけの接触熱伝達率 h_e を用いて評価できる．h_e の値は，h_c に比べて小さいが，対応する面積が大きいために総流入熱量はかなりの大きさとなる．ボルトヒータを用いた熱膨張法の締め付け過程は，有限要素解析を用いると詳細に解析することができる[76]．

一方，グリップ長さが大きく，発生する軸力の概略値の推定が目的であれば，3.5.2項に示したように，見かけの接触熱伝達率 h_e を用いた「すきまを流れる熱量のみを考慮した簡易解析」により対応が可能である．

5.5 有限要素法による熱・力学挙動の解析

5.5.1 軸対称モデルによる熱・力学特性の評価

熱負荷に対するボルト締結体の挙動を厳密に評価するためには三次元解析が必要となる．一方，熱流れがボルト軸線に対してほぼ対称な場合，軸対称解析により対応が可能である．さらに，ボルト軸力変化，締結部の熱流れなど設計に必要な基礎資料の収集を目的とする場合，軸対称解析は有効な手段となる．

本節では，1本のボルトで締結された円筒形状の被締結体が周辺から軸対称熱負荷を受ける場合を対象として，締結部材料の違いによる材料定数の差と表面粗さがボルト軸力の時間変化と締結部の温度分布に及ぼす影響を示す．ねじの呼びは M16，被締結体は単一の中空円筒で，グリップ長さは 48 mm，外径は 96 mm，内径はボルト穴径の2級に相当する 17.5 mm とする．ボルトの初期軸応力は 100 MPa とし，熱負荷は中空円筒の側面から 100 W の熱を一様熱流束として与え，それ以外の面は熱伝達率が 5 W/m^{2}K の熱伝達境界としている．ねじ面，ナット座面およびボルト頭部座面の表面粗さ Ra は等しいと仮定し，3.2 μm を標準条件として 1.6 μm，3.2 μm，6.4 μm と変化させる．ねじ面，ナット座面，ボルト頭部座面では，式 (5.11) の接触熱伝達率 h_c，ボルト軸部と被締結体のボルト穴表面のすきまおよび遊びねじ側フランクでは，式

(5.13) の見かけの接触熱伝達率 h_e を用いて接触熱抵抗の影響を考慮する。

図 5.8 は，締結部材料が炭素鋼 S45C，ステンレス鋼 SUS304，アルミニウム合金 A2024 の場合について，加熱開始後 60 分が経過したときの温度分布を示している。図中の数値は各等温線の温度を表している。材料定数は表 1.3，表 1.4 の常温における値を使用している。最高温度と最低温度の差は，アルミニウム合金の場合に 8℃，炭素鋼で 12℃，ステンレス鋼では 33℃ と熱伝導率の差が顕著に表れている。

図 5.9 は，ボルト軸応力 σ_b の時間変化を初期軸応力 σ_{bi} の 100 MPa で除す

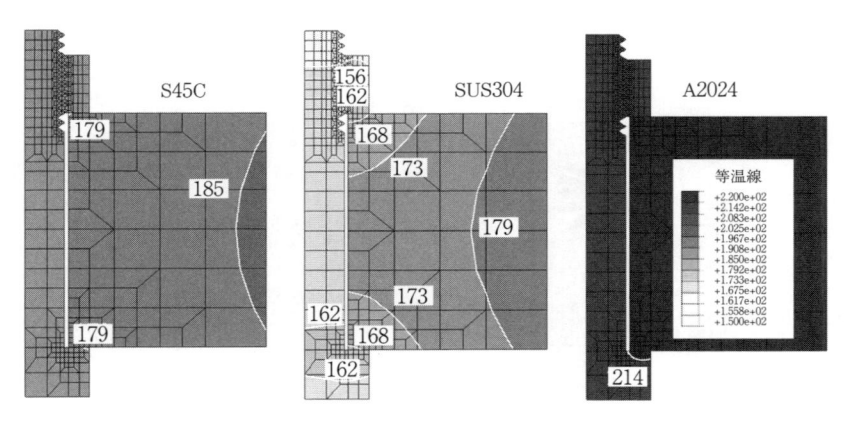

図 5.8 温度分布に対する締結部材料の影響

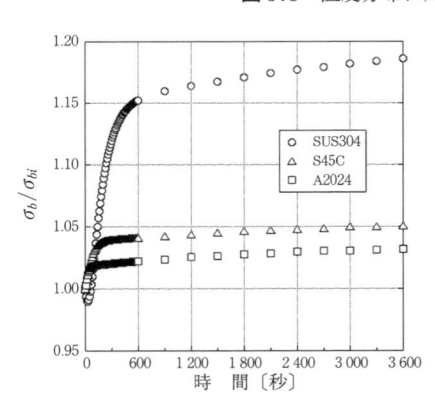

図 5.9 軸応力の時間変化と締結部材料

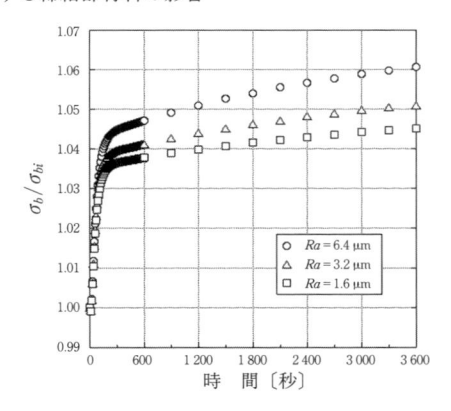

図 5.10 軸応力の時間変化と表面粗さ

ことにより，軸応力の変化に対する締結部材料の影響を示している．図5.8の温度分布と比較すると，ボルト・ナットと被締結体の温度差が大きい熱伝導率の低い材料ほど，軸応力の変化が大きくなっている．

図5.10は，締結部材料が炭素鋼の場合について表面粗さ Ra の影響を示したものである．表面粗さが大きくなると界面の接触熱伝達率が小さくなる．その結果，ボルト・ナットと被締結体の温度差が大きくなり，わずかながら軸応力が高くなっている．**図5.11**はボルト・ナットと被締結体の線膨張係数の差の影響を示している．比較のために，図中に図5.9の炭素鋼の結果も示している．

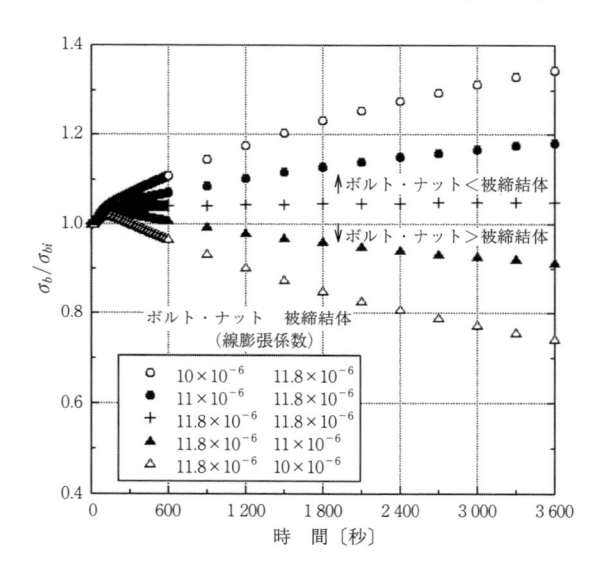

図5.11 軸応力の時間変化と線膨張係数

ボルト・ナットの線膨張係数が 11.8×10^{-6} から 11×10^{-6}，10×10^{-6} とわずかに低下しただけで，軸応力はかなり高くなることがわかる．反対に被締結体の線膨張係数が相対的に小さくなると，ボルト軸応力は低下する．この図より，炭素鋼とステンレス鋼など，線膨張係数がかなり異なる材料で構成された締結部が熱負荷を受けると，ボルト軸力の消失やナット座面の陥没につながるケースがあることがわかる．また，ボルト・ナットと被締結体の線膨張係数

は，例えば，同じ炭素鋼系の材料であってもまったく同じではない。したがって図5.11の結果が示すように，熱負荷を受けた状態における両者の温度が同じであっても，線膨張係数のわずかな違いにより，ボルト軸力がある程度変化することは避けられない。このことは，5.1.3項の式 (5.7)，式 (5.9)，および〈数値で学ぶ5.2〉の計算例からも明らかである。

ところで，ボルト・ナットと被締結体材料の線膨張係数の差を積極的に利用すると，熱負荷を受けたときに発生するボルト軸力低下を緩和することができる。例えば，チタン合金は，高価で焼き付きが発生しやすいという欠点はあるが，材料強度が高く，表1.4に示したように線膨張係数は炭素鋼に比べてかなり低い。そこで，熱負荷によるゆるみが発生しやすい締結部に，炭素鋼製のボルト・ナットの代わりに使用すると，軸力低下を軽減できる。文献26)には，炭素鋼，ステンレス鋼の被締結体材料に対して，チタン材料のボルト・ナットを使用すると，本項で対象とした軸対称熱流れ，および次項で取り上げる三次元熱流れの場合に対して，軸力低下を軽減できることが報告されている。

5.5.2 三次元モデルによる熱・力学特性の評価

実際のボルト締結体では，軸対称熱負荷を受けることはまれであり，ボルト軸線に対して直角に熱が流れるケースが多い。その場合，ボルトには曲げモーメントが発生するので，軸応力の変化に加えて，曲げ応力の時間変化も評価する必要がある。さらに，はめあいねじ部などボルト締結体を構成する各部を流れる熱量の割合を知っておくことは，設計の観点から重要である。

図5.12は，熱負荷を受けるボルト締結体の例として，管フランジとディスクブレーキを締結するボルトまわりの熱流れを示したものである。管フランジでは，内部流体から与えられた熱が軸中心から外側に向かって放射線状に流れる。ディスクブレーキでは，反対にパッド表面で発生した熱が軸中心に向かって流れる。対称性を考慮すると，図中に示した扇形の部分を解析領域として温度場，応力場を求めることができる。

228   5. 熱負荷を受けるボルト締結体

(a) 管フランジ　　　(b) ディスクブレーキ

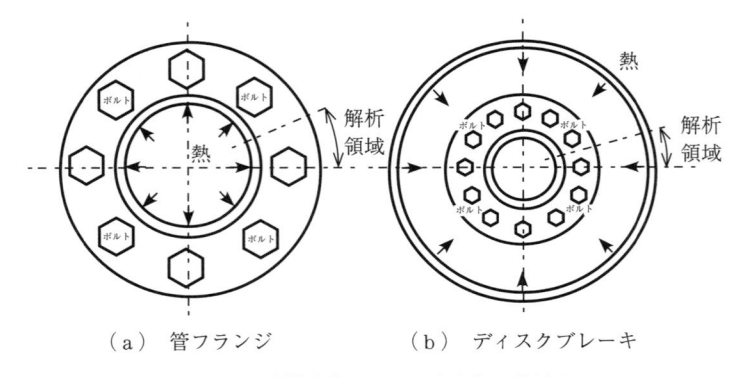

図 5.12 実構造物のボルトまわりの熱流れ

図 5.13 は，熱負荷を受けるボルト締結体の挙動を評価するために，汎用性を考慮して設定した直方体形状のモデルである。図 5.12 において，ボルト数が多くなり扇形の角度が小さくなった場合は，このモデルに相当する。

一様加熱される左端面から入った熱は，右端面の熱伝達境界から放熱される。上下面は，扇形領域と対応させるために断熱境界としている。図中，

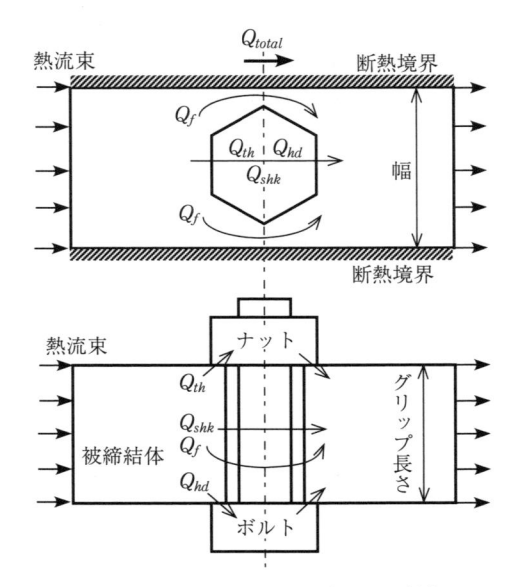

図 5.13 ボルトまわりの熱流れの割合

5.5 有限要素法による熱・力学挙動の解析

Q_{total} は，被締結体を含みボルト軸断面を流れる総熱量，Q_{th}，Q_{shk}，Q_{hd}，Q_f は，それぞれ，はめあいねじ部，ボルト軸部，ボルト頭部，被締結体を流れる熱量の大きさである．入熱面と放熱面を除いた四つの面を断熱境界と仮定すると，Q_{total} に対する Q_{th}，Q_{shk}，Q_{hd}，Q_f の比の和は1となる．

$$\frac{Q_{th}+Q_{shk}+Q_{hd}+Q_f}{Q_{total}}=1 \tag{5.14}$$

図5.14に解析に用いた有限要素モデルの一例を示す．熱流れの方向に関する温度場と応力場の対称性を考慮し，全体の1/2をモデル化している．対象としたボルトはM16である．ブロックの寸法について，ボルトの呼び径を d として，グリップ長さ L_f は，$L_f/d=4$，5，6と変化させる．被締結体の幅と呼び径 d の比は2とする．ボルト・ナットと被締結体の材料は同じとし，炭素鋼S45C，ステンレス鋼SUS304，アルミニウム合金A2024の3種類を対象とする．解析には文献122)に示した材料定数を使用しており，表1.3，表1.4とは若干異なった数値となっている．初期ボルト軸応力 σ_{bi} は100 MPa，摩擦係数はすべての接触面において0.15，表面粗さ Ra は3.2 μmとし，$L_f/d=4$ を標準解析条件としている．熱流束の大きさは，標準モデルにおいて24 Wの総熱量を与えた場合に対応して11.72 kW/m^2 とする．放熱面側の表面熱伝達率は25 W/m^{2}K，周囲温度は20℃とする．

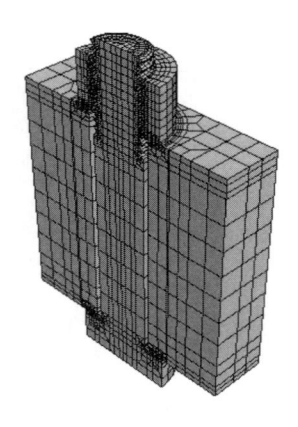

図5.14 熱流れ評価用の有限要素モデル

図 5.15（a），（b）は，締結部材料が炭素鋼 S45C，ステンレス鋼 SUS304 の場合について，各部を流れる熱量の割合の時間変化を示している。加熱開始直後は総熱量 Q_{total} の大部分が被締結体内部 Q_f を流れている。その後，はめあいねじ部 Q_{th}，ボルト軸部 Q_{shk}，ボルト頭部 Q_{hd} を通過する熱量が増加し，ある程度時間が経過すると各熱量の割合が一定となる。定常状態に達した後の各部を流れる熱量の比率は，材料による差はほとんど見られないが，熱伝導率が低い SUS304 では，定常状態になるまでの時間はかなり長くなっている。

図 5.16 は，3 種類の材料についてボルト軸応力の時間変化を示している。縦軸は各時間におけるボルト軸応力 σ_b を初期軸応力 σ_{bi} で除した値である。

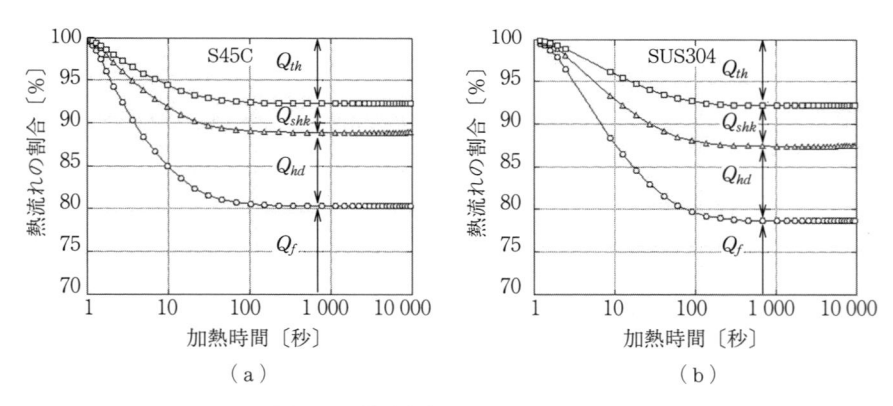

図 5.15 締結体各部を流れる熱の割合

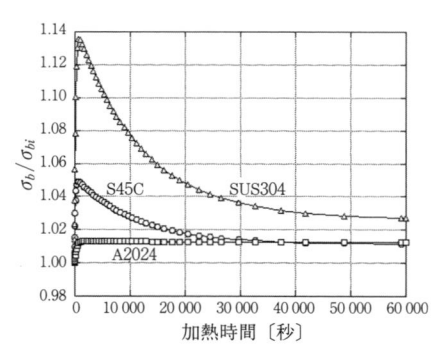

図 5.16 軸応力の時間変化と締結部材料

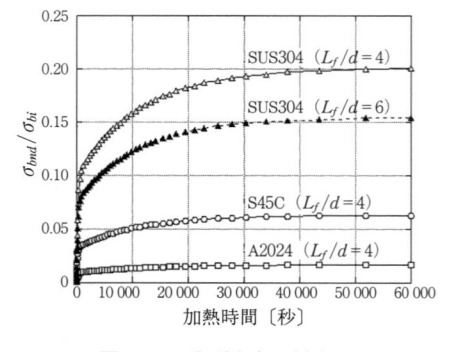

図 5.17 曲げ応力に対する締結部材料の影響

軸対称モデルによる解析と異なり，加熱開始後かなり短い時間の間にピークを示し，その後，低下して一定値となっている．一般の構造物ではボルト軸線に対して直角に熱が流れる場合が多いので，熱負荷を与えた後の軸応力の時間変化は図5.16のような挙動を示すと考えられる．ボルト・ナットと被締結体の温度差の影響により，熱伝導率の低い材料ほどボルト軸応力 σ_b のピーク値が高くなっている．

ボルトの軸直角方向に熱が流れると，熱流れの上流側と下流側の熱膨張差によって，ボルトには上流側に凸の曲げ変形が発生する．この場合の曲げ応力の大きさは，熱負荷を受けるボルト締結体の強度を評価するうえで重要である．

図5.17は標準条件に対して発生した曲げ応力の時間変化を示している．パラメータは，グリップ長さと呼び径の比 L_f/d である．ステンレス鋼については $L_f/d=6$ の場合の結果も示している．縦軸は各時間における曲げ応力 σ_{bnd} を初期軸応力 σ_{bi} で除した値である．

前出の図5.16には示していないが，ボルト軸応力は，グリップ長さが増加するとわずかに増加する．これに対して，曲げ応力は，グリップ長さが減少するとかなり大きくなっている．さらに，曲げ応力の絶対値は図5.16に示した軸応力の変化量よりも大きく，特にグリップ長さが小さいステンレス鋼の締結部では大きな曲げ応力が発生している．その原因は，熱流れの上流側と下流側の温度差が大きいことによる．以上の結果より，グリップ長さが短い部分に熱伝導率が低い材料を使用する場合，ボルト軸応力の変化に加えて大きな曲げ応力が発生するので注意を要する．

5.6 ねじの焼き付き

5.6.1 焼き付きが発生しやすい条件

ねじの焼き付きは，ステンレス鋼やチタンなど熱伝導率の低い材料で構成された締結部でしばしば問題となる．焼き付きのメカニズムについては，ボルト頭部側から締め付けたときに発生する座面の温度分布について，いくつかの仮

定を置いて数値解析により求めた研究[123]が発表されている。しかしながら，締め付け速度が非常に高い場合を対象としており，実際の作業でしばしば問題となる手締めで発生する焼き付きの原因究明には至っていない。以下に，トルク法を用いて締め付けた場合に焼き付きが発生する要因をまとめた。

① ねじ部品も含めて，締結部がステンレス鋼やチタンなど熱伝導率の低い材料で構成されている。

② 締め付け時にすべり摩擦が発生するねじ面，ナット座面あるいはボルト座面の摩擦係数が高い。

③ 前項に関連して，ねじ面，ナット座面などの潤滑が十分ではない。

④ ねじ部品と被締結体の加工精度の問題から，ねじ面やナット座面など対応表面が片当たりとなり，実質的な接触面積が非常に小さくなる。

⑤ 上記の①～④のいずれかの条件のもとで，ボルトを高い軸応力で締め付ける。

⑥ 締め付け速度が高い。

⑦ 長いボルトを使用しており，グリップ長さが大きい。

⑧ ピッチの小さな細目ねじは，並目ねじより焼き付きやすい。

ボルト締め付け時のナット座面，ボルト頭部座面の温度上昇の大きさは，面圧に摩擦係数とすべり速度を乗じた値で評価できる。ナット側から締め付ける場合，座面面圧をp_{nu}，摩擦係数をμ_{nu}，すべり速度をvとすると，$\mu_{nu} p_{nu} v$は，ナット座面における単位時間，単位面積当りの発熱量を表す。この量を用いて前述の①～⑧の現象を考察する。①は，発熱量を一定とすると，熱伝導率が低い材料では界面に発生した熱が拡散しにくいために温度が高くなり，焼き付きにつながることを示している。②と③は摩擦係数，④と⑤は，面圧p_{nu}，⑥はすべり速度vに関連している。⑦と⑧は，3.7節で説明した締め付けエネルギーがグリップ長さにほぼ比例し，ピッチにほぼ反比例することに関連している。上記の①～⑧を軽減するように締結部を設計すると，焼き付きの発生はかなり防ぐことができる。しかしながら，実際の作業では予期しない状況で焼き付きが発生することがある。

5.6.2 焼き付きの発生に関する一仮説

表面粗さは，焼き付きの発生に深く関連していると考えられる。図 5.18 は，ステンレス鋼製の締結部のナット座面，ボルト頭部座面に発生した焼き付きを示している。締め付けは無潤滑の手締めである。実験では，表面粗さが非常に小さく，表面に光沢がある Ra が 0.5 μm 以下の状態から，紙やすりなどを用いて 2 μm を超える状態まで変化させており，「焼き付きは表面粗さが非常に小さい場合に発生しやすい」ことを確認している。摩擦係数は表面粗さの増加に伴って高くなる傾向がある[67] ことから，焼き付き現象は摩擦係数の大きさだけでは説明できないといえる。

文献 123) における数値解析では，ボルト頭部座面が完全に接触していると仮定している。しかしながら，この**見かけの接触面積**（apparent contact area）は，対応表面の微小突起部分が接触している**真実接触面積**（real contact area）に比べてはるかに大きい。また，両者の比は面圧によって大きく変化する。トライボロジーの分野では，二つの面が押し付けられながらある相対速度で移動するときの**すべり面温度**を求める場合，微小な突起が半無限体の表面をすべる

（a）ボルト頭部座面・被締結体表面

（b）ナット座面　　（c）被締結体表面

図 5.18 ステンレス鋼製締結部の焼き付き

と考えて，熱伝導の理論解を用いて推定する手法が提案されている[124),125)]。微小突起表面の平均温度上昇 ΔT_m は，以下の手順で計算できる。摩擦係数を μ，材料の塑性流動応力を p_m，すべり速度を v とすると，$\mu p_m v$ は突起表面における単位時間，単位面積当りの発熱量を表す。微小突起が接触する部分を半径 a_p の円形と仮定し，熱伝導率を λ とすると，すべり速度が比較的遅い場合の平均温度上昇は次式で表される。

$$\Delta T_m = \frac{0.849 \mu p_m v a_p}{2\lambda} \tag{5.15}$$

ここで p_m は降伏応力 σ_Y の3倍と置くことができる[126)]。式（5.15）は，トルク法で締め付けたときに発生する焼き付きのメカニズムに関して重要な情報を提供している。以下に，その考え方をナット座面に発生する焼き付きを例に紹介する。

ステップ1：ナット座面の平均面圧 p_{nu} は，ボルト軸力 F_b を見かけの接触面積 A_{ap} であるナット座面面積 A_n で除して求められる。

ステップ2：トライボロジーの理論によると，ナット座面における真実接触面積 A_{re} のおよその大きさは，ボルト軸力 F_b と材料の塑性流動応力 p_m から推定することが可能である。

ステップ3：真実接触面積 A_{re} を構成する微小突起の数 N は不明であるが，N が大きいと"突起1個当り接触面積"が小さくなり，反対に N が小さい場合は大きくなる。

図5.19は，式（5.15）から求めた微小突起のすべり面平均温度の計算結果である。横軸はすべり速度，パラメータは微小突起の半径 a_p である。すべり面温度はすべり速度 v の増加に伴って急激に上昇しているが，a_p の影響も非常に大きい。すなわち，ボルト軸力 F_b を一定とすると，真実接触面内に存在する微小突起の数 N が少ないと，突起の半径 a_p が大きくなるので，すべり面温度が高くなる。以上のことから，図5.18の実例で示した「ステンレス鋼は表面粗さが小さい場合に焼き付きやすい」という現象は，表面粗さが小さくなると接触する微小突起の数 N が減少し，突起1個当りの平均半径 a_p が大きく

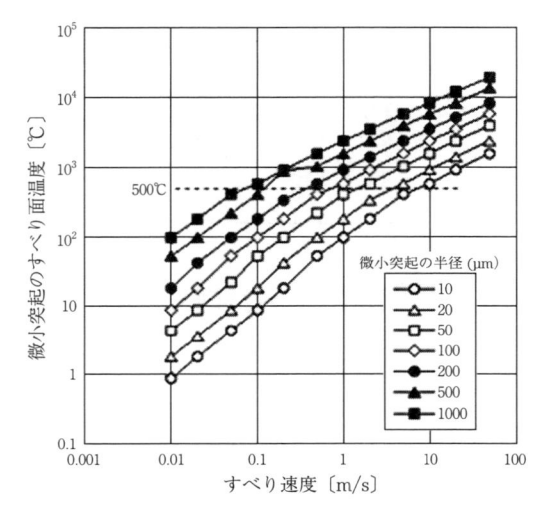

図 5.19 微小突起のすべり面温度

なると仮定すると，熱伝導論により説明できることになる。

　細目ねじが加工された呼び径の大きなねじ部品は焼き付きやすいという現場の事例がある。呼び径が 100 mm を超えるようなねじでもピッチ P はあまり大きくしないので，リード角 β は非常に小さくなる。そのために，締め付けに要するエネルギーはかなり大きくなる。また，大きなねじでは，加工上の問題から形状誤差も大きくなり，ねじ面，ナット座面などすべり面が片当りとなる可能性が高い。さらに実際の締め付け作業では，小さなねじに比べて潤滑剤を均一に塗布することが難しいという問題がある。

　以上の考察より，締結部材料の特性，トライボロジー理論，熱伝導論を考慮した体系的な実験と解析による「焼き付きメカニズムの解明」が期待される。

6 ねじのゆるみ

6.1 回転ゆるみと非回転ゆるみ

　ねじの**ゆるみ**（loosening）は，ナットが回転して発生する**回転ゆるみ**とボルト・ナットの相対的な回転なしにボルト軸力が低下する**非回転ゆるみ**に大別される。回転ゆるみについては，特殊なねじ部品を使用することによってかなり低減することができる。さらに，対象となる機械構造物，使用状態によっては，ほぼ完全に防ぐことができる状況となっている。これに対して非回転ゆるみは，界面の微小突起の塑性変形に起因する**へたり**による軸力低下に代表されるように，ある程度発生することは避けられない。また，熱負荷を受ける締結部では，ねじ部品と被締結体の熱膨張差，材料の熱定数，材質の変化などが原因でゆるみが発生する。

　回転ゆるみは通常，繰返し外力を受けたときに発生する。一方，非回転ゆるみは，上記のへたりをはじめ，熱負荷によるクリープ，リラクゼーション，高いボルト軸力によるナット座面やボルト座面の陥没など，繰返し荷重が作用しない場合でも発生する。このような現象は時間とともに進行し，繰返し外力が作用する場合にその進行が助長されるケースが多い。

6.2 ゆるみが発生しやすい締結部

　ゆるみの発生しやすさは，締結部形状，締め付け条件，外力の作用形態，締結部の周囲環境などによって大きく変化する。ある締結部に対して高い効果を発揮したゆるみ止めが，別の締結部ではあまり効果を発揮できないことがあ

る。その根本的な原因として，ねじは歯車，軸受，ばねなど他の機械要素と比較して，使用条件が多様である点が挙げられる。例えば，一般的な歯車の役割はトルクと回転の伝達であり，歯の周辺にはトルクと回転数の大きさから推定できる荷重が作用する。また，軸受は荷重の負荷方向から，ラジアル軸受とスラスト軸受，摩擦の形態から，ころがり軸受とすべり軸受に分類できる。ころがり軸受の場合，一部ラジアル荷重とスラスト荷重を同時に受けることができるタイプもあるが，荷重の大きさが変化しても負荷形態が大きく変化することはない。

これに対して，ボルト・ナットに代表されるねじ部品に作用する荷重の形態は非常に多彩である。例えば，近年使用実績が拡大しているデンタルインプラントの部品のねじ部分は，人が口にした食物に応じて圧縮，曲げ，ねじり，時には引張など，あらゆる形態の荷重を受ける。機械構造物や精密機器用のねじ部品についても，使用される箇所によって荷重形態は大きく変化する。

以上の点から，さまざまな締結部形状，荷重条件に対して使用されるねじ部品の**ゆるみ止め性能**を，一つの試験方法で評価することには限界があるといえる。例えば，NAS 規格振動試験は，ボルト締結体に軸直角荷重を衝撃的に繰返し与える厳しい試験であることから，現在わが国で広く使用されており，ゆるみ止めの性能評価試験として大きな実績を上げている。一方，その試験をパスしたねじ部品をある締結部に適用したところ，比較的短期間にゆるみが発生したという事例もある。その理由は，上に述べたねじの使用形態の多様性から説明できる。ゆるみを完全に防止することはきわめて困難である。そこで，以下にゆるみやすい締結部を列挙することにより，"ゆるまない締結部を設計するための考え方"を紹介する。

1）機械的外力を受けるグリップ長さが短い締結部　　薄板を短いボルトで締め付けた締結部は非常にゆるみやすい状態にあるといえる。薄板の圧縮剛性は非常に高く，ボルトの伸び量は小さい。したがって，外力の繰返しによってへたりが進行し，板のゆがみが平滑化すると，わずかなボルト伸び量の変化によって軸力が顕著に低下する。

2） **熱負荷を受けるグリップ長さが大きい締結部**　熱負荷を受ける締結部では5.1.3項で説明したように，温度上昇が同じ場合，熱膨張量はグリップ長さに比例して大きくなるのでゆるみやすくなる。この現象は1）と逆であることから，熱負荷と機械的外力を同時に受ける締結部のゆるみには注意を要する。

3） **多数の板で構成された被締結体**　板の数が増えると接触面の数が増えるために，へたりによるゆるみが進行しやすくなる。また，被締結体界面の表面粗さが大きいほど，へたりが進行して軸力が低下しやすいと考えられる。

4） **初期軸力が低い締結部**　6.4.3項で解説するように，ある仮定のもとで計算した「へたりによる軸力低下量」は初期軸力に無関係である。したがって，初期軸力を高く設定しておくと軸力が低下しても残留軸力が高く，ゆるみによるトラブルを回避できる。繰返し外力を受ける場合は，接触面に発生するすべりがゆるみの大きな原因となる。それを軽減するために，すべりが発生しないようにボルト軸力を高く設定することは有効である。一方，クリープによる軸力低下については，初期軸力を高くしてもゆるみの進行を加速するだけで，軸力低下を緩和する効果はないという指摘がある[127]。

6.3　回転ゆるみによる軸力低下

6.3.1　回転ゆるみの発生メカニズム

回転ゆるみは，繰返し外力によるねじ面あるいはナット座面の**相対すべり**が原因で発生する。回転ゆるみが発生するメカニズムは，外力の作用形態により**図6.1**に示す4種類に大別できる。

（1）　**軸直角方向繰返しせん断荷重**　ボルト・ナットに対して直角方向，あるいはそれに近い形態で外力が作用する場合が相当し，工業分野でしばしば問題となるゆるみである。

（2）　**軸まわり繰返しねじり荷重**　日常生活では，めがねのつるの取り付けねじ，工業分野では，回転軸の中心にねじを切って部品を取り付けた場合などが相当する。いずれもねじの軸まわりにトルクが繰返し作用する。

6.3 回転ゆるみによる軸力低下　　239

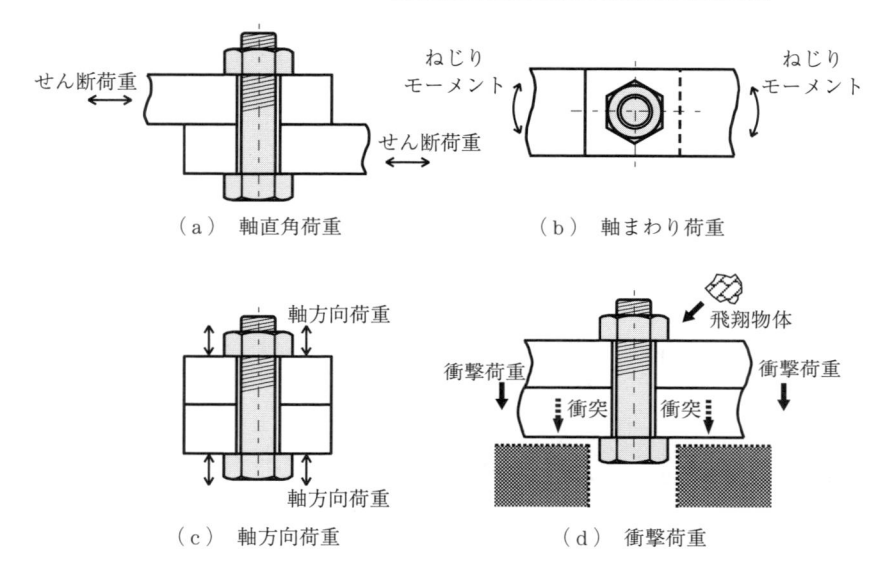

(a) 軸直角荷重

(b) 軸まわり荷重

(c) 軸方向荷重

(d) 衝撃荷重

図6.1　回転ゆるみの発生メカニズム

（3）　**軸方向繰返し荷重**　　ボルト・ナットの軸方向あるいはそれに近い方向に荷重が作用する場合である。上記の（1），（2）に比べて，実際の締結部で問題となるケースは少ない。

（4）　**衝 撃 荷 重**　　物体の落下などにより，締結部に衝撃的に荷重が作用する場合，あるいはねじ部品に小石などが繰返し衝突するケースがこれに相当する。回転ゆるみは，ねじ山のらせん形状に起因してボルト軸部に**弾性ねじれ**が発生し，それに関連してねじ面，ナット座面の対応表面が相対的にすべることにより，ゆるみが発生するケースが多い。ゆるみのメカニズムとその評価方法，評価基準については，文献127 ～ 129）に詳述されているので，本書では概要の紹介にとどめる。

1）　軸直角方向繰返しせん断荷重　　山本によると，せん断荷重が繰返し作用するとボルト軸部に弾性ねじりが発生し，そのねじりモーメントが解放される過程におけるねじ面とナット座面の**相対すべり**が原因であるとしている[128]。**図6.2**は，2枚の板で構成された被締結体の上側の板に対して，軸直

240   6. ねじのゆるみ

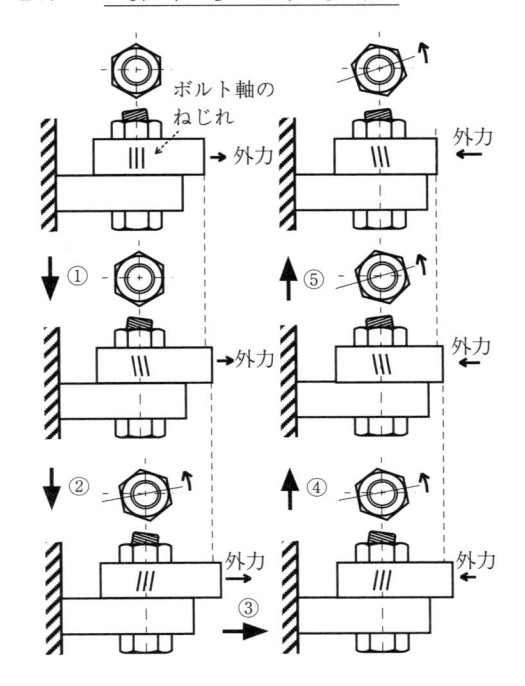

図6.2 軸直角方向繰返し荷重によるゆるみ

角方向に1サイクルの荷重を与えた場合，ボルト軸部が左右に傾くことにより，ナット座面のすべりが発生するメカニズムを示している[129]。

このメカニズムによるゆるみ現象は，ねじ山らせんモデルを用いた有限要素解析により再現されている[44]。文献128)では座面のすべり量がある限界値を超えると回転ゆるみが発生すると考えて，ゆるみ試験機を製作して限界値を求めることにより，さまざまなゆるみ止め機能付きねじ部品とゆるみ止め機構，ゆるみ止め装置の性能を比較している。その結果によると，通常の六角ナットを中心として，ゆるみにくさの順序はおよそ以下のとおりである。

歯付き座金→ばね座金→皿ばね座金→（六角ナット）

→ダブルナット，フランジ付き六角ナット，ナイロンリング入りナット→嫌気性接着剤

座金にはゆるみ止めの効果がない，あるいは通常のナットに比べてゆるみやすくなるという結果は，海外の研究者の報告でも見受けられる。嫌気性接着剤を使うとすべりが発生しにくくなるのは当然といえる。また，ダブルナット，

フランジ付き六角ナット，ナイロンリング入りナットは，同程度のゆるみ止め効果があるという実験結果が得られている．一方，**回転ゆるめトルク**という考え方を導入して，ゆるみのメカニズムを説明した研究も発表されている[127]．

2）軸まわり繰返しねじり荷重[127),130)]　ボルト軸まわりに繰返し荷重を受けたとき，ナットにゆるみ回転が蓄積して，ゆるみが発生する条件として，以下の式が提案されている．

$$\frac{1}{2}F_b d_2 \tan(\rho_{th}' - \beta) < T_2 < \frac{1}{2}F_b d_2 \tan(\rho_{th}' + \beta) = T_1 \qquad (6.1)$$

式（6.1）は，3章で説明したナット座面トルク T_2 が，締め付け時のねじ部トルク T_1 とリード角 β の符号をマイナスにした，ゆるめトルクの中間値であることを意味している．また，ねじ面，ナット座面にすべりを発生させない限界ねじれ角を定義して，ゆるみにくさの評価指標としている．このメカニズムのゆるみの発生を防止するためには，ねじのピッチ P は小さく，ナット座面の等価摩擦直径 d_{nu} は大きいほうがよい．摩擦係数については，ねじ面の摩擦係数 μ_{th} は小さく，ナット座面の摩擦係数 μ_{nu} は大きいほうが望ましい．さらに軸力は高く設定し，ボルトの軸部長さは大きく，反対に軸部直径は小さいほうがよいとしている．

3）軸方向繰返し荷重　ボルト・ナット締結体の軸方向に引張荷重を与えて軸力を増減させるとゆるむ現象は，グーディアらが実験により確認し[131]，ゆるみのメカニズムについては佐藤らが明らかにしている[132]．文献73）では，ゆるみが発生しない最大の軸力変動幅はかなり大きく，疲労破壊のほうが問題となる可能性が高いために，設計上軸方向繰返し荷重によるゆるみは考慮する必要がないと判断している．

4）衝撃荷重と慣性力　締結部に衝撃的に荷重が作用する場合，応力波の伝播によってゆるみが発生することがある．建設現場などで起こる「建設機械の締結部に小石が高速で衝突する」ような現象を想定して，ナットに小球を繰返し衝突させる実験により，回転ゆるみの発生が再現されている[133]．ボルト締結部の軸方向に衝撃荷重が作用する場合については，締結部を自由落下さ

せる実験によりゆるみのメカニズムが検討されており，ゆるみが発生する原因は，衝撃荷重が応力波として伝播することによると説明されている[134),135)]。衝撃荷重が軸直角方向に作用する場合のゆるみについて，そのメカニズムは（1）と同じであるが，さらにゆるみが進行しやすいことが示されている[136),137)]。外力の立ち上がり時間が衝撃荷重ほど急激ではない場合は慣性力として作用する。

慣性力によるゆるみが問題となる例として，扇風機や換気扇の羽根をモータ軸に取り付けるねじが挙げられる。羽根が回り始めたとき，慣性トルクがねじを締める方向に作用するように，この部分には「左ねじ」が使用されている。自動車の車軸にタイヤを取り付けるためのナットは，停止時に作用する慣性力を考慮して，以前は右側の車輪には右ねじ，左側には左ねじが使用されていたが，近年では両輪とも右ねじが使用されている。このような使用方法が，大型車の車輪脱落事故の多くが左側車輪から発生する原因に関連しているという指摘もある[128)]。しかしながら，ほとんどの車輪脱落事故において，ホイールボルトあるいはインナーナットが締め付け時と同じ状態のまま金属疲労により破断していることから，回転ゆるみは二次的な要因と考えられる。

6.3.2　ナットの戻り回転と軸力低下

ナットが戻り回転するとボルト軸力が低下する。一度ナットがゆるみ始めると，ほとんどのケースにおいて荷重の繰返しによって，時間とともにゆるみが進行する。一方，ナットがわずかに戻り回転したときの危険度は，締結部形状と材料によって大きく異なる。

グリップ長さが小さい薄板では，目標軸力を発生するために必要な回転角が小さいことから，わずかな戻り回転でも軸力は大きく低下する。その結果，ボルト軸力が完全に失われる状態になりやすいといえる。ナットの戻り回転によって軸力が低下する過程は，力学的に複雑な現象であるが，ここでは弾性域回転角法における軸力-回転角関係式を用いて，締結部形状と材料の違いによる危険度の差を評価する。式（3.32）において，回転角 ϕ を戻り回転角 $\varDelta\phi$，

軸力 F_b を軸力低下量 ΔF_b に書き換えると次式を得る。

$$\Delta\phi = \frac{2\pi}{P}\Delta F_b \left(\frac{1}{k_{th}} + \frac{1}{k_s} + \frac{1}{k_{cyl}} + \frac{1}{k_{hd}} + \frac{1}{k_f} \right) \quad (6.2)$$

式 (6.2) において，$\Delta\phi$ が一定のとき，ピッチ P が大きく，締結部の剛性を表す各ばね定数が大きい場合に軸力低下量 ΔF_b は大きくなる。したがって，同じ呼び径の場合，細目ねじより並目ねじのほうが ΔF_b は大きくなる。締結部の剛性については，グリップ長さが小さくなると k_s，k_{cyl}，k_f が大きくなるため，同じ回転角に対して軸力は大きく低下する。締結部材料については，各ばね定数は，ヤング率に比例するので，ヤング率の低いアルミニウム合金やチタン製の締結部では軸力低下量 ΔF_b は小さくなる。

──────〈数値で学ぶ6.1〉 ナットの戻り回転による軸力低下 ──────

M16 の並目ねじのボルト・ナットを使用した締結部について，回転角法を対象とした〈数値で学ぶ3.8〉と同じ条件のもとで，グリップ長さ L_f と呼び径 d の比 L_f/d を 1, 2, 4, 6, 8, 10 と変化させて，ナットの戻り回転角1°当りの軸応力低下量 $\Delta\sigma_b$ を比較する。接触面剛性の影響は考慮せず，式 (6.2) を用いて計算するとそれぞれ，21.2 MPa，14.2 MPa，8.5 MPa，6.1 MPa，4.7 MPa，3.9 MPa となり，薄板ではわずかな戻り回転でも軸応力が大きく低下することがわかる。

6.3.3 回転ゆるみの防止策

回転ゆるみを防ぐために，さまざまなねじ部品や機構が提案されている。従来から広く使用されてきたゆるみ止めについては，軸直角方向にせん断荷重を繰返し受けた場合の**ゆるみにくさ**を対象として，6.3.1 項に定量的評価に基づく結果を紹介している[128]。回転ゆるみの防止策は，「特殊なねじ部品などを使用する方法」と「締め付け条件や締結部形状を工夫する方法」に大別される。前者については，ねじ部品にゆるみ止め機能を持たせたもの，ねじ部品の周辺にゆるみ止め機能を向上させるための部品を追加するなど，さまざまな方法が提案されている。

ゆるみ止めの多くは，ねじ面，ナット座面における摩擦作用を高めることを

目的としているが，ねじ山の形状を変えるなど，幾何学的な工夫によるゆるみ止めもある．それらのすべてを紹介することは困難であるため，本項では，その一部を紹介する．文献127）では幅広い観点からゆるみの防止方法が論じられている．文献138）では平易なイラストにより実際のゆるみ止め部品が紹介されている．また，文献139）ではJIS規格との対応も含めて，ゆるみ止めの方法を八つに分類して詳しく説明している．詳細はこれらの文献を参照されたい．

（1） **特殊なねじ部品などを使用する方法**

1） 特殊ナット ねじ山を変形させたり，介在物を挿入することにより，締め付け時に，おねじとめねじを干渉させることにより，戻り回転に対する抵抗を大きくすることができる．このような機能を持ったナットは**プリベイリングトルク形ナット**と呼ばれ，JIS B 1056 に規定されている．ねじ部品内部にナイロンを挿入したり，有効径をしだいに細くした形状など，さまざまな形式が提案されている．JIS B 1089 と JIS B 1090 に規定された**フランジ付き六角ボルト**と**フランジ付き六角ナット**は，座面面積を大きくすることにより，座面の等価摩擦直径 d_{nu} を大きくして，戻り回転に対する抵抗力を高めている．ボルト軸力を受けて，特殊形状のナットや二つ割りになったナットが変形することにより，ねじ部やナット座面の摩擦抵抗を高める方式は，**フリースピニング形**と呼ばれている[139]．座面にセレーションがついたナットもこのタイプに含まれる．

2） 特殊ボルト ゆるみ止め機能を持つねじ部品の多くはナットである．ボルトにゆるみ止め機能を持たせたものとして，ねじ山の三角形形状を左右で非対称にすることにより，めねじとの干渉を強くして摩擦の作用を高める方式がある．ねじのピッチの差を利用したタイプは**リード差利用方式**と呼ばれている[139]．1本のボルトにピッチの異なる二つのねじ山を加工し，それぞれのピッチに対応した2個のナットを使って締め付けるタイプがこれに相当する．二つのナットのピッチ差により，被締結体側に配置されたピッチの大きなナットが戻り回転できない機構となっている．

3） 特殊座金 歯付き座金，ばね座金，皿ばね座金などの特殊座金は，ゆるみ止めの効果がない，あるいは通常のナットよりもゆるみやすいという報

告がある[128]。また，座金とナット座面にリード角より傾斜が大きな歯を加工し，これらを組み合わせて使用するタイプは，前述のリード差利用方式によるゆるみ止めである。

　4) **ゆるみ止め用部品**　　ねじ以外の部品を追加することにより，ゆるみ止め機能を高めるタイプは**機械的まわり止め方式**と呼ばれる。ねじ部品まわりに装着した後，折り曲げるなど変形させて使用する。みぞ付き六角ナットと割りピンの組合せ，ワイヤ，舌付き座金，爪付き座金を使用したゆるみ止めなどがある。作業に手間がかかるがゆるみ止め効果は高いといわれている。

　5) **そ の 他**　　ねじ部品がそのまま利用できるタイプとして，対応ねじ面のすきまに嫌気性接着剤を挿入する方法がある。

（2）**締め付け条件や締結部形状の工夫**

　締結部を設計する場合，さまざまな理由から，ゆるみ止め機能を持つ特殊形状のナットやゆるみ止め用部品が使用できないことがある。その対策として，締め付け条件や被締結体形状のわずかな変更により，ゆるみ止めの効果を高める方法を紹介する。

　1) **戻り回転に対する抵抗力の増加**　　回転ゆるみの原因は，接触面の相対すべりである。「軸応力を高く設定」して「接触面摩擦係数を高くする」ことにより，戻り回転に対する抵抗力を高める。摩擦係数を高くする方法は，建築関連分野において，大きなせん断力を受けることを目的とした締結部に適用している例がある。

　2) **相対すべりの抑止**　　せん断荷重を受けると，ボルトは曲げ変形する。締結部形状を工夫してグリップ長さを大きくすると，「長いボルト」の使用が可能となり，剛性が低いので**相対すべり**が発生しにくくなる。「軸部を細くしたボルト」も剛性が低いので効果があるが，軸応力を高く設定する場合は材料の強度に注意する。また「長いボルト」は，〈数値で学ぶ6.1〉から明らかなように，同じ戻り回転角に対する軸力低下量が小さい点からも有利である。

　3) **ダブルナット**　　古くから使用されている二つのナットを用いた方法である。ゆるみ止めのメカニズムは文献128)に詳しく解説されており，有限

要素解析により検討した研究も報告されている[140]。ダブルナットによるゆるみ止め性能は，上下二つのナット間の押し付け力によるロッキング作用がポイントとなる。山本によると**上ナット正転法**と**下ナット逆転法**があり，後者の締め付け方法が適切としている[128]。使用するナットについて，力学的には「上側に標準ナット，下側に薄いナット」を配置すべきであるが，複数のスパナが必要になるなど作業上の問題から上下を逆に配置，あるいはいずれも標準ナットを使用するケースがあるとしている。

6.4 非回転ゆるみによる軸力低下

6.4.1 非回転ゆるみの発生メカニズム

非回転ゆるみは，さまざまな原因で発生する。以下に，おもな原因を列挙して，そのメカニズムを簡単に解説する[127]〜[129]。

（1）**界面の"へたり"** ボルト締結体には，ねじ面，ナット座面，ボルト頭部座面，被締結体界面という4種類の界面が存在する。各接触面には表面粗さに関連する微小突起が存在し，ボルトに軸力を与えると塑性変形して界面が近づくように変形する。この塑性変形によってボルト軸力が低下する現象は，2.1.3項で紹介したように**へたり**と呼ばれる。へたりは，時間経過とともに進行して，顕著な軸力低下を引き起こすことがある。特に，締結部が振動外力などを受けた場合に軸力は大きく低下する。

（2）**座面の塑性変形** ナット座面とボルト頭部座面には，ボルト軸力によって高い面圧が作用する。その面圧がある限界値以上になると，被締結体の対応接触部分は塑性変形する。そのような塑性変形が時間とともに進行する場合，**座面の陥没**によるゆるみが発生する。座面の陥没を防ぐためには，面圧をある限界値以下にしなければならない。

2.1.1項で紹介したように，この限界面圧の具体的な数値は，文献27）に表としてまとめられている。それによると，限界面圧と引張強さの比は，合金鋼でやや低めとなるケースがあるが，概略値として，炭素鋼では70〜85％，ス

テンレス鋼では 35 〜 50％，アルミニウムでは合金も含めて 80 〜 95％ 程度の値となっている．ねずみ鋳鉄では，圧縮に強いという材料特性を反映して，両者の比は 2 〜 4 程度であり，限界面圧のほうがかなり高い．

（3） **外力による塑性変形の進展**　大きな繰返し外力を受けると，塑性変形が進行して軸力が低下することがある．軸力低下のメカニズムは文献 127) に解説されている．

（4） **熱負荷によるゆるみ**

1)　**ねじ部品と被締結体の熱膨張差**　熱負荷による軸力変化については，具体的な計算例を〈数値で学ぶ 5.2〉および〈数値で学ぶ 5.3〉に示した．熱負荷を受けると締結部の温度は上昇し，ボルト・ナットと被締結体はともに膨張する．その場合，伸び量が等しいと軸力は変化しないが，ボルト・ナットの伸び量のほうが大きいとボルト軸力は低下する．通常のボルト締結体では熱負荷を周辺から受けるので，ボルト・ナットの温度が被締結体の温度より高くなるケースは少ない．しかしながら，例えば，ボルト・ナットがステンレス鋼で被締結体が炭素鋼の場合，ステンレス鋼の線膨張係数は炭素鋼の 1.5 倍程度大きいので，ボルト・ナットの温度が被締結体より低い場合でも軸力が低下することがある．また，温度条件とねじの呼び径が同じであれば，グリップ長さが大きいほどゆるみやすい．熱膨張差によるゆるみについては，6.4.5 項でさらに詳しく解説する．

2)　**クリープとリラクゼーション**　継続的に高温にさらされるねじ締結部では，さまざまな原因のなかで，クリープによるゆるみが大きな問題となる．文献 127) では，クリープ理論から求めた軸力低下量と実測値を比較している．また，ねじ部品の温度が上昇すると再結晶が起こり，力学的には残留応力とみなすことができる．炭素鋼の再結晶温度は 500℃ 前後であり，VDI 2230 (2003) には，再結晶温度の 50％ 以上でリラクゼーションが発生し，構造用鋼と調質鋼では約 240℃，アルミニウム合金では 160℃ の使用温度で，顕著に軸力が低下した事例が引用されている．

3)　**ねじ部品の材料特性の変化**　ボルト・ナットと被締結体の材料が同

じで温度上昇が等しい場合，両者に生じる熱膨張量は等しい。この場合，ひずみが等しいので，温度が低いと軸力は変化しないが，温度が高くなるとヤング率が低下するために軸力が低下する。

表1.3に示したヤング率を用いて，常温と温度上昇した場合のヤング率の比を求める。200℃と300℃では，炭素鋼とステンレス鋼はそれぞれ約94％，91％であるが，400℃になると，炭素鋼が87％に対してステンレス鋼は80％と低下率が大きく，軸力が低下しやすい材料であることがわかる。

（5） **被締結体の剛性低下と非線形・ヒステリシス・粘弾性挙動**　配管の接合に使用される管フランジは，シール性能の観点から，剛性の低いガスケットが使用されることが多い。例えば，シートガスケットと呼ばれるタイプのものは，圧縮力と変形量の関係が非線形で，負荷時と除荷時の間でヒステリシス特性を示す。また，運転状態になって温度が上昇すると，ガスケットの剛性が顕著に低下するために，面圧-ひずみ曲線は大きく低剛性側に移動する。同時に，金属材料と同じくクリープひずみも発生する。これらの現象が複雑に影響し合うことにより，ボルト軸力を大きく低下させる。管フランジを締結するボルトの特性については7章で解説する。

（6）**そ　の　他**　表面に塗装が施された被締結体をボルト・ナットで締結する場合，塗装膜が存在するために軸力低下が進行する場合がある。軸力低下量の大きさは，使用する塗装剤の種類，塗装膜の厚さと被締結体の厚さの比などによって変化する。特に，薄板に厚い塗装を施した場合，両者の剛性が大きく異なるので，板のゆがみ，塗装膜厚さのばらつきなど，わずかな条件の違いによって，軸力低下量が大きく変化すると考えられる。

6.4.2　へたり量の推定方法

へたりは，ナットが戻り回転することなしに軸力が低下する，**非回転ゆるみ**の主要な原因である。ある程度のへたりが発生することは不可避であることから，へたり量δ_2を実用的な精度で推定することは，ボルト締結体の安全性の観点から，きわめて重要である。そこで，設計の段階においてへたり量を正確

に予測できれば，ボルト締結体各部のばね定数の値を用いて，へたりによるボルト軸力低下量の推定が可能となる。へたり量 δ_z の推定式としては VDI 2230 (1986) の式がある。

$$\delta_z = 0.003\,29 \left(\frac{L_f}{d}\right)^{0.34} \tag{6.3}$$

式 (6.3) は，グリップ長さ L_f と呼び径 d の比が与えられると，へたり量 δ_z 〔mm〕が算出できるために簡便で使いやすい。しかしながら，実際の締結部のへたり量に比べて低めに評価する傾向があるといわれており，2003 年の VDI 2230 の改訂では削除されている。これに代わって，ねじ面，ナット座面およびボルト頭部座面，被締結体界面の 3 種類の接触面を対象とし，3 段階の表面粗さに対して，外力を引張/圧縮とせん断に分類して，やや消極的な形式であるが標準的なへたり量が示されている[30]。

式 (6.3) が提案される以前に広く使用されていた Junker の考え方では，接触面の表面粗さ，接触面の数と作用する外力の方向を考慮している。例えば，軸方向に振動荷重を受ける場合，ねじ面におけるへたり量は 5 μm，表面粗さが比較的大きいナット座面，ボルト頭部座面，被締結体界面におけるへたり量は 4 μm など具体的な値を示し，それらの合計が締結部のへたり量になるとしている[141]。その意味において，VDI 2230 (2003) に示された標準へたり量は，Junker の考え方に近いものといえる。

しかしながら，Junker の考え方は，へたり量を高めに評価する傾向があるといわれている。接触面における特徴的な面圧の分布パターンを参照すると，高めに評価することになる原因の一つとして，被締結体間の接触面が，グリップ長さのどの位置にあるのか考慮されていない点が挙げられる。例えば，被締

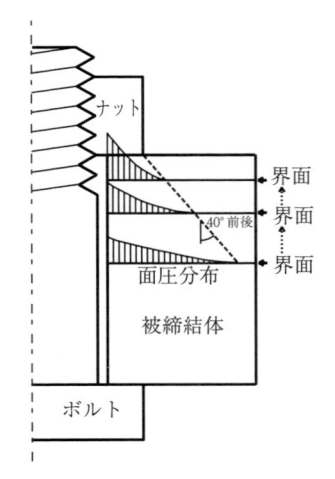

図 6.3 接触面の位置と面圧分布の関係

結体が2枚の板でグリップ長さが一定の場合,両者の板厚が等しいと接触面はグリップ長さの中央にあり,面圧は広い範囲に作用する。

一方,板厚が異なる場合,接触面がナット座面やボルト頭部座面に近づくにつれて,狭い面積に高い圧縮力が作用することになる。**図6.3**は,接触面の位置と面圧分布の関係を模式的に示したものである。

6.4.3　へたりによる軸力低下

へたりによるボルト軸力の低下量 F_z は,へたり量 δ_z が与えられると,図4.32に示した「ボルト締め付け線図」の締め付け三角形の部分を用いて求めることができる。**図6.4**は,締め付け三角形を用いて,F_z と δ_z の関係を示したものである。

締め付け三角形において,底辺の長さは,ボルト・ナットの伸びと被締結体の縮みの和である。左右の辺の傾きはそれぞれ,式(2.4)に示したボルト・ナット全体のばね定数 k_b と被締結体のばね定数 k_f である。図中の波線がへたり量 δ_z で,6.4.1項で説明した4種類の接触面で発生するへたり量の合計である。すなわち,軸力低下量 F_z は,接触面ごとのへたり量の大きさではなく,それらの合計である δ_z がわかれば計算できる。締め付け三角形とへたり量を底辺とする三角形は相似であるため,後者の三角形の高さである軸力低下量

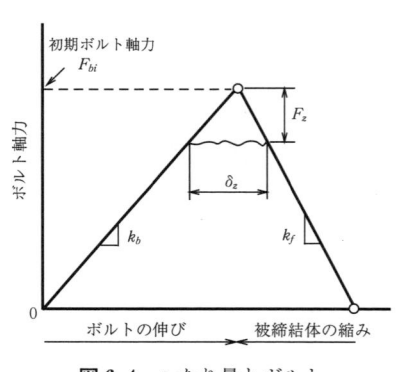

図6.4　へたり量とボルト軸力低下量

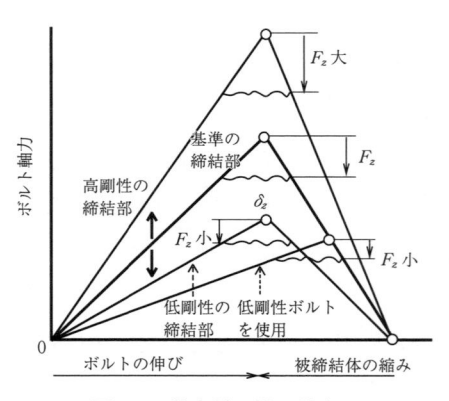

図6.5　軸力低下量に対する締結部剛性の影響

F_z は，次式により求めることができる．

$$F_z = \left(\frac{1}{k_b} + \frac{1}{k_f}\right)^{-1} \cdot \delta_z = Z \cdot \delta_z \tag{6.4}$$

式（6.4）中の Z は，k_b と k_f を直列結合したときのばね定数であり，**へたり係数**と呼ばれており，締結部全体の剛性を表す．すなわち，式（2.5）に示した k_{total} と同じ量である．式（6.4）は「へたり量 δ_z が一定の場合，呼び径が同じボルト・ナットを使用する締結部では，k_b と k_f が小さいほど軸力低下量 F_z が小さくなる」という重要な情報を提供している．

図 6.5 は，δ_z が一定の場合について，k_b と k_f の大きさによって F_z が変化する様子を示している．

k_b と k_f がともに小さい「低剛性の締結部」では，同じへたり量に対して，軸力低下量 F_z が小さくなる．また，剛性の低いボルトを使用して k_b を小さくした場合の効果も示している．以上の結果は，「締結部の剛性が低いほど，へたりによる軸力低下量は小さい」ことを示している．

一方，薄板は本質的に「高剛性の締結部」であり，k_b と k_f のいずれも大きく，同じへたり量に対して軸力低下量が大きくなるので注意を要する．さらに，薄板における軸力低下量 F_z の推定精度は，へたり量 δ_z だけではなく，各部のばね定数 k_b，k_f の評価精度に大きく影響される．

このように，薄板は，へたりが重大な問題となる締結部であり，しかも F_z の予測はかなり困難である．以下にその理由を列挙する．

① 薄板の締結部では，k_b，k_f がともに大きく，式（6.4）より明らかなように，へたり量 δ_z が小さくても軸力低下量 F_z は大きい．

② はめあいねじ部の等価長さ L_{th} は，呼び径を d とすると，図 2.8（b），(c) に示したように，ナット座面の傾斜角度の影響により，$0.85d \sim 1.70d$ 程度まで大きく変化する．ナット座面の形状誤差などにより，はめあいねじ部のばね定数 k_{th} が低下すると，特に薄板の場合に k_b が大きく低下するため，実際の軸力低下量 F_z が予測した値より小さめとなる可能性がある．

③ 薄板に，うねりやゆがみが存在すると，被締結体のばね定数 k_f が，理論値よりも低くなるために，実際の軸力低下量 F_z は予測値よりも小さくなる。しかしながら，振動荷重などが作用するとへたりが大きくなり，軸力低下が進行するため，結果的に F_z の正確な予測が困難となる。

④ 式（6.4）によると，軸力低下量 F_z の大きさは，基本的に初期ボルト軸力 F_{bi} に無関係であるが，F_{bi} を高く設定すると，ゆがみなどの影響を打ち消すように薄板が密着するので k_f の値が大きく変化する可能性がある。反対に，F_{bi} が低いと接触面が不連続に接触するために，振動荷重などを受けてへたりが進行し，大きく軸力が低下する可能性がある。

⑤ 式（6.4）のへたり係数 Z は締結部全体の剛性を表しており，呼び径 d にほぼ比例する。したがって，へたり量 δ_z が同じ場合，軸力低下量 F_z は呼び径に比例して大きくなる。ところが，F_z を軸応力低下量 $\Delta\sigma_b$ に置き換え，断面積が d の2乗に比例する点を考慮すると，「$\Delta\sigma_b$ は呼び径にほぼ反比例して低下する」ことがわかる。すなわち，「呼び径の小さなボルト・ナットほど，へたりによって軸応力が低下しやすい」といえる。

―――――〈数値で学ぶ6.2〉　へたりとグリップ長さ―――――

式（6.4）を用いてへたりによる軸力低下量 F_z を求め，軸応力低下量 $\Delta\sigma_b$ を計算する。M16の並目ねじのボルト・ナットを使用した締結部を対象とし，へたり量を12μmとして，〈数値で学ぶ6.1〉と同じ条件のもとで，グリップ長さ L_f と呼び径 d の比 L_f/d を1，2，4，6，8，10と変化させたときの軸応力低下量 $\Delta\sigma_b$ を比較する。$\Delta\sigma_b$ の大きさは，上記の L_f/d に対して，それぞれ 45.8 MPa，30.6 MPa，18.4 MPa，13.1 MPa，10.2 MPa，8.4 MPa となり，薄板では，へたりによって軸応力が顕著に低下することがわかる。

―――――〈数値で学ぶ6.3〉　へたりと呼び径―――――

$L_f/d=1$ の締結部について，ボルト・ナットの呼びを，M12，M16，M24，M36と変化させる。ただし，締結部形状は相似とする。$\Delta\sigma_b$ の値は順に，59.4 MPa，45.8 MPa，30.6 MPa，20.7 MPa となり，前述の⑤で述べたように，呼び径が小さいほど，同じへたり量に対して軸応力の低下が大きい。

6.4 非回転ゆるみによる軸力低下　253

───── 〈数値で学ぶ6.4〉　へたりとはめあいねじ部の等価長さ ─────
　$L_f/d=1$ の締結部について，ボルト・ナットの呼びが M16 の場合について，はめあいねじ部の等価長さ L_{th} が $0.85d$ と $1.5d$ の場合の軸応力低下量 $\Delta\sigma_b$ を比較する。$0.85d$ の場合は前述のように 45.8MPa であるが，ナット座面の形状誤差などの原因で $L_{th}=1.5d$ になると，$\Delta\sigma_b$ は 36.5 MPa と小さくなる。この計算結果は，薄板における軸応力低下量の推定の難しさを示すものである。

6.4.4　非回転ゆるみの抑止策

　非回転ゆるみは，回転ゆるみと異なり，界面の微小な塑性変形に影響される現象であるため，程度の差はあっても完全に防止することは困難である。以下に，非回転ゆるみを低く抑えるための方策を列挙する[127),128)]。

　（1）**低剛性のボルト・ナットの使用**　ある大きさのへたり量 δ_z の発生が避けられない場合，へたりによる軸力低下量 F_z を抑えるためには，へたり係数 Z を小さくすればよい。そこで，ボルト・ナットのばね定数 k_b を下げるために「細く，長いボルト」を使用する。もう一つの手段として，ボルト・ナットにヤング率の小さい材料を使う方法が考えられる。コスト，強度，熱特性などの要因を除けば，炭素鋼に対してヤング率が約 1/2 のチタン材料，1/3 程度のアルミニウム合金は，低剛性ねじ部品という観点から有効である。

　（2）**被締結体の低剛性化**　被締結体のばね定数 k_f を下げることも軸力低下量 F_z の抑制に有効である。グリップ長さが決まっている場合，締結部周辺の被締結体の直径を小さくしたり，図 4.58（b）の右側の図のように，締結部にスペーサを挿入すると k_f を下げることができる。この場合，長いボルトを使用するので k_b も小さくなり効果は高いが，スペーサの使用によって接触面が増える点に注意しなければならない。接触面の増加を避けるためには，例えば，図 4.58（b）の左側の図のような締結部形状とすることが考えられる。

　（3）**へたりの抑制**　へたり量を低く抑えるためには，被締結体の表面粗さを小さくすることが有効である。特に薄板では，うねりやゆがみを小さくして平面度を上げることが重要である。また，へたり量 δ_z は接触面の数ととも

に増加することから，可能であれば被締結体の界面の数が少なくなるように締結部を設計する。

（4）**軸力低下率の抑制**　式（6.4）に示したように，へたりによる軸力低下量 F_z は基本的に初期ボルト軸力 F_{bi} に関係なく一定である。そこで F_{bi} を可能な範囲で高く設定すると，軸力の低下率を抑えることができる。

（5）**座面陥没の抑制**　ボルト・ナットと被締結体材料の強度差が大きい締結部において，ボルト軸応力を高く設定する必要がある場合，座金などを用いて座面面積を大きくすることにより接触面の面圧を下げる。

（6）**界面における摩耗の抑制**　振動荷重を受ける締結部では，微動摩耗などに対応するために，接触面を構成する部分に耐摩耗性の高い材料を使用する。

（7）**熱膨張差の抑制**　ねじ部品と被締結体材料の組合せ，締結部まわりの熱流れを考慮して，熱負荷による軸力変化の原因となるボルト・ナットと被締結体の熱膨張差を小さくする。これに関連して，熱負荷を受ける締結部に（1）で紹介した「長いボルト」を使用することは，伸び量が長さに比例することから，ねじ部品と被締結体の熱膨張差が大きくなる可能性がある。したがって，へたりの抑制を重視して長いボルト使用する場合，ねじ部品と被締結体の温度差，線膨張係数の差に注意しなければならない。

6.4.5　締結部の熱膨張差によるゆるみ

締結部が熱負荷を受ける場合に軸力が低下するメカニズムについては，6.4.1項の（4）および（5）で解説している。本項では，5章で紹介した熱応力の基礎理論と有限要素解析による結果から，締結部の熱膨張差により発生するゆるみについて検討する。

（1）**締結部材料の影響**　締結部材料の熱伝導率が低いほど，ボルト・ナットと被締結体の温度差および熱膨張差が大きくなり，軸力変化も大きくなる。締結部が加熱された場合，図5.9に示したように，炭素鋼，アルミニウム合金に比べてステンレス鋼製の締結部の軸応力は高くなる。このことは，冷熱を受けた場合は逆にゆるみやすいことを意味する。

（2）線膨張係数の差　ボルト・ナットと被締結体が異種材料の場合，図5.11に示したように，ボルト・ナットの線膨張係数が被締結体に比べて大きいと，ゆるみが発生しやすくなる。線膨張係数は温度によって変化するが，広く使用されている炭素鋼，ステンレス鋼，アルミニウム合金の常温における値は，表1.3によると11.8×10^{-6}，17.3×10^{-6}，23.2×10^{-6}である。これらの材料を組み合わせて使用する場合は，熱膨張差による軸力変化に対して格段の注意を払う必要がある。また，同じ系列の材料で線膨張係数がわずかに異なる場合でも，温度上昇ΔTが大きくなると軸力低下量が大きくなる。

ところで，前述のオーステナイト系ステンレス鋼のデータは文献24）から引用している。一方，文献25）ではこの値が13.6×10^{-6}とかなり低くなっている。本書では，前者の値を採用しているが，後者の値を使用して軸力変化量を計算すると大きな差が生じるので注意を要する。また，表1.4に示したように，チタンの線膨張係数は非常に小さい。その特性を利用して，熱負荷に対してゆるみにくい締結部を設計するための研究が発表されている[26]。

（3）グリップ長さの影響　式（5.7）～（5.9）から明らかなように，ボルトの軸力変化量はグリップ長さの増加に伴って大きくなり，三次元有限要素解析による結果も同様の傾向を示している。疲労強度の向上を目的として長いボルトを使用する場合，締結部が同時に熱負荷を受けるケースでは，熱膨張による軸力変化にも注意しなければならない。

〈数値で学ぶ6.5〉　熱負荷によるゆるみと線膨張係数

〈数値で学ぶ5.2〉と同じ条件に対して，ステンレス鋼の線膨張係数を文献25）に示された13.6×10^{-6}とすると，$L_f/d = 2, 4, 6, 8, 10$に対して，ボルトの軸応力変化$\Delta \sigma_b$は15.0 MPa，18.0 MPa，19.3 MPa，20.0 MPa，20.4 MPaとなる。この結果を線膨張係数を17.3×10^{-6}とした場合と比較すると，$\Delta \sigma_b$は1/3程度の値となっている。このように，$\Delta \sigma_b$が大きく変化することは式（5.9）から予測できるが，「熱負荷を受ける締結部の設計では線膨張係数の正確な値を使用する」ことの重要性を示す例といえる。

7 管フランジ締結体の熱・力学挙動

7.1 管フランジ締結体固有の力学特性と熱挙動

（1） **管フランジ締結体の性能を支配するガスケットとボルト軸力**　管フランジ締結体は，配管の締結部に使用される重要な機械要素であり，通常2枚のフランジの間に剛性の低いガスケットを挿入することにより，シール性能を確保している。この状態を簡単なばねモデルに置き換えると，図2.4に示したように，フランジを表す剛性の高い2本のばねの間に，ガスケットに対応する剛性が低いばねが挿入された直列のばね列とみなすことができる。そのために，管フランジ締結体全体の力学挙動は剛性の低いガスケットの圧縮特性に支配される。例えば，広く使用されているシートガスケットは，ガスケット面圧とひずみの関係が非線形で，負荷時と除荷時が異なる曲線で表される非線形・ヒステリシス特性を示す。また，温度が変化すると圧縮特性が変化する。以上の点から，例えば，プラントが停止状態から運転状態に移行し，再び停止状態に至る過程における管フランジ締結用ボルトの軸力変化を正確に予測することは，かなり困難である。

（2） **管フランジ締結用ボルトの締め付けとシール性能**　管フランジの締結には，一般に4の倍数のボルトが使用されている。ボルトは通常逐次締め付けられ，その締め付け力によってガスケット面圧を発生している。締め付け時の軸力管理不足，運転開始後の外力や熱負荷の作用によりボルト軸力が低下すると，内部流体が漏洩することがある。一方，ボルト軸力が大きすぎると，ガスケットの破損・破断，あるいはフランジ本体の塑性変形が問題となることがある。このように管フランジに使用されるボルトは，高い疲労強度ではなく，

機械的外力や熱負荷に対して軸力変化が小さいことが要求される。

シール性能はガスケット面圧によって支配されるが，フランジ界面のある位置における面圧の大きさは，1本のボルト軸力だけで決まるのではなく，周辺に配置された複数ボルトの軸力の影響を受ける。すなわち，隣接するボルトの軸力により発生する面圧がたがいに干渉する状態となっている。その意味において，ガスケット面圧の大きさがある範囲内にあれば，ある程度のボルト軸力のばらつきは許容される。したがって，各ボルトに要求される軸力管理の精度は，疲労強度が問題となる機械構造物の締結用ボルトに比べて低い。しかしながら，多数のボルトを逐次締め付けるために，3.6節で紹介した弾性相互作用により，軸力が大きくばらつくという問題がある。

（3）　**ガスケットの種類の影響**　ガスケットの圧縮特性は，ガスケット材料によって大きく異なる。金属ガスケットの場合，圧縮応力とひずみの関係は線形であるが，広く使用されているうず巻き形ガスケット，シートガスケットは，いずれも非線形である。

7.2　ガスケットの圧縮特性とフランジローテーション

図 7.1（a）は，広く使用されているシートガスケット，うず巻き形ガスケットの面圧-ひずみ関係を模式的に示しており，負荷曲線は下に凸の比較的なめらかな曲線である。一般にうず巻き形ガスケットは，シートガスケットよりも高温高圧環境で使用される。一方，PTFE を含んだガスケットの場合，図 7.1（b）に示すように，面圧とひずみの関係は非常に特徴的な形状を呈する。

ところで，配管を流れる内部流体の圧力が高い場合，図 3.31 に示した大平面座，小平面座のフランジが使用されるために，ボルトを締め付けると 3.6.2 項で説明したフランジローテーションが発生し，ガスケット面圧は図 3.32（a）に示したように内側から外側に向かって急激に上昇する特徴的な分布を示す。この分布特性とガスケットの圧縮特性の影響により，管フランジは内圧や熱負荷を受けると非常に複雑な挙動を示す。

(a) シートガスケット, うず巻き形ガスケット

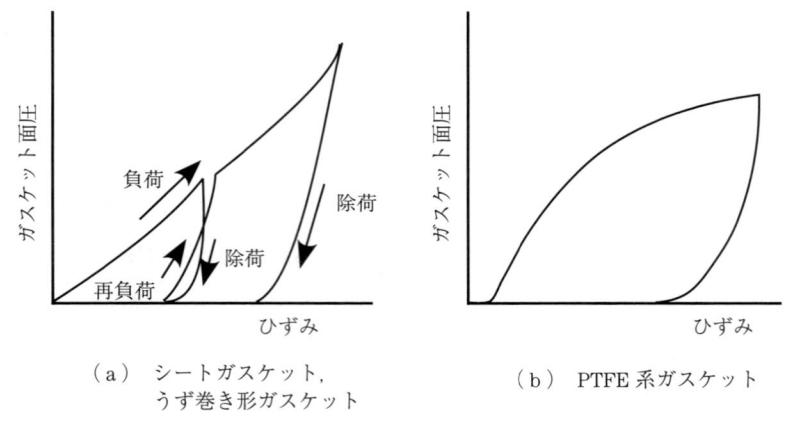

(b) PTFE系ガスケット

図7.1 ガスケットの圧縮特性

図7.1に示したようなガスケットの非線形・ヒステリシス特性は，さまざまな方法で定式化されている．例えば，うず巻き形ガスケットの場合，負荷曲線についてはガスケット面圧を圧縮ひずみの6次関数，除荷曲線はひずみの指数関数として定式化し[83]，シートガスケットについては，両曲線とも面圧をひずみの指数関数として定式化する手法が提案されている[84]．また，高機能の汎用構造解析コードのなかには，実験から負荷曲線と除荷曲線を求め，その離散的なデータを用いてガスケットの面圧-ひずみ関係を再現できる**ガスケット要素**と呼ばれる特殊な要素が使用できるものがある．

7.3 ガスケット圧縮特性の温度依存性

管フランジの内部には，高温あるいは低温の流体が流れるケースが多い．そのために，フランジとガスケットの温度は，プラントの運転開始直後，十分時間が経過した定常運転状態，プラントをシャットダウンする各過程において大きく変化する．ところで，シートガスケットやうず巻きガスケットの圧縮特性は，温度によって大きく変化する．そのために，プラントの運転開始から停止に至るまでの過程において，管フランジのシール性能を支配するボルトの軸力

7.3 ガスケット圧縮特性の温度依存性

変化を評価するためには，ガスケットの圧縮特性の温度依存性を考慮しなければならない。図7.2は，シートガスケットの使用可能な温度範囲を対象として，面圧とひずみの関係をガスケットの温度を変化させて測定できる試験装置を示している[142]。

この装置を用いて，アラミドシートガスケットの圧縮特性を測定した結果を図7.3（a），（b）に示す。ガスケット温度は常温と100℃で，後者の場合は

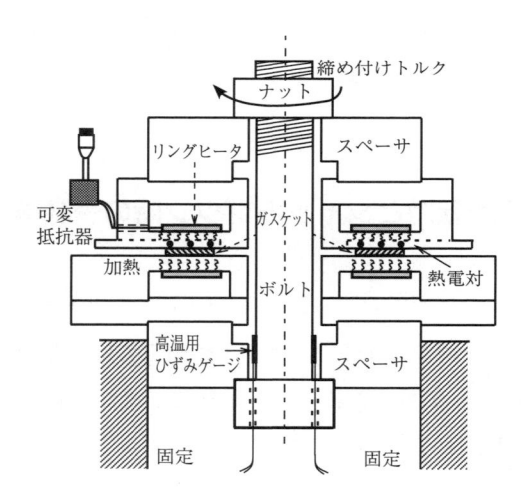

図7.2 ガスケット高温圧縮試験装置

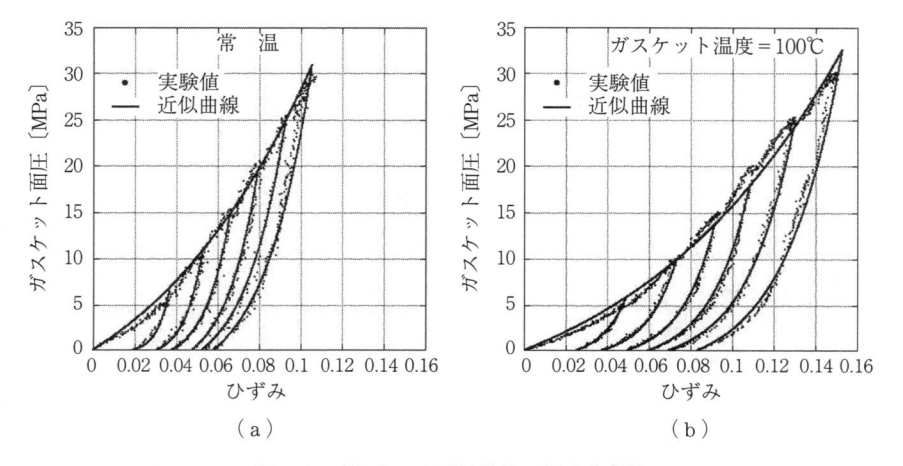

(a)

(b)

図7.3 ガスケット圧縮特性の温度依存性

圧縮曲線が大きく低剛性側に移動している。ここで，対象としたガスケットの場合，常温から75℃までの範囲で大きく剛性が低下し，それ以上の温度では剛性の低下率が小さくなる。

以上のように，ガスケットの剛性は周囲温度によって大きく変化するため，管フランジが熱負荷を受けたときの挙動を精度よく評価することはかなり困難といえる。次節では，図7.2の試験装置で求めたガスケット面圧－ひずみ関係を有限要素解析に組み込み，プラントの運転開始から定常運転状態，シャットダウンに至る過程における，管フランジ締結用ボルトの温度変化と軸力変化の解析結果を紹介する。

7.4　有限要素法による運転時とシャットダウン時の挙動解析

高温流体が流れる管フランジの配管におけるシールの問題は，プラントの安全管理の観点からもっとも重要な課題である。プラントの組立ては常温で実施される。その後，プラントの運転が開始されると，配管内を流れる熱流体によって各部に熱膨張差が発生し，管フランジを締結しているボルトの軸力は，程度の差はあっても必ず変化する。一方，配管に使用される管フランジ，締結用ボルト・ナットの寸法形状と材質は，管内を流れる流体の種類と流量，圧力，温度などに応じて選択される。同じ材質の管フランジであっても，3.6節で紹介したように，呼び寸法が変わると形状は相似ではない。一般に，大きなフランジほど低剛性である。

図7.4は，図3.34（b）の解析に使用した大平面座，圧力40 K，呼び径50の比較的小径の管フランジの有限要素モデルである。図3.33に示した20インチの管フランジと比較すると，かなり剛性の高い構造となっている。したがって，熱負荷に対す

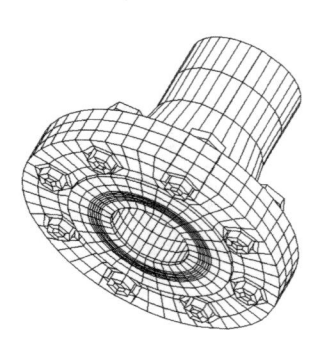

図7.4　小径の管フランジの有限要素モデル

7.4 有限要素法による運転時とシャットダウン時の挙動解析

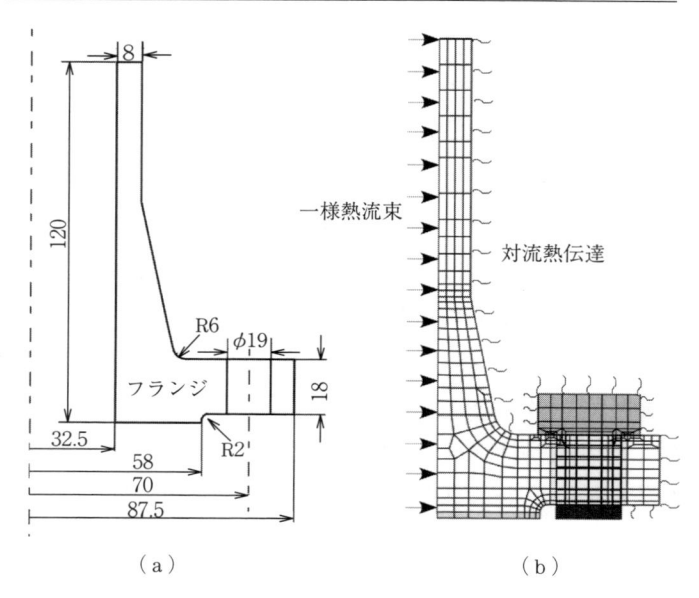

図7.5 管フランジの寸法と有限要素モデル

る管フランジ締結体の熱・力学挙動を精度よく評価するためには，呼びの影響を考慮した手法が必要となる。実験による評価には限界があるため，米国機械学会圧力容器配管部門講演会では，近年，有限要素解析による研究が多く発表されるようになっている。以下に，ガスケットの高温圧縮特性を考慮した有限要素法による解析例を紹介する。

図7.5は，対象としたJIS B 2210の呼び圧力20 K，呼び径65の管フランジの寸法と使用した軸対称有限要素モデルを示している[143),144)]。熱負荷によるボルトの軸力変化が主要な解析目的であれば，軸対称モデルで対応が可能である。ボルトならびにフランジのボルト穴部分については，ヤング率の大きさを変化させることにより剛性を調整している。有限要素モデルの詳細，境界条件，ガスケット圧縮特性の温度依存性の扱い方は，文献143)，144)に詳しく解説されている。

図7.6は，運転を開始して30 000秒後にシャットダウンし，60 000秒後までのボルト軸力とボルト温度の時間変化を示している[144)]。ボルト軸力は初期

ボルト軸力で除して無次元化している．図より，運転開始前の常温状態から定常状態になると，ボルト軸力は70%近くまで低下していることがわかる．さらに，シャットダウン後は40%近くまで低下していることがわかる．図中に示した有限要素解析による結果は，特に運転開始直後の軸力について実験との差が大きい．両者の値に差が発生したのは，三次元モデルを使用していないためではなく，クリープの影響を考慮していないことが主要な原因と推察される．種々の仮定を置いているにもかかわらず，定常状態とシャットダウン後の軸力の大きさは，実験値と比較的よく一致しており，解析は実用的に有効と考えられる．管フランジのボルト軸力が上記のような挙動を示す原因は，本来，低いガスケットの剛性が熱負荷を受けて低下し，シャットダウン時にさらに低下したことによる．シートガスケットの面圧とひずみの関係は非線形であり，その剛性を単純なヤング率で表すことはできないが，概略値として炭素鋼の数百分の一のオーダーと考えられる[143),144)]．

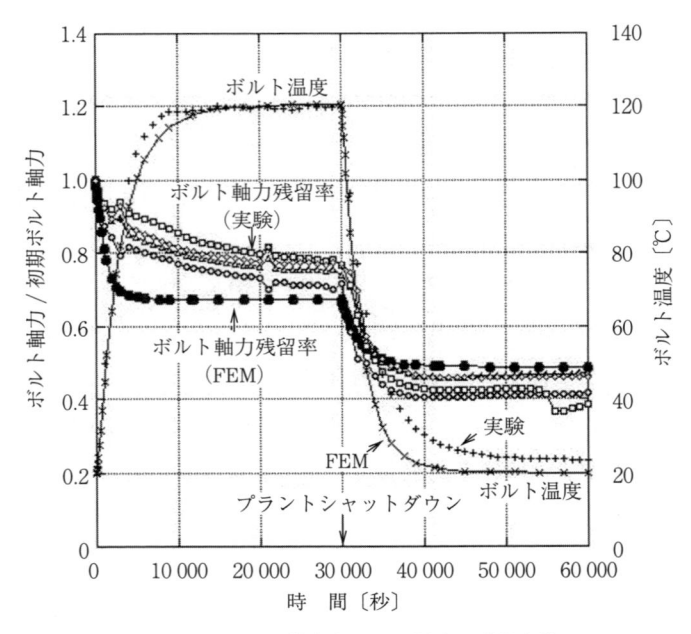

図7.6 ボルト軸力とボルト温度の時間変化

8 ねじのトラブル事例から学ぶ
― 原因の究明と解決策 ―

8.1 はじめに

　ねじ部品に発生する不具合，トラブルの形態は千差万別である。その原因として，ねじ締結部の形状と作用する荷重の多様性が挙げられる。本章では，ねじ締結部で発生するさまざまなトラブルや，ねじに固有の特徴的な力学挙動を紹介する。

　最初の8.2節では，大型車のホイール脱落事故の多発という事態を受けて，締め付けトルクの推奨値が高くなったが，トルク管理が確実であれば不具合が起こる可能性は低いという結論を得ている。8.3節では，ジェットコースターの車輪のねじ部に発生した疲労破壊現象をひずみエネルギーの観点から解説している。

　8.4節では，大きな荷重を受け持つために多数のボルトが支圧接合状態で使用された場合の挙動を扱っており，荷重方向に並んだ各ボルトが受け持つせん断荷重の大きさは，初歩的な材料力学の理論で求められることを示している。8.5節では，フランジ形固定軸継手に使用されるリーマボルトのはめあい，ボルト軸力のばらつき，組立誤差が継手強度に及ぼす影響を体系的に明らかにしている。8.6節では，**冷やしばめ**によって締結されたリーマボルトの軸力低下量を，ばねモデルを用いて簡単に推定できる式を導いている。

　8.7節では，プラグと呼ばれる油圧機器用ねじ部品の動的荷重に対するシール性能を，一次元ばねモデルを用いて評価する手法を紹介している。8.8節では，ボルト締結体の接触面における表面粗さが固有振動数，固有振動モードに及ぼす影響を有限要素解析により定量的に評価する手法を提案している。

264   8. ねじのトラブル事例から学ぶ

　最後の8.9節では，有限要素法によりボルト締結体の力学挙動を解析する場合を対象として，対称性や周期対称性を考慮したモデリング手法など，効率的な解析を実現するためのいくつかのヒントを紹介している。あわせて，実用的に有効な精度を得ることができるねじ部のメッシュパターンを示している。

　それぞれのテーマは特定の問題の解決を目的としているが，応力解析，低温熱負荷，振動など広い範囲の問題を扱っており，現場におけるさまざまな問題を解決するためのヒントとなることが期待される。

8.2　JIS方式大型車ホイールボルトの構造と疲労破壊

8.2.1　車輪脱落事故の概要

　2008年4月，東名高速道路において発生した観光バスのフロントガラスにタイヤが飛び込んだ事故をはじめとして，大型車の車輪脱落事故は市民生活と車社会の安全性を脅かす大きな社会問題となっている。統計によると，車輪脱落事故のほとんどは後輪で発生しており，そのうち，約2/3が左側後輪の脱落である[145]。

　事故の主要な原因は，車軸端部のハブと呼ばれる部分に車輪を取り付けるために使用されているねじ部品の疲労破壊である。車輪脱落事故の根本的な原因として，JIS方式の大型車の後輪が複輪構造となっており，ホイールボルトと呼ばれる特殊なねじ部品を使用して，内輪，外輪の順に2段階で締結する点が挙げられる。

　ホイールボルトの締め付けは，ボルト本数が多いことから，これまでインパクトレンチが広く使用されていたが，車輪脱落事故が多発する事態を受けて，トルクレンチを用いて約600 Nmのトルクで締結することが義務付けられるようになった。しかしながら大型車の後輪の構造は複雑であり，トルク－軸力関係式をはじめとして，2段階で締め付けるための適切な締め付け指針が確立しているとは言い難い。また，JIS方式の問題点が明らかになったことを受けて，現在製造されている大型車では，JIS方式より2本多い10本のホイールボル

トを使用して，内輪と外輪を同時に締め付けるISO方式を採用している。締結方式を変更したことにより，車輪脱落事故の撲滅が期待されるところであるが，従来からISO方式を採用してきた欧米では，ドイツを除いてホイールボルトの疲労破壊により，相当数の車輪脱落事故が発生している[145]。

8.2.2 締結部の構造，締め付け方法とねじ部品の疲労破壊

図8.1（a）に，大型車の後輪の構造と締め付け手順を示す。内輪と外輪は，ホイールボルト，インナーナット，アウターナットから構成される大型車専用のねじ部品を用いて，2段階の締め付け作業で取り付けられる。

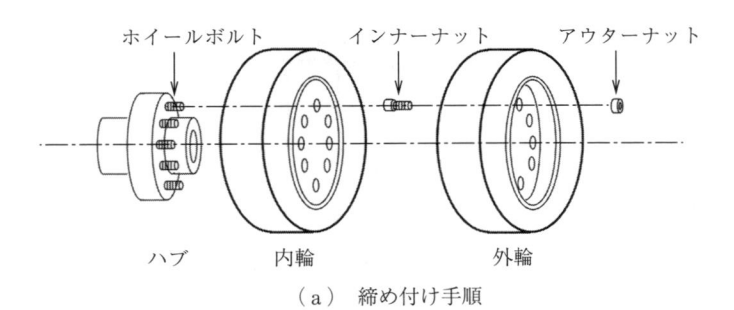

（a） 締め付け手順

（b） 大型車専用ねじ部品

図8.1 後輪の締め付け手順と大型車専用ねじ部品

図8.1（b）は，各部品の写真である。このうち，インナーナットは大型車の車輪の締め付け方法を特徴付けるねじ部品である。釣り鐘形状となった部分の内側と外側に，それぞれM20とM30の細目ねじが切られており，内輪を締め付ける段階では"めねじ"，外輪を締め付けるときは"おねじ"の役割をする。インナーナットとアウターナットの座面は，いずれも面積の小さな球面座となっている。

図8.2は，内輪，外輪の締め付けが完了した状態における締結部周辺の構造を示している。JIS方式における標準のボルト本数は8本であるが，直径の小さいホイールでは6本となっている。ここでは大多数の大型車が採用している8本締めのホイールを対象とする。図8.1に対応して後輪の締め付け手順を示す。

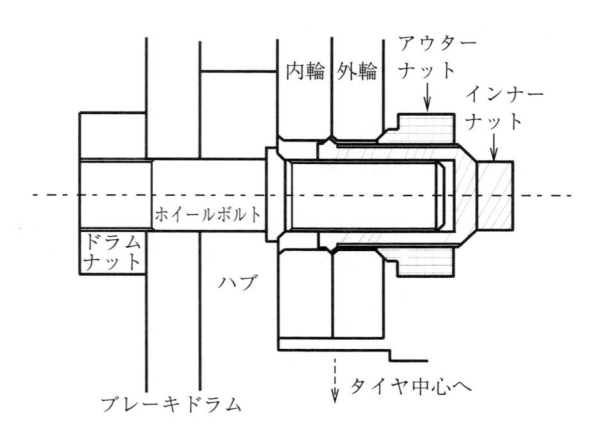

図8.2 内輪と外輪の締結部の構造

① 内側ホイールのボルト穴部分をハブから突き出ているホイールボルトに挿入する。
② ホイールボルトにインナーナットを装着し，上部の四角柱形状の部分にトルクを与えて内側ホイールをハブに締め付ける。
③ 外側ホイールを挿入して，アウターナットをインナーナットの外側に切られたおねじに装着し，トルクを与えて締め付ける。

このように，大型車の後輪は内輪と外輪の2段階で締め付けられる。その場合の締め付けトルクはいずれも約600 Nmと規定されている。ボルトの締め付け回数について，単輪構造となっている前輪はボルト数に等しく，複輪構造の後輪ではボルト数の2倍となる。したがって，単輪構造の前輪が1軸，後輪が2軸という最小構成の場合でも，締め付け回数はのべ80回となり，後輪が3軸の場合は112回となる。

8.2 JIS方式大型車ホイールボルトの構造と疲労破壊

車輪脱落事故のほとんどが後輪で発生し，そのうちの2/3が左側後輪である原因として，わが国では左側通行を採用している点が挙げられる。**図8.3**はホイールボルトとインナーナットの破断例を示している[145]。図8.2の締結部の構造を参照すると，通常のボルト・ナットの場合と同様に，いずれのねじ部品もナット座面にもっとも近い第1ねじ谷底付近から破断している。

（a）ホイールボルト　　　　（b）インナーナット

図8.3　ホイールボルト，インナーナットの破断例

8.2.3　締め付け過程の力学と問題点[146),147]

図8.4は，2段階締め付けにおけるトルクと軸力の関係を模式的に示したものである。例えば，内輪と外輪をいずれも規定トルクの600 Nmで締め付けた場合，接触面の摩擦係数を0.15と仮定すると，ホイールボルトに発生する軸力は，内輪締め付け時に約123 kN，外輪を締め付けると30 kN増加して約153 kNとなる。

最終ボルト軸力（$F_{inn} + F_{out}$）
アウターナットの締め付け
F_{out}
ホイールボルト軸力
インナーナットの締め付け
F_{inn}
トルク

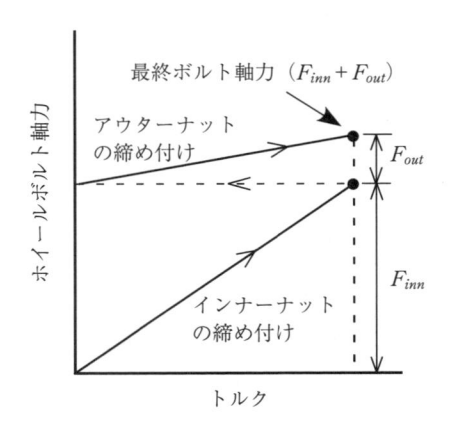

図8.4　後輪の2段階締め付けとトルク-軸力関係

内輪と外輪を締め付けているねじの呼びが，M20 と M30 である点を考慮すると，外輪の締め付け時には内輪の場合の 2/3，すなわち，呼び径に反比例して軸力の増加は 123 kN×2/3 ≈ 80 kN となるはずである。この 80 kN と実際に発生する 30 kN の軸力の差は，2 段階締め付け固有の力学特性といえる。

ホイールボルトは 2 段階で締め付けるため，締め付け指針としてはインナーナットとアウターナットに対する各トルク係数 K_{inn}，K_{out} が必要となる。この係数を用いると，インナーナットとアウターナットの締め付けトルク T_{inn}，T_{out} により発生する二つの軸力成分 F_{inn}，F_{out} が求められ，両者の和として締め付け完了時のホイールボルトの軸力 F_b が推定できる。

$$\left. \begin{array}{l} T_{inn} = K_{inn} F_{inn} d \\ T_{out} = K_{out} F_{out} d \\ F_b = F_{inn} + F_{out} \end{array} \right\} \tag{8.1}$$

図 8.5 は，トルク-軸力関係式を導くために作成したホイール締結部の有限要素モデルである。締結部形状は軸対称と仮定しており，内輪，外輪，ハブ，ブレーキドラムは，実機の力学特性を損なわない程度に簡略化している。解析手順，解析条件などは文献 147) に詳述している。

式 (8.1) で定義した二つのトルク係数 K_{inn}，K_{out} は，ボルト・ナットの場合と同じく，摩擦係数の関数として表すことができる。

$$\left. \begin{array}{l} K_{inn} = 0.6004 \mu_{ith} + 0.8423 \mu_{inu} + 0.02120 \\ K_{out} = 3.179 \mu_{oth} + 0.6198 \mu_{onu} + 0.08163 \end{array} \right\} \tag{8.2}$$

式 (8.2) に現れる μ_{ith}，μ_{inu}，μ_{oth}，μ_{onu} は順に，インナーナット締め付け時のねじ面とナット座面，同じくアウターナット締め付け時のねじ面とナット座面の摩擦係数を示しており，最初の添字の i と o によってインナーナットとアウターナットを区別している。図 8.4 に示したように，内輪締め付け時に大きな軸力が発生することに対応して，K_{inn} の値は K_{out} に比べてかなり小さくなっている。ホイールボルトの締め付け特性に大きく影響する K_{inn} について，式 (3.18) に示した通常のボルト・ナット締結体のトルク係数 K と比較すると，ナット座面の摩擦係数 μ_{inu} に対する係数が 0.8423 とかなり大きくなって

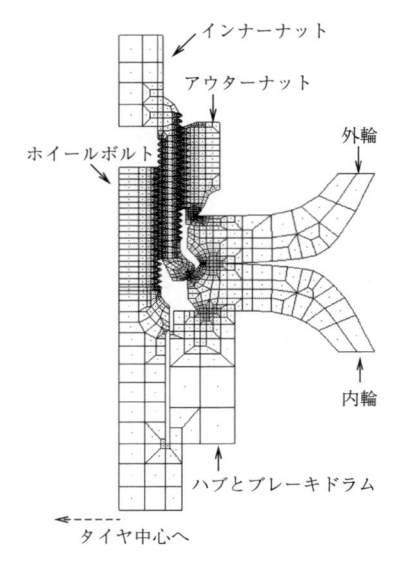

8.2 JIS方式大型車ホイールボルトの構造と疲労破壊

図8.5 ホイール締結部の有限要素モデル

(ラベル: インナーナット、アウターナット、ホイールボルト、外輪、内輪、ハブとブレーキドラム、タイヤ中心へ)

いる。したがって μ_{inu} は，通常のボルト・ナットに比べてトルク係数に対する影響がかなり大きい。すなわち，締結部の締め付け・開放により摩擦係数が変化した場合，ホイールボルトの軸力は，ボルト・ナットに比べて変化しやすいといえる。

図8.6は，後輪の2段階締め付けにおける各部の力の釣合いを表している[66]。

インナーナットの締め付けにより，軸力 F_{inn} が発生するメカニズムは，通常のボルト・ナットと同じである。しかしながら，アウターナットを締め付けたときに発生する軸方向力 F_o に対して，ホイールボルトの軸力増加分 F_{out}（$= f_2$）が占める割合は30%前後であり，残りの70%にあたる f_1 は内側ホイールを押し下げて，インナーナット座面の面圧を低下させるように働く。その結果，締め付け完了時のホイールボルトの軸力 F_b については，インナーナット締め付け時に発生する軸力 F_{inn} が大きな割合を占めることになる。

ここで，F_o に対する f_1 と f_2 の比率の変化は，摩擦係数が 0.1〜0.2 まで変化しても2%以内と小さい。そこで，摩擦係数が0.15の場合の比率を参考にして，アウターナット締め付け時に発生する軸方向力 F_o のうち，28%が f_2，

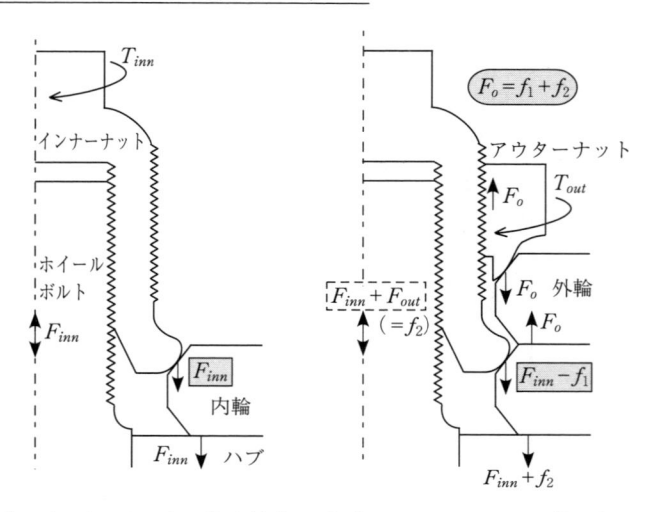

(a) インナーナットの締め付け　　(b) アウターナットの締め付け

図 8.6　2 段階締め付けにおける力の釣合い

残りの 72% が f_1 と仮定し，式（8.1），（8.2）を用いて締め付け完了時のインナーナット座面の圧縮力（$F_{inn} - f_1$）に対する各部の摩擦係数の影響を検討した結果を図 8.7 に示す。

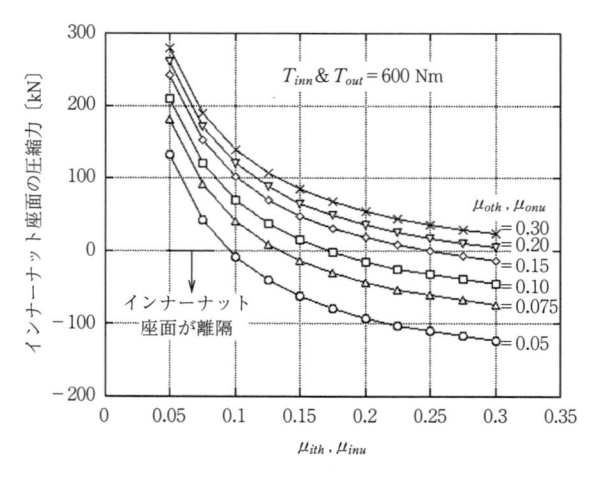

図 8.7　座面の圧縮力に対する摩擦係数の影響

締め付けトルクは 600 Nm 一定とし，横軸はインナーナット締め付け時の摩擦係数 μ_{ith}, μ_{inu}，パラメータはアウターナット締め付け時の摩擦係数 μ_{oth}, μ_{onu} である．図より，内側ホイール締め付け時に発生する軸力 F_{inn} が小さく，アウターナット締め付け時の軸方向力 F_o が大きい場合，すなわち μ_{ith}, μ_{inu} が大きく，μ_{oth}, μ_{onu} が小さくなると，インナーナット座面の面圧がほとんど消失するケースがあることがわかる．この場合，内輪と外輪の相互の拘束はホイール界面の圧縮力のみとなるため，振動外力などを受けると，きわめて不安定な締め付け状態になると推察される．

8.2.4 軸力と摩擦係数のばらつきとその軽減方法

図 8.8 は，実機のハブとブレーキドラムおよびその周辺部品を使用して製作した実験装置を示している[66]．図 8.8（a）は，ホイール装着前の状態である．ハブの表面から突き出ている部品がホイールボルトである．図 8.8（b）は，内側ホイールと外側ホイールの締め付けが完了した状態である．実験に使用したホイールボルトは，図 8.8（c）のように，ねじの一部を除去して円筒形状に加工し，軸力測定用に 2 枚のひずみゲージを 180° 離して貼っている．ねじ面とナット座面の摩擦係数を測定する場合は，ボルトに作用するトルクを測定するために，さらに 2 枚のクロスゲージを貼り付ける．

図 8.9 は，単一のボルトを対象として実施した 2 段階締め付け過程におい

（a）締め付け実験装置　　（b）内輪と外輪を装着した状態

（c）ホイールボルト試験片

図 8.8 実機の部品を用いた締め付け実験装置

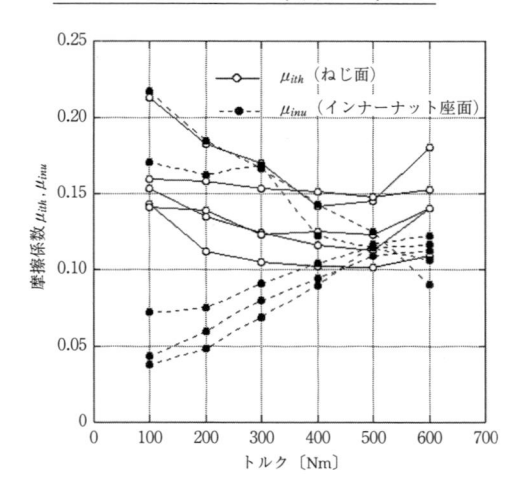

図8.9 摩擦係数の測定結果

て，内側ホイールを締め付けたときのねじ面と，インナーナット座面の摩擦係数 μ_{ith}，μ_{inu} の測定結果である．使用した潤滑剤はマシン油で，実験回数は5回である．いずれの摩擦係数も締め付け・開放の繰返しにより大きく変化しており，特に μ_{inu} の変化が顕著である．その原因として，インナーナットと内側ホイールの座面がともに球面形状となっており，締め付け・開放の繰返しによって**面のあたり**が変化したためと考えられる．

図8.10 は，トルクレンチを用いて内側ホイールと外側ホイールを2段階で締め付けた場合について，8本のホイールボルトに発生した軸力の平均値とばらつきを示している．

実験は5回実施し，ばらつきは標準偏差±1σで表している．8本のボルト間でかなりのばらつきがあり，5回の実験において各ボルトに発生したばらつきにもかなりの差が見受けられる．軸力がばらつく原因として，摩擦係数のばらつきに加えてボルトを逐次締め付けたときに発生する**弾性相互作用**が考えられるが，三次元有限要素解析と実験結果から，弾性相互作用の影響は無視できる程度であることを確認している[66]．その理由として，被締結体である内輪，外輪の2枚のホイールは肉厚が薄く，ほぼ平面であるために剛性が高いという点が挙げられる．この結果は，弾性相互作用に関して重要な情報を提供する．

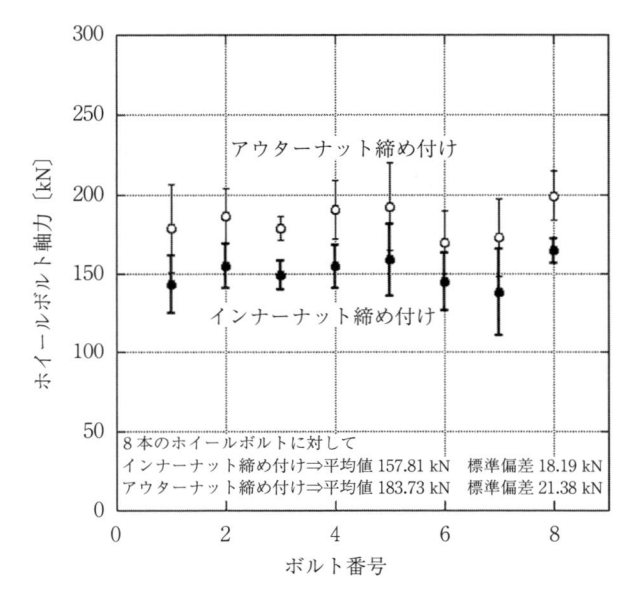

8.2 JIS方式大型車ホイールボルトの構造と疲労破壊 273

図8.10 ホイールボルト軸力の平均値とばらつき

すなわち，ボルトが円周上に配置されている締結部でも，被締結体の剛性が高く，その中にガスケットのような低剛性の部品が含まれていなければ弾性相互作用は小さい．

図8.9の結果より，ホイールボルトの軸力のばらつきを抑えるためには，インナーナット座面の摩擦係数 μ_{inu} のばらつきを抑えることが有効と考えられる．そこで，実機のインナーナットと内側ホイールの寸法形状に対応した有限要素モデルを作成して，インナーナット座面まわりの面圧分布を求める．

図8.11では，実機の形状に対応したモデルと，インナーナット座面と内側ホイール表面が「凸球面と凹球面の接触」となるように，形状修正したモデルにより得られた座面周辺のミーゼス応力分布を比較している．わずかな座面形状の修正により，インナーナット座面周辺の最大応力が顕著に低下している．アウターナット座面についても同様の効果が得られる．

したがって，ホイールボルトの軸力のばらつきを軽減する手段として，インナーナット座面の曲率半径を対応する内側ホイールの座面に比べてやや小さ

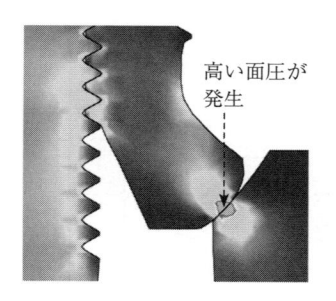

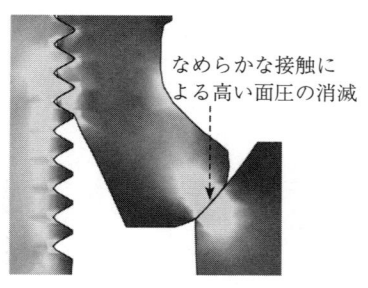

(a) もとの形状 　　　　(b) 修正後の形状

図 8.11　座面形状修正による最大応力の低減

く，両者がなめらかに接触する**ヘルツの接触問題**に準じた形状とする方法が考えられる。

8.2.5　ホイールボルトの応力振幅の測定[148]

図 8.12 は，応力振幅測定装置の構造を示している。実際に使用されていた最大積載荷重 200 kN のトレーラーの後輪部分を使用しており，車輪の回転に伴ってホイールボルトとインナーナットが積載荷重から受ける繰返し応力を運転状態に近い条件で測定した。

トレーラーの積載荷重に相当する外荷重は手動式油圧ジャッキにより与える。圧縮荷重の大きさは，片側の複輪について大型車の積載重量計測用のロー

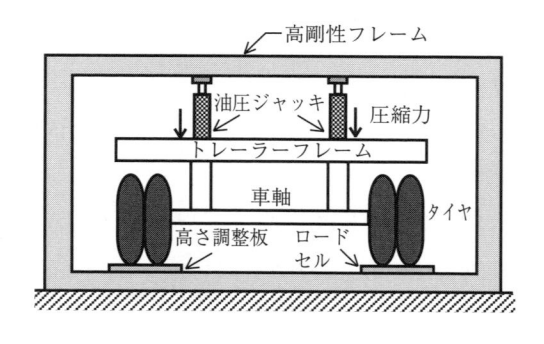

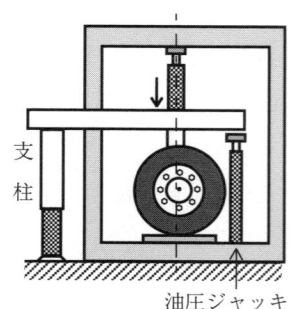

(a) 前　面 　　　　(b) 側　面

図 8.12　ホイールボルトの応力振幅測定装置

ドセルを用いて測定する．ホイールボルトは，全ねじとなっている．そこで，試験片の作成にあたり，インナーナットとかみ合わないねじ山の一部を取り除いて円筒形状に加工し，図8.13（a）に示すように，4枚のひずみゲージを円周方向に90°ずつ離して貼り付ける．

（a） ボルトのひずみの測定位置

（b） ホイールボルト試験片

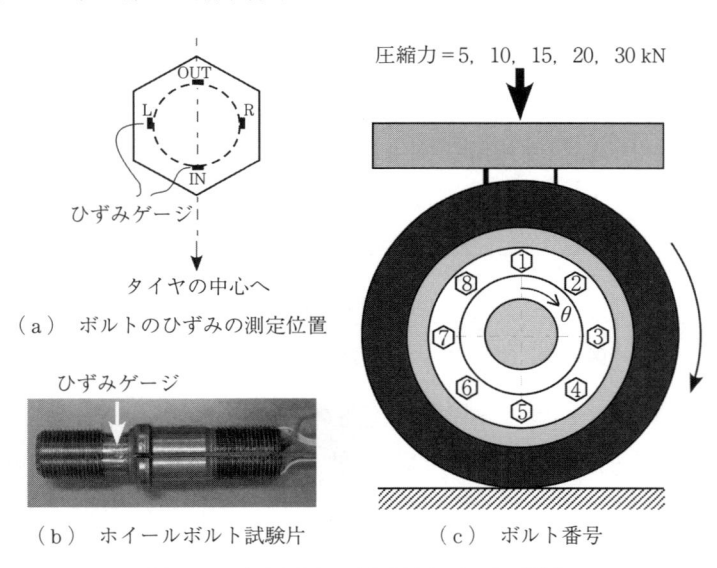

（c） ボルト番号

図8.13 応力振幅の測定方法とボルト試験片

ホイールの中心に対して，半径方向の内側を「IN」，外側を「OUT」，車輪を正面に見て右側を「R」，左側を「L」とする．図8.13（b）は，ひずみゲージを貼り付けた状態を示しており，リード線を取り出すために軸方向に細い溝を加工している．図8.13（c）のように，JIS方式の大型車の車輪は8本のホイールボルトで締め付けられている．そこで，地面からもっとも遠い位置を「1」として回転角度の基準点とし，以下，時計回りにボルト番号を付ける．応力振幅の測定は，bolt1に貼り付けたひずみゲージにより実施する．

図8.14は実験結果の一例であり，「IN」における軸方向応力とタイヤの回転角度の関係を示している．パラメータは積載荷重である．ここで，ホイールが1回転する間に発生した応力の最大値と最小値の差を2で除した値を応力振

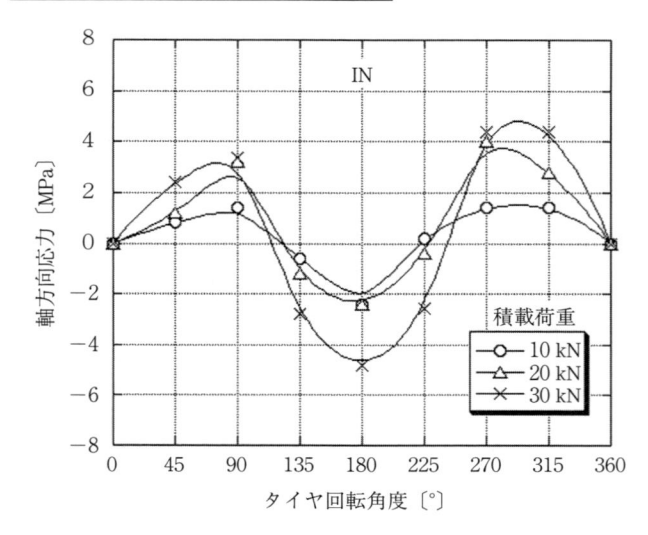

図 8.14 「IN」における軸方向応力とタイヤ回転角度

幅とする.

　図 8.15 は軸力が標準状態の 30% まで低下したときの応力振幅と積載荷重の関係を示しており，25 kN が最大積載荷重に対応する．軸力が標準状態の 50% まで低下しても，応力振幅は 5 〜 8 MPa とほとんど変化しなかったが，図で

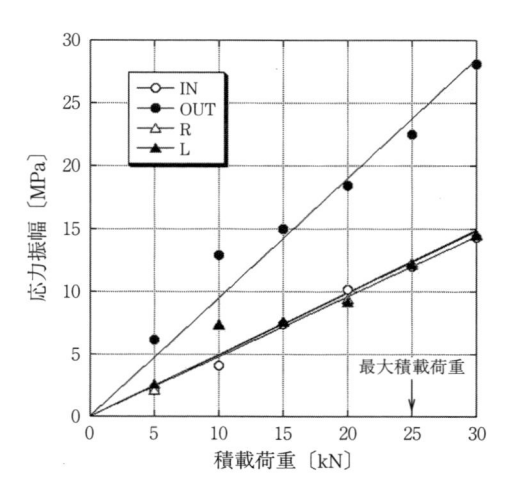

図 8.15　軸力低下時の応力振幅と積載荷重

は顕著な増加が見られる。また，軸力が標準状態の30％の状態について実験を繰返したところ，各実験で得られたデータのばらつきがかなり大きくなった。このことは，ホイールの締結状態が不安定になっていることを意味する。

以上の結果より，軸力が30％程度まで低下すると，ボルトに発生する応力振幅が急激に上昇する可能性が高いことがわかる。

ホイールボルトを締め付ける場合の規定トルクは600 Nmである。この値は事故が頻発することを受けて，400 Nmから変更されたものである。しかしながら前述の実験結果によると，ホイールボルトの軸力が50％まで低下しても応力振幅はほとんど増加しない。したがって，締め付け作業において400 Nmのトルクで確実に締め付ければ，さまざまな原因による軸力のばらつきを考慮しても，ホイールボルトの疲労破壊が発生する可能性はかなり低いと推察される。

8.2.6 ホイールボルトの応力振幅の有限要素解析[149]

図8.16（a）は，解析に使用した締結部全体の有限要素モデルを示している。図（b），（c）はホイールボルトとインナーナットの有限要素モデルである。ここで，締結部周辺の形状の複雑さと解析効率を考慮して，解析モデルはタイヤと地面も含めてすべて線形弾性体と仮定している。

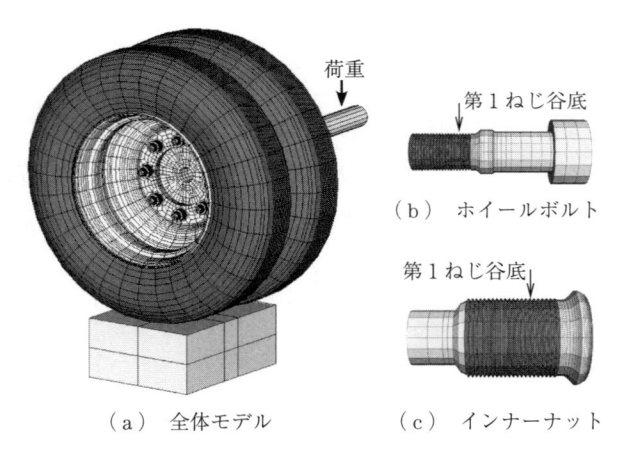

図8.16 応力振幅評価用の有限要素モデル

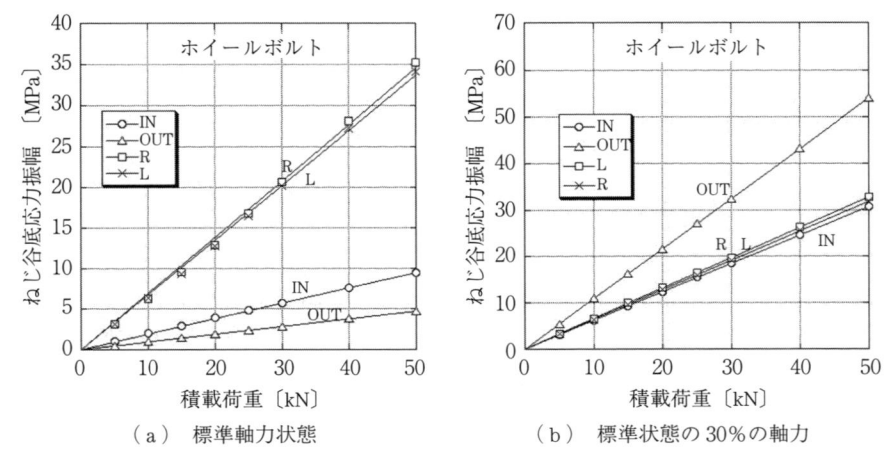

図 8.17 ねじ谷底応力振幅と初期ボルト軸力

図 8.17（a），（b）は，標準軸力状態と，軸力が 30％まで低下したときのホイールボルトの第 1 ねじ谷底に発生する応力振幅と積載荷重の関係を示している。摩擦係数の値は 0.15 である。後者では，ホイールボルトの「OUT」において応力振幅が顕著に増加している。また，摩擦係数が大きくなると，軸力が顕著に低下したときと同様に高い応力振幅が発生する。この結果は，図 8.9 のインナーナット座面の摩擦係数の測定結果とあわせて，ホイールを締め付け・開放する際には，面の粗さに注意する必要があることを示唆している。

8.2.7　トルク制御機能付き多軸同時締め付け装置の開発[150]

ホイールボルトの推奨締め付けトルクは 600 Nm である。質量 7.2 kg，腕の長さ 1.2 m の専用トルクレンチを使用して，人力で締め付けるためには，約 500 N の力を与えなければならない。この力で締め付けるためには，体力に恵まれた成年男子が作業に当たる必要がある。そこで，トルクレンチの機構を工夫することにより，300 Nm のトルクで締め付けられるタイプも開発されている。しかしながら，締め付け作業を繰返して，のべ 80 本のホイールボルトやインナーナットを締め付けるためには，非常に大きな締め付けエネルギーが必

8.2 JIS方式大型車ホイールボルトの構造と疲労破壊

要となり，それを一人の作業者が短時間で達成することは，きわめて困難である。そこで，トルク制御機能を持たないインパクトレンチを使用すると，締め付け力不足あるいは，締めすぎによるねじ部品の破損という問題が生じる。この対策として，トルク制御機能を持った締め付け装置の使用が考えられる。

図8.18は，空気駆動式のレンチを用いて締め付けた場合の軸力の測定結果である。図8.10の手動トルクレンチによる結果と比較すると，軸力のばらつきが，かなり小さくなっている。手動のトルクレンチを用いた場合，規定トルクを与えるためには，作業者の全身の力が必要となり，一定速度で締め付けることが難しいために軸力が大きくばらつくが，トルク制御機能を持つレンチでは，スムーズな締め付けが可能であることが原因と推察される。

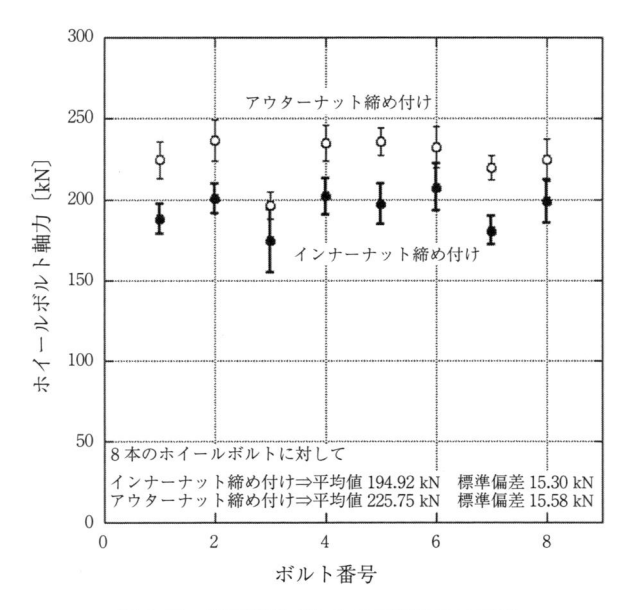

図8.18 空気駆動式レンチの締め付け精度

図8.19は，4組の空気駆動式レンチを用いて，大型車のホイール締結専用に開発した4軸同時締め付け装置である。ボルトに与えたトルクが規定値の600 Nmに到達した時点で，そのレンチが停止する機構となっている。装置全

図 8.19 トルク制御機能付き
4軸同時締め付け装置

体を円弧型のアームで支える構造となっており，水平位置から左右に 45° 回転できる．その結果，4本同時のボルト締め付けを2回繰返すことにより，8本1組のホイールボルトあるいはインナーナットの締め付けが完了する．

8.3 ジェットコースター車軸の疲労破壊

2007年5月，万博記念公園内にあったエキスポランドにおいて，ジェットコースターの大事故が発生した．車軸の端部に加工されたねじ部分が，疲労破壊により破断したことが原因といわれている．以下に，その車軸のねじ部分の形状と強度について考察する．

（1）段付き軸のひずみエネルギーと車軸の形状　内燃機関のクランクピンボルトに見られるように，大きな繰返し外力を受けるボルトは，軸部を細くした**伸びボルト**にして剛性を下げることにより，疲労強度を向上させている．一方，ひずみエネルギーの観点から考えると，段付きとなった棒は，真直棒に比べて吸収できるひずみエネルギーが小さくなる．

　図 8.20 （a）は，真直棒と段付き棒が吸収できるひずみエネルギー U を比較したものである[151]．特に，直径の大きな軸部が全長に占める割合が大きくなると，変形のほとんどが細い部分に集中するために，吸収できるエネルギーが小さくなっている．ジェットコースターの疲労破壊した車軸の形状は，図（b）のように，3段構造となっており，ねじを切った部分の軸径が小さく，軸全体に対する長さも短い．したがって，軸方向の荷重を受けると，変形がこ

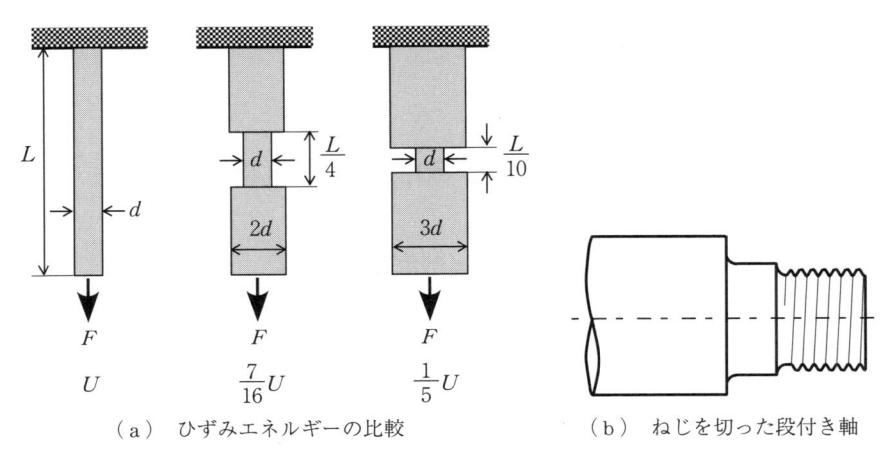

(a) ひずみエネルギーの比較   (b) ねじを切った段付き軸

図 8.20　段付き軸の形状とひずみエネルギー

の部分に集中するために，構造全体としてのひずみエネルギー吸収能力は低い。

（2）車軸の疲労破壊について　軸が疲労破壊する場合，繰返し荷重の負荷形態によって破断面の形状が変化する。プロペラ軸のように，ねじりモーメントによるせん断力が支配的な場合は，軸線に対して 45° の主応力の方向に破壊するケースが多い。一方，ボルト・ナットに繰返し荷重が作用する場合，ボルト軸に直角に近い断面に沿って破壊するケースが多い。破断したジェットコースターの車軸には，乗客を含めた車体重量が上下方向に作用することによる曲げ荷重，旋回運動による軸方向荷重など，さまざまな荷重が作用している。車軸の破断面は，**図 8.21** のように軸に対してほぼ直角である。この破断形状は，ボルト・ナットの片振り疲労試験と類似しており，細かいしま模様が観察されていることから，軸方向荷重が支配的であるというコメントが発表されている[152]。さらに，事故調査の過程で，2 台 1 組で運行していたもう 1 台

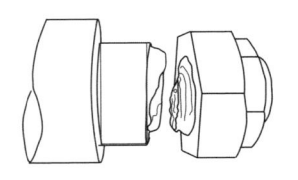

図 8.21　車軸の破断面形状

でも，同じ部分でき裂が発見されたことから，車軸の形状と締め付け管理に根本的な問題があった可能性が考えられる。

8.4　せん断荷重を受ける多数ボルト締結体の力学特性[153]

8.4.1　摩擦接合と支圧接合された多数ボルト締結体

　複数のボルトを用いて締結する場合，各ボルトが均一に荷重を受け持つためにはボルトは荷重方向に対して垂直に配置される。一方，さまざまな理由から荷重方向に沿って配置されるケースがある。このような締結部の強度を計算する場合，すべてのボルトが等しく荷重を支えるという仮定が広く採用されている。しかしながら実際の締結部では，各ボルトが受け持つせん断荷重の大きさは異なる。

　多数ボルト締結体では，図 8.22（a）に示すように，高力ボルトを用いた摩擦接合が広く使用されている。摩擦接合された締結部は，接触面にすべりが発生しないために，一体構造物とほぼ等しい力学特性を示す。図（b）に示す支圧接合では，ボルト円筒部を被締結体の穴表面に接触させることにより，せん断荷重を支える。同時に，せん断荷重のある割合は，接触面の摩擦によって支えられている。

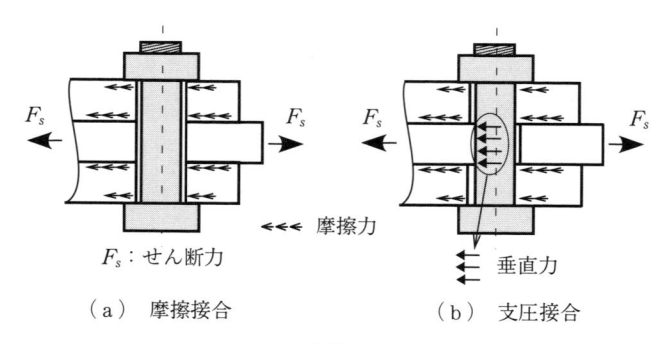

F_s：せん断力

（a）摩擦接合　　　（b）支圧接合

図 8.22　摩擦接合と支圧接合

　このような支圧接合では，せん断荷重を接触面の摩擦とボルト円筒部とボルト穴表面の接触による支圧力によって受け持つ割合の定量的評価が難しい。

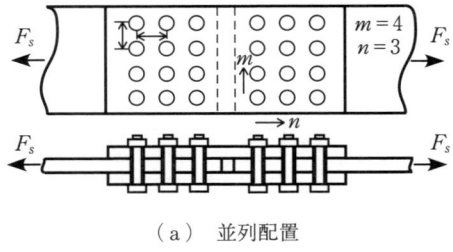

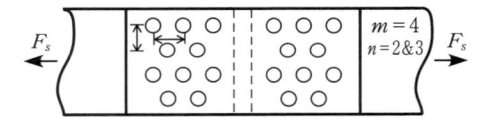

8.4 せん断荷重を受ける多数ボルト締結体の力学特性

（a）並列配置

（b）千鳥配置

図8.23 並列配置と千鳥配置

図8.23（a），（b）は，それぞれ，並列配置と千鳥配置の多数ボルト締結体を示している。荷重に平行な方向の列数をm，垂直な方向の列数をnで表し，前者を並列ボルト列数，後者を単にボルト列数と呼ぶこととする。締結部がせん断荷重を受けた場合，ボルト列数nについて，両端のボルトが受け持つ荷重が大きいことは指摘されているが，定量的な評価には至っていない[154]。締結部の接合方法として，摩擦接合に比べて低コストである支圧接合を安全かつ効率的に適用するためには，せん断荷重を受けたときの力学特性を定量的に評価できる手法の確立が必要である。

8.4.2 支圧接合におけるせん断荷重の伝達メカニズム

図8.24は，ボルト列数$n=4$の支圧接合における力の釣合いを示している。ボルト番号iは，継手中央からせん断荷重を受ける端部に向かって付している。

外力として与えられたせん断荷重F_sは，ボルト円筒部の支圧力と接触面の摩擦力として伝達される。簡単のために，並列ボルト列数mが1の場合を対象として，ボルトiが受け持つ支圧力と摩擦力をそれぞれ，F_i^N，F_i^μとすると，両者の総和はF_sに等しくなる。

$$\sum_{i=1}^{n}(F_i^N + F_i^\mu) = F_s \tag{8.3}$$

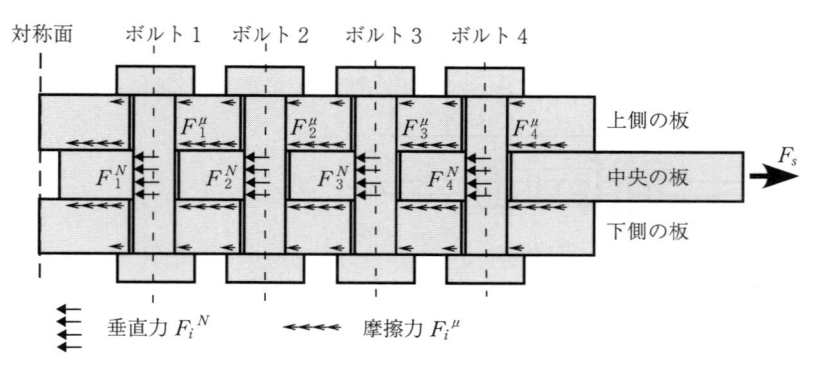

図8.24 支圧接合における力の釣合い

つぎに，F_i^N と F_i^μ を F_s で除した値を，それぞれ R_i^N と R_i^μ とする。

$$R_i^N = \frac{F_i^N}{F_s}, \quad R_i^\mu = \frac{F_i^\mu}{F_s} \tag{8.4}$$

式（8.4）において，R_i^N を支圧力によるせん断荷重分担率，R_i^μ を摩擦力によるせん断荷重分担率，両者の和 R_i を単にボルト i の**せん断荷重分担率**と呼ぶこととする。

$$R_i = R_i^N + R_i^\mu \tag{8.5}$$

当然のことながら，n 本のボルトのせん断荷重分担率 R_i の和は1となる。

$$\sum_{i=1}^{n} R_i = \sum_{i=1}^{n} (R_i^N + R_i^\mu) = 1 \tag{8.6}$$

締結部には，被締結体界面，ナット座面，ボルト頭部座面，ねじ面の四つの接触面が存在する。このうち，もっとも面積が広い被締結体界面が，せん断荷重分担率に対して支配的な影響を持つと考えられる。従来の支圧接合に対する設計方法では，$F_i^\mu = 0$ と仮定している。これに対して，摩擦接合の場合は $F_i^N = 0$ と仮定している。

8.4.3　支圧接合された多数ボルト締結体の有限要素解析

解析の対象とした継手形状は，図8.23（a）に示したボルトが並列配置された突合せ継手である。ボルトの呼びはM16の並目ねじとし，ボルト穴径は

17.5 mm,締結部を構成する3枚の板の厚さはすべて12 mmとする.ボルト配置に関して,せん断荷重方向と荷重に直角な方向の間隔は,いずれも65 mm,板の端部に配置されたボルト穴の中心から板側面までの縁端距離は28 mmとしている.継手形状以外に継手の力学挙動に影響を及ぼす因子は,ボルト軸力 F_b,せん断荷重 F_s,接触面の摩擦係数 μ である.そこで解析条件は,ボルト軸応力 σ_b を一定として,せん断荷重 F_s と摩擦係数 μ を変化させる.せん断荷重 F_s は,ボルトの1せん断面当りの平均せん断応力 τ を基準に決める.3枚の板を締結する継手では,せん断面が二つ存在するので,ボルト列数が n,並列ボルト列数 m が1の場合,継手にかかるせん断荷重 F_s は,ボルトの呼び径を d として,次式から計算できる.

$$F_s = \frac{\pi}{4} d^2 \tau \times 2 \times n \tag{8.7}$$

標準解析条件は,支圧接合状態となる $\sigma_b = 100$ MPa,$\tau = 30$ MPa,$\mu = 0.07$ とする.図8.25(a),(b)は,並列ボルト列数 $m=1$,ボルト列数 $n=5$ の場合と,$m=3$,$n=5$ の並列ボルト継手の解析モデルである.

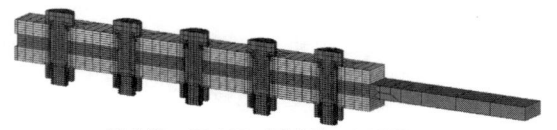

節点数=23 127　要素数=15 863
(a)　$m=1$,$n=5$

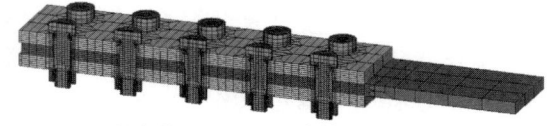

節点数=38 325　要素数=51 300
(b)　$m=3$,$n=5$

図8.25　多数ボルト締結体の有限要素モデル

図8.26は,並列ボルト列数 m を1とし,摩擦係数 μ が0.07の標準条件に対して,ボルト列数 n を,2,3,4,5と変化させた場合の解析結果を示している.

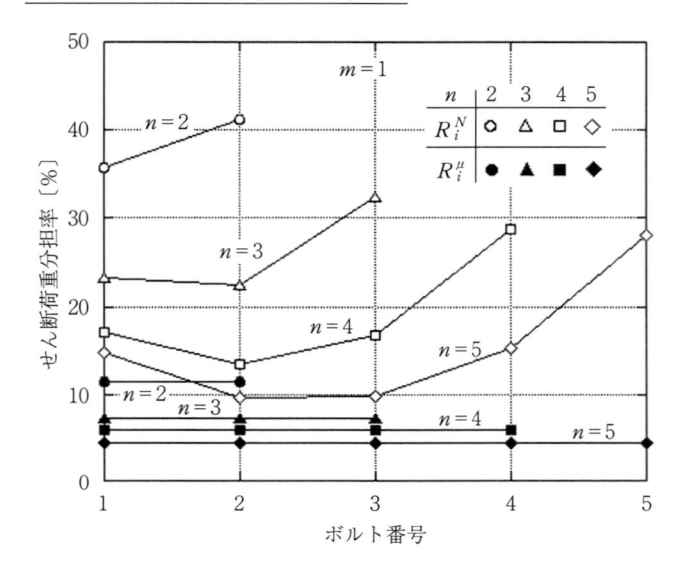

図 8.26 せん断荷重分担率とボルト列数の関係

縦軸は支圧力と摩擦力によるせん断荷重分担率 R_i^N, R_i^μ, 横軸はボルト番号である。せん断荷重分担率 R_i は，両端のボルトで大きく，中央のボルトで小さくなっている。この結果は，文献 154) に示された荷重分布パターンと一致しており，両端のボルトから破壊が起こりやすいという指摘を支持するものである。R_i に対する R_i^N と R_i^μ の寄与度を比較すると，R_i^μ の値は，各ボルトに対してほぼ等しい。この結果は，摩擦接合の場合には各ボルトが等しくせん断荷重を受け持つという従来の考え方と一致している。したがって，せん断荷重分担率 R_i の特徴的な分布形状はボルト円筒部の支圧力の影響によるものである。図には示していないが，摩擦係数 μ を変化させると，μ の増加に伴って，摩擦で受け持つ割合が増える。その場合も図 8.26 と同様，荷重方向に並んだ各ボルトのせん断荷重分担率 R_i^μ はほぼ一定である。

継手形状が決まっている場合，摩擦接合と支圧接合のいずれの状態になるかは，せん断荷重，ボルト軸力，接触面の状態に依存する。並列ボルト列数 m が 1，ボルト列数 n が 5 の継手を対象として，摩擦接合と支圧接合が発生する条件について考察する。

8.4 せん断荷重を受ける多数ボルト締結体の力学特性

図 8.27 は,縦軸に平均せん断応力 τ,横軸に摩擦係数 μ とボルト軸応力 σ_b の積をとって,摩擦接合と支圧接合の発生状態を示したものである。

一定の τ に対して $\mu\sigma_b$ が増加すると,摩擦接合状態となる。両者の境目を表す直線の傾きは約 1.1 である。これに対して,τ が相対的に大きくなるか $\mu\sigma_b$ が小さくなると継手にすべりが発生する。ここで,対象とした3枚板の継手では,最初に上下の板に対して中央の板がすべることにより,図の中央に示したように,ボルトの左側面と板のボルト穴表面が接触する。さらに,τ が増加あるいは $\mu\sigma_b$ が減少すると,上下の板に対してボルトがすべり,各ボルトの右側面の上下部分が上下の板のボルト穴と接触する。

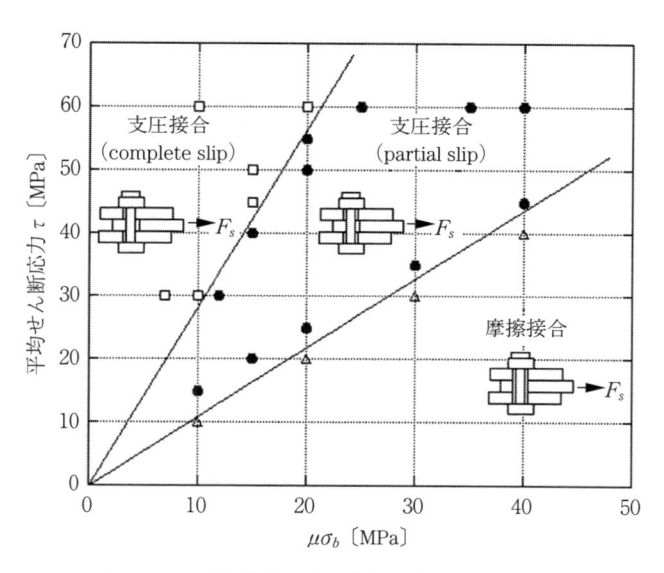

図 8.27 摩擦接合と支圧接合の発生と判定条件

両者はいずれも支圧接合状態であるが,図では前者を **partial slip**,後者を **complete slip** と表記して区別している。両者の境目を表す直線の傾きは,約 2.8 である。

以上の点から,支圧接合への移行は2段階で進むことがわかる。実際の継手において,せん断荷重とボルト軸力は設定可能であるが,接触面の状態につい

ては不確定要素が多いため，前述のいずれの支圧接合状態になるかは，摩擦係数 μ の大きさによって変化する．また図8.27を用いると，継手に作用するせん断荷重 F_s の大きさを表す τ に対して，摩擦接合から partial slip に移行する μ の値を求めることができる．

8.4.4 ばねモデルによるせん断荷重分担率の評価

三次元有限要素解析により，さまざまな条件の継手に対してせん断荷重分担率 R_i を求めると，並列ボルト列数 m が2より大きい並列配置についても，各列に対して $m=1$ の場合の結果を用いて，せん断荷重分担率 R_i を評価できることが確認されている．また，R_i を構成する支圧力によるせん断荷重分担率 R_i^N については，摩擦係数に関係なく各ボルトが分担する比率はほぼ等しく，摩擦力によるせん断荷重分担率 R_i^μ は，ボルト間でほぼ均一となる．したがって，実用的には m が1で，ボルト列数 n が変化した場合のせん断荷重分担率が重要と考えられる．そこで，締結体各部の剛性をばねモデルで表すことにより，界面の摩擦係数が零の場合について，せん断荷重分担率を求める．

図8.28（a）は，ボルトを軸部のみの円柱構造物としてモデル化し，接触面の摩擦を考慮しない場合の締結部モデルを示している．ここで，k_{bm}，k_{plc}，k_{ple} は，それぞれ，ボルト軸部，1ピッチ当りの中央の板，両端の板の剛性を表すばね定数である．これら3種類のばねで締結部全体を表すと，図8.28（b）のようになる．k_{bm} は，「一様分布荷重を受ける両端固定ばり」と「一様分布荷重を受ける片持ばり」の解，k_{plc} と k_{ple} は，一様な引張力を受ける板と仮定して求めることができる．各ばね定数の評価方法は文献153）に解説している．

図8.29に，ボルト列数 n を3～5と変化させた場合のせん断荷重分担率の計算結果を示す．図中に $\mu=0.001$ とした場合の有限要素解析による結果も示しており，両者の値はかなりよく一致している．したがって，摩擦係数 μ が小さい場合の，支圧接合におけるせん断荷重分担率は，上述の簡易計算法により算出が可能である．

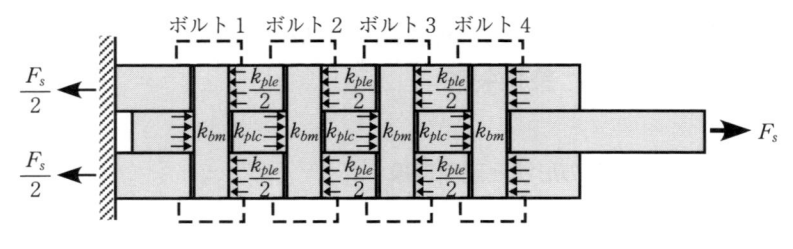

8.4 せん断荷重を受ける多数ボルト締結体の力学特性

(a) 解析モデル

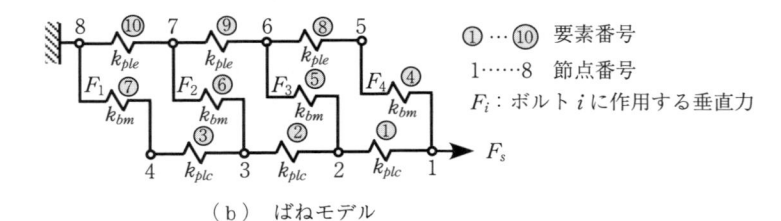

(b) ばねモデル

①…⑩ 要素番号
1……8 節点番号
F_i：ボルト i に作用する垂直力

図 8.28 支圧接合の簡易モデル

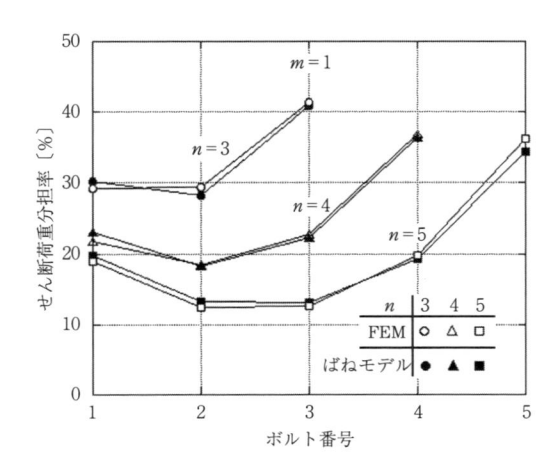

図 8.29 簡易モデルによるせん断荷重分担率

8.5 フランジ形固定軸継手用リーマボルトの強度と負荷特性[155),156)]

8.5.1 リーマボルトの形状と破断現象

リーマボルトは，軸部の直径とボルト穴径の寸法が等しいボルトであり，**図8.30**（a）のように，軸部を穴表面に密着させることにより，締結部にかかる大きなせん断荷重を受け持つことを目的としている．実際の継手では，完全なリーマは存在しないために，図8.30（b）に示した**しまりばめ**あるいは**すきまばめ**の状態となっている．図中のはめあいの大きさ δ_c については，舶用プロペラ軸系の軸継手部分の実測データから，ボルト軸部直径とボルト穴径の間には最大±20 µm程度の寸法誤差が存在することが報告されており[157)]，実際の継手では，組立時にはややしまりばめ状態とするケースが多いようである．

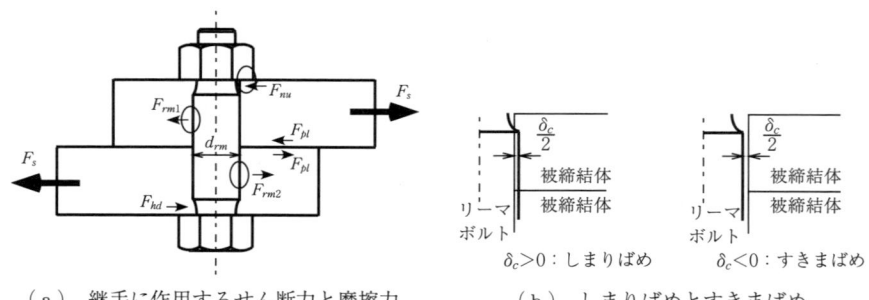

（a） 継手に作用するせん断力と摩擦力　　（b） しまりばめとすきまばめ

図8.30 リーマボルト継手のはめあいと力の釣合い

リーマボルトに関するいくつかの事故例によると，リーマボルトの破断位置はフランジの合わせ面ではなく，**図8.31**に示すように，フランジ内部に入ったリーマ面から発生している[158)]．

8.5 フランジ形固定軸継手用リーマボルトの強度と負荷特性　291

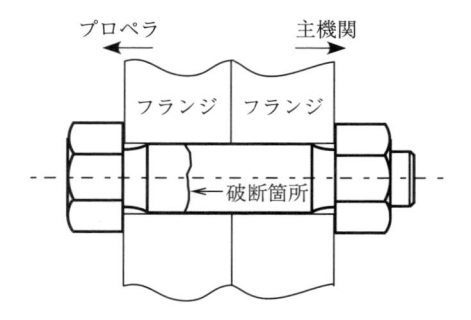

図8.31 軸継手用リーマ
ボルトの破断

8.5.2　リーマボルトの力学特性と問題点

図8.30（a）は，リーマボルトで締結された継手に軸トルクなどの外力によってせん断力が作用した場合の力の釣合いを示している。図から明らかなように，締結部に作用する力は，リーマ面に垂直な力と接触面の摩擦力の合計によって評価しなければならない。これに対して通常のボルトの場合は，ボルト穴径と呼び径の差によるクリアランスがあるため，**ルーズボルト**と呼ばれている。ルーズボルトの場合，継手に作用したせん断荷重は被締結体界面，ナット座面，ボルト頭部座面などの接触面の摩擦力のみによって伝達される。

8.4.1項で紹介した建築分野などで広く使用される高力ボルトでは，接触面の粗度を上げて摩擦係数を大きくし，高い軸力で締め付けることにより大きなせん断力を支えている。

リーマボルトの規格は，JIS B 1451 フランジ形固定軸継手，において規定されている。**図8.32**は，継手の形状を模式的に示したものである。

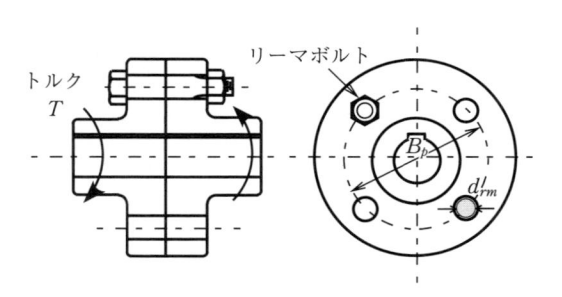

図8.32 フランジ形
固定軸継手

JISによるリーマボルトのせん断強度の評価式は以下のとおりである。

$$\tau = \frac{T}{(B_p/2) \cdot (n/2) \cdot (\pi d_{rm}^2/4)} \tag{8.8}$$

ここで，τ：リーマボルト軸断面における平均せん断応力，T：トルク，B_p：ボルトのピッチ円直径，n：ボルト本数，d_{rm}：リーマボルトの直径である。

軸から軸継手に伝達されたトルクは，駆動軸側のフランジからリーマボルトを介して被動軸側のフランジに伝達される。その際，トルクはリーマボルトの軸部表面に垂直荷重として作用する。式（8.8）では，ボルト穴の寸法や位置の誤差，組立誤差などを考慮して，実際に使用されているボルト本数の半数の$n/2$でトルクを受け持つと仮定している。

また，図8.30（a）に示した継手接触面の摩擦の効果については言及していない。以下に，リーマボルトを使用するうえでの問題点をまとめた。

① JISの計算式について，伝達トルクはすべてリーマ面に垂直な力として受け持つと仮定しており，接触面の摩擦力の効果を考慮していない。形状誤差など種々の因子の影響を考慮して，実際の本数の1/2のボルトでトルクを受け持つと仮定しているが，1/2という数字の力学的根拠が明確ではない。

② リーマボルトの直径と穴の寸法を完全に一致させることは困難であるため，実際の継手で発生する範囲の寸法誤差を考慮した強度評価方法の確立が望まれる。

③ ボルト軸部とボルト穴表面のすきまが，プラスマイナス数 μm 〜 10 μm のオーダーで変化する場合，継手の力学挙動を実験により体系的に明らかにすることは事実上不可能である。

④ 軸継手を構成する2枚のフランジを重ねてボルト穴を加工する，いわゆる共あけをしない限り，両フランジのボルト穴位置にある程度の寸法誤差が生じることは避けられない。例えば，舶用プロペラ軸系では，通常，主機関とプロペラ軸の製造業者は異なるので，この問題は避けられない。

上記①〜④の問題の解決，関連する力学現象の解明には，有限要素法など数値解析による評価が有効と考えられる。

8.5.3 せん断力分担率と曲げ応力

図8.30(a)に示したように，2枚の同じ厚さの板を1本のリーマボルトで締め付けた場合，継手に作用するせん断力 F_s は，リーマ面に垂直な力と接触面の摩擦力として伝達される。上側の板に作用する力の釣合いから，以下の式が得られる[155]。

$$\left. \begin{array}{l} R_{rm} = \dfrac{F_{rm1}}{F_s} \\[2mm] R_{\mu} = \dfrac{F_{nu} + F_{pl}}{F_s} \end{array} \right\} \qquad (8.9)$$

ここで，$F_s = F_{rm1} + F_{nu} + F_{pl}$

下側の板についても，同様の釣合い式が成立する。R_{rm} と R_{μ} は，それぞれリーマ面と接触面の摩擦力によって伝達されるせん断力の割合を示しており**せん断力分担率**と定義する。当然のことながら，R_{rm} と R_{μ} の和は100%となる。F_{rm1}，F_{rm2} は，リーマ面に垂直な力，F_{nu}，F_{hd}，F_{pl} は，それぞれナット座面，ボルト頭部座面，被締結体界面に作用する摩擦力である。R_{rm} と R_{μ} の比率は，リーマ部のはめあい，摩擦係数，ボルト軸応力，継手にかかるせん断力の大きさ，締結部形状により変化する。R_{rm} と R_{μ} に対するこれらの因子の影響が定量的に明らかになると，既存のリーマボルトの強度評価基準を見直し，安全性と効率性を同時に考慮した設計指針の構築が可能となる。

リーマボルトの軸部にはせん断荷重による曲げ応力が発生する。図8.30を参照すると，**しまりばめ**の場合は，2枚の被締結体の界面を境として，軸部にはS字型に変形するように曲げ荷重が作用する。当然のことながら，荷重の作用形態は軸と穴のはめあいによって大きく変化する。フランジ形固定軸継手に使用されるリーマボルトの軸部は**図8.33**に示すように，円周方向と半径方向に曲げ荷重を受ける。軸部の左右表面に作用する軸方向応力 σ_L と σ_R の差を2で除した値を円周方向曲げ応力，同じく，フランジの中心に対して内外表面に作用する軸方向応力 σ_{IN}，σ_{OUT} から求めた値が半径方向曲げ応力となる[156]。次項で示す継手形状が直方体の場合，せん断荷重の方向を円周方向とみなす

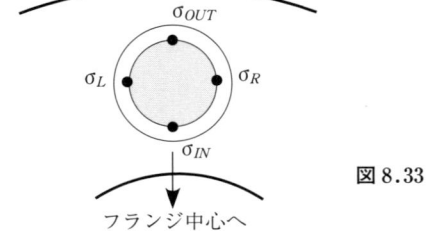

図8.33 リーマボルトに作用する曲げ荷重

と，曲げ応力成分は円周方向の曲げ応力に対応する．

8.5.4 リーマ部のはめあい，摩擦係数，軸応力の影響

図8.34（a），（b）は，それぞれ直方体形状の継手とフランジ形固定軸継手の有限要素モデルを示している．後者では，計算効率の観点から，はめあいねじ部を簡単な円柱形状に置き換えている．せん断力の大きさは，リーマボルトの1せん断面当りに作用する平均せん断応力τで表記する．図8.34の継手では，被締結体が2枚であるため，せん断面数は1であり，3枚の場合は2となる．本項では，直方体モデルによる解析結果を示す[155]．

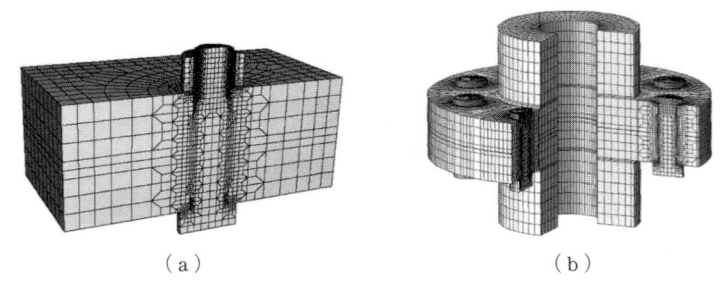

図8.34 フランジ形固定軸継手の有限要素モデル

図8.35（a），（b）では，ボルト軸応力σ_bが100 MPaと300 MPaの場合のせん断力分担率を比較している．横軸はリーマボルトとボルト穴のはめあいδ_cで，パラメータは接触面の摩擦係数μである．リーマボルトにかかる平均せん断応力τは50 MPaである．しめしろが大きくなるほど，リーマ面のせん断

8.5 フランジ形固定軸継手用リーマボルトの強度と負荷特性

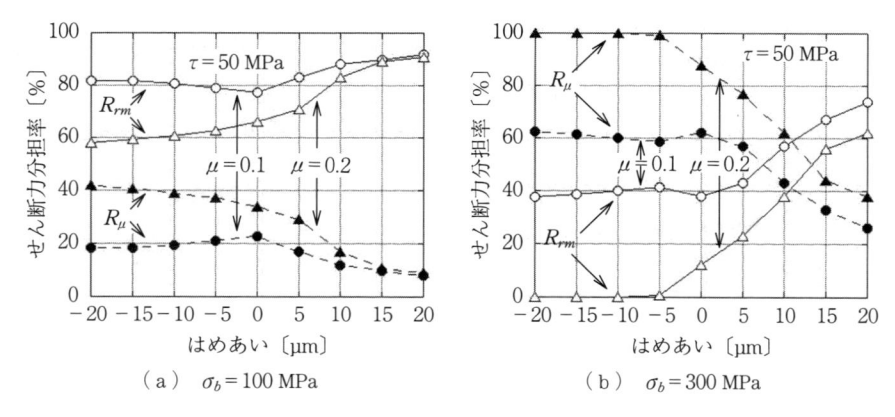

図 8.35 せん断力分担率に対する各種因子の影響

(a) $\sigma_b = 100$ MPa
(b) $\sigma_b = 300$ MPa

力分担率 R_{rm} が増加し，摩擦によるせん断力分担率 R_μ は減少している．

摩擦係数 μ については，当然のことながら μ が大きくなると R_μ が増加して，R_{rm} は減少する．また，μ の影響は，$\delta_c > 0$ のしまりばめでは小さくなっている．一方，$\delta_c < 0$ のすきまばめでは，せん断力分担率に対する δ_c の影響は小さく，R_{rm}, R_μ は，ほぼ一定値となっている．すなわち，すべりが発生してボルトのリーマ面が新たにボルト穴表面と接触した結果，R_{rm} と R_μ の比率がほぼ一定になったと考えられる．

図 8.35 (b) において，$\mu = 0.2$ で δ_c が -5 μm より小さい場合，接触面が完全に固着するので $R_{rm} = 0$，$R_\mu = 1$ となる．以上のように，せん断力分担率 R_{rm} と R_μ の比率は，はめあい δ_c，摩擦係数 μ，ボルト軸応力 σ_b によって大きく変化する．

図 8.36 (a)，(b) は，リーマボルトに発生する曲げ応力の解析結果を示している．図中に，せん断荷重を受ける方向に対して，たがいに 180° 離れたボルト軸部の軸方向応力成分も示している．

はめあい δ_c は -10 μm で，摩擦係数 μ は，0.2，0.1 と変化させている．$\mu = 0.2$ の場合，黒丸で示した曲げ応力の値は全体に低いが，$\mu = 0.1$ になると顕著に増加しており，界面から離れたボルト頭部側で最大となっている．この位置は，図 8.31 に示したリーマボルトの破断箇所とほぼ一致している．また，

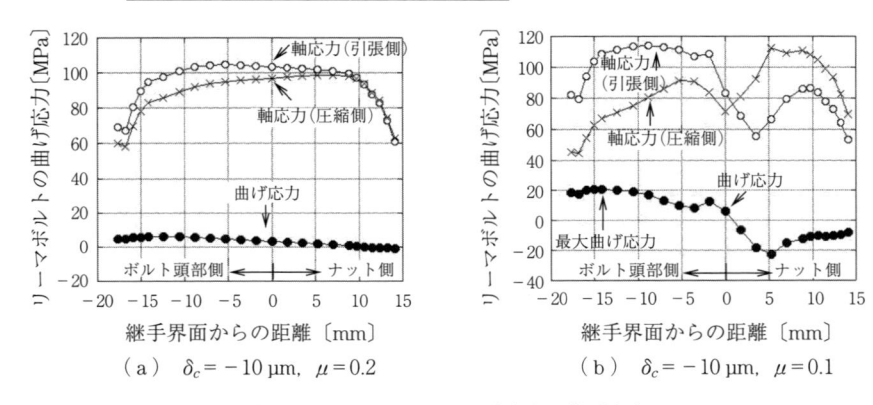

図 8.36　リーマボルトに発生する曲げ応力

(a) $\delta_c = -10\,\mu m,\ \mu = 0.2$
(b) $\delta_c = -10\,\mu m,\ \mu = 0.1$

図には示していないが，$\delta_c = 0\,\mu m$，$\mu = 0.1$ の場合は，フランジの界面付近で最大曲げ応力が発生する。

　以上の結果より，リーマボルトの破断は，$\delta_c < 0$ のすきまばめ状態において，摩擦係数が小さく，大きなせん断荷重を受ける場合に発生しやすいといえる。すなわち，船舶プロペラ軸のように回転方向が変化する動力軸では，当初，しまりばめ状態であっても繰返しねじりモーメントを受けることによって，すきまばめ状態となり，さらに，面のなじみで摩擦係数が小さくなる可能性が高い。その結果，リーマ部に大きな曲げモーメントが発生して，疲労破壊が起こりやすくなると推察される。

8.5.5　軸力のばらつきとミスアライメントの影響[156]

　軸継手は複数のボルトで締め付けられた**多数ボルト締結体**であることから，ボルト間の軸力のばらつきと軸系のミスアライメントは力学挙動に大きく影響すると考えられる。その現象を解明するためには，図 8.34（b）に示した全体モデルによる解析が必要となる。軸力については，通常起こりうる程度のばらつきであれば，せん断力分担率とリーマボルトに作用する曲げ応力に及ぼす影響は小さいという解析結果が報告されている。極端な事例として，1本のボルトの軸力が完全に消失した場合，すきまばめの状態では与えられたせん断荷

重の大部分をそのボルトの軸部で受け持つが，しまりばめの状態では軸力消失の影響は限定的という結果が得られている。

　フランジ形固定軸継手を用いて軸を締結する場合，2枚のフランジを密着させて，原動軸と従動軸の軸心を完全に一致させることは事実上不可能である。実際の継手では，程度の差はあるが**図8.37**に示すようなミスアライメントが発生する。それぞれ，平行誤差，軸方向誤差，角度誤差，あるいは偏心，エンドプレイ，偏角と呼ばれている[159]。

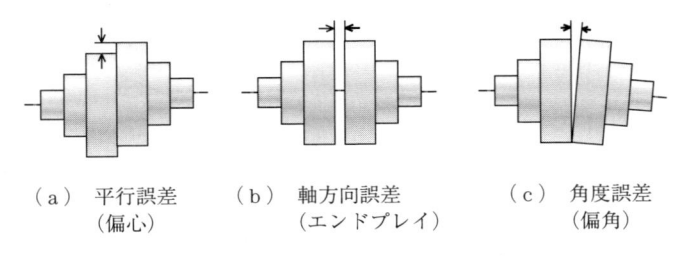

（a）平行誤差（偏心）　（b）軸方向誤差（エンドプレイ）　（c）角度誤差（偏角）

図8.37　軸継手のミスアライメント

　軸継手の力学挙動は締結部全体の剛性の影響を受けるために，ミスアライメントの大きさだけでなく，継手から軸受までの長さとボルト軸応力によっても変化する。平行誤差と角度誤差については，運転時に軸系に曲げ応力が作用する原因となるので，両軸の軸心が完全に一致するように細心の注意を払って設置される。しかしながら，船舶のプロペラ軸継手のように軸系全体の重量が大きい場合，軸の自重や軸受の基礎部分のたわみなどにより，ある程度の平行誤差や角度誤差が発生することは避けられない。一方，軸方向誤差については，実際の継手で問題となることは比較的少ないようであるが，どの程度の大きさになると継手の挙動に影響するのか，その限界値を知っておくことは重要である。

　数値解析の結果によると，軸長の1/100程度の平行誤差であれば，せん断力分担率と曲げ応力に及ぼす影響は小さい。軸方向誤差については，初期締め付け状態においてフランジ界面が接触しないほど大きくなると，ボルト軸部の円周方向と半径方向に大きな曲げ応力が発生するが，それより小さな軸方向誤差であれば，ボルト軸応力を高く設定することによってその影響を緩和できる。

もっともやっかいなミスアライメントは角度誤差である．図 8.38 は，角度誤差がリーマ面におけるせん断力分担率 R_{rm} に及ぼす影響を示している．0°は角度誤差が存在しない場合である．0.03°を超えると急激に角度誤差の影響が大きく現れている．曲げ応力についても，せん断力分担率に対応して 0.03°を超えると大きくなる．このような大きな角度誤差が存在すると，リーマボルトの円周方向と半径方向に大きな曲げ応力が発生し，その現象はボルト軸応力を高くしてもほとんど緩和できないので注意を要する．

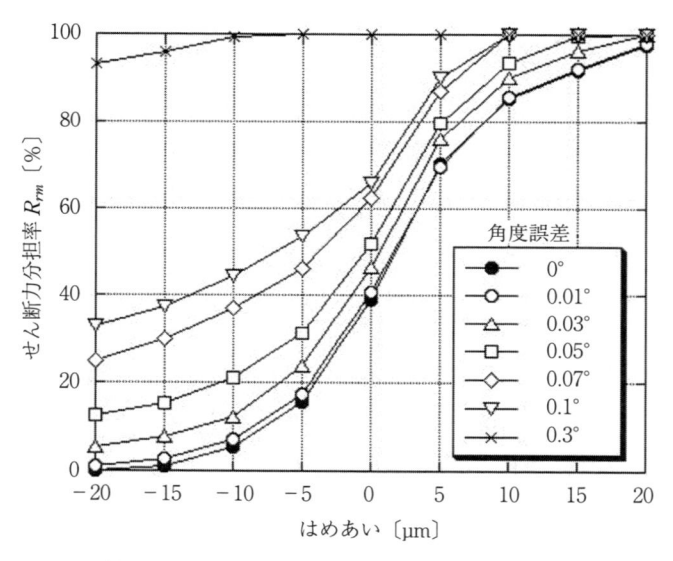

図 8.38 せん断力分担率に対する角度誤差の影響

8.6 冷やしばめによるリーマボルトの締め付け[160]

8.6.1 締め付け方法と問題点

リーマボルトの軸部の直径は，ボルト穴径と等しくなるように加工されるが，加工精度の問題から両者の寸法にある程度の差が生じることは避けられない．この寸法誤差に対応するために，実際の締結作業ではドライアイスや液体

8.6 冷やしばめによるリーマボルトの締め付け　　299

窒素を用いてリーマボルト冷却して，軸部直径を細くした状態でボルト穴に挿入し，その後，締め付けトルクを与えて締め付ける．その場合，以下のような問題が生じる．

① リーマボルトの温度が低い状態で締め付け作業が完了すると，その後，室温まで温度上昇するために，ボルトの膨張によって軸力が低下する．

② リーマボルトを装着後，締結部温度が室温になるのを待って締め付けると，締め付け時間が長くなる．

③ 室温状態においてボルト軸部とボルト穴のはめあいが，しまりばめの場合，冷やしばめによる軸部の収縮が十分でないと，締め付けトルクを与えてボルトが伸びる際にリーマボルトがボルト穴表面と接触して焼き付く可能性がある．

④ 締め付け過程においてボルト軸部がボルト穴表面と接触すると，締め付けトルクの一部が軸の側面において摩擦仕事として消費されるため，ボルト軸力が目標値より低くなる．

冷やしばめによる締め付けでは，①の問題に対処するために，基本的に締結部が常温になるのを待って締め付け作業を開始すべきであるが[161]，上述の②のように作業時間が長くなり，はめあいの大きさに関連して③のような焼き付き，あるいは軸力不足という問題が発生する可能性がある．そこで，締め付け作業完了後の温度上昇に伴うリーマボルトの軸力低下量を予測できれば，締結部が低温状態の間に作業を完了することによって②〜④の問題を回避することができる．

8.6.2 温度上昇による軸力低下量の推定

図 8.39 は，冷やしばめによるリーマボルトの締め付け過程を示している．締め付け過程は，以下の三つのステップから構成される．

　ステップ 1：ドライアイスや液体窒素で冷却したリーマボルトをボルト穴に装着する．この時点では，リーマボルトの軸部とボルト穴の間に微小なすきまが存在すると仮定する．リーマボルトを締結部

8. ねじのトラブル事例から学ぶ

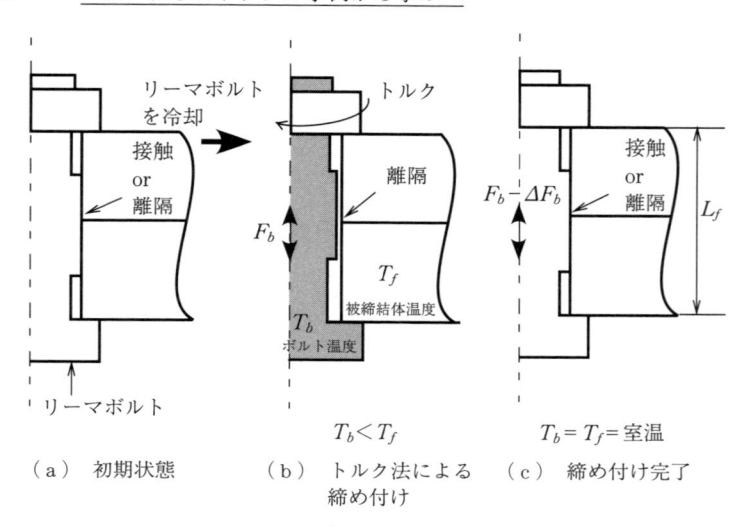

(a) 初期状態　　　**(b) トルク法による締め付け**　　　**(c) 締め付け完了**

$T_b < T_f$　　　　$T_b = T_f =$ 室温

図 8.39 冷やしばめによるリーマボルトの締め付け過程

に装着すると，ボルトの温度は当初より上昇し，反対に被締結体の温度は熱を奪われて常温より低くなる。

ステップ 2：リーマボルトに締め付けトルクを与え，軸力 F_b が発生したときのリーマボルトと被締結体の平均温度を T_b，T_f とする。

ステップ 3：締め付け作業が完了してリーマボルトと被締結体の温度が室温となると，ボルト軸力は ΔF_b だけ低下する。すなわち，トルクを与えた時点での両者の温度差 $\Delta T (= T_f - T_b)$ が軸力低下の原因となる。

締め付け作業が完了し，締結部温度が常温となった時点において，リーマボルトと被締結体の温度差 ΔT は零となる。このことは，リーマボルトの温度が被締結体に対して，相対的に ΔT だけ上昇したことに相当する。その結果，リーマボルトは被締結体に対して線膨張係数 α_b，グリップ長さ L_f，ΔT の積で表される $\alpha_b \Delta T L_f$ だけ伸びたことになる。この $\alpha_b \Delta T L_f$ は，軸力低下量 ΔF_b とボルト締結体全体のコンプライアンス（ばね定数の逆数）の積で表される「締結体各部の伸び量の和」に等しい。

8.6 冷やしばめによるリーマボルトの締め付け

$$\alpha_b \Delta T L_f = \Delta F_b \left(\frac{1}{k_{th}} + \frac{1}{k_s} + \frac{1}{k_{cyl}} + \frac{1}{k_{hd}} + \frac{1}{k_f} \right) = \frac{\Delta F_b}{k_{total}} \tag{8.10}$$

式（8.10）は，接触面の近寄り量に関する項を除けば，3.5節の熱膨張法の締め付け過程における変位の釣合いを表した式（3.40）と同じである．すなわち，締結部の形状と材料が決まると，ばね定数，L_f，α_b が既知となるので，温度差 ΔT を与えると，軸力低下量 ΔF_b が計算できる．

軸応力の大きさが同じ場合，ボルト軸力は呼び径の2乗に比例して増加する．そこで，締め付け力の変化を軸力ではなく，軸応力の変化 $\Delta \sigma_{rm}$ で評価する．並目ねじの，M10，M12，M16，M20，M24，M30，M36を対象として，式（8.10）を用いて軸力低下量 ΔF_b を計算し，各呼び径に対する断面積で除して $\Delta \sigma_{rm}$ を求める．

図8.40に温度差 ΔT を1℃としたときの計算結果を示す．横軸はグリップ長さ L_f を呼び径 d で除した無次元量 L_f/d である．

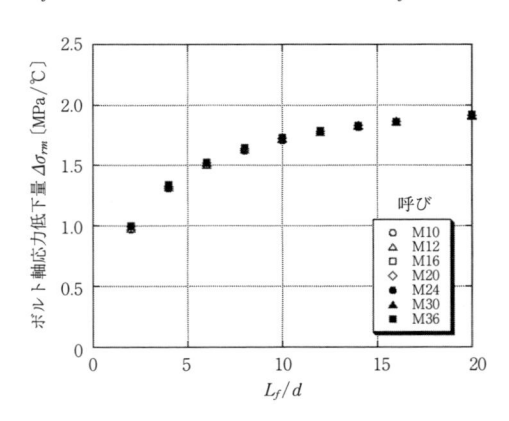

図8.40 温度差1℃当りの軸応力低下量

パラメータである呼び径 d の影響はほとんど見られない．温度差1℃当りの軸応力低下量 $\Delta \sigma_{rm}$ は，グリップ長さの増加とともに，約1MPaから2MPaあたりまで増加し，しだいに飽和する傾向を示している．上記の呼び径 d とグリップ長さ L_f の影響については，熱膨張法と同じく，d と L_f と五つのばね定数の関係から説明できる．

図の結果より，冷やしばめで締め付けた場合のリーマボルトの軸力低下は，グリップ長さが大きい締結部ほど問題となることがわかる。本項では，低温熱負荷を扱っているが，この現象は 5.1.3 項で述べた「熱負荷を受ける場合，グリップ長さが大きいほど軸力変化が大きくなる」と整合している。両者の関係を最小二乗法で近似すると次式を得る。

$$\Delta \sigma_{rm} = 16.95 \times (1 - e^{-0.3899(L_f/d)}) \tag{8.11}$$

JIS B 1451 を参照すると，フランジ形固定軸継手における L_f/d の大きさは，おおむね 5 以下であり，グリップ長さが比較的小さいケースが多い。したがって，式（8.11）は熱膨張による軸力低下量 ΔF_b の推定だけでなく，その値を上乗せして，初期軸応力を高めに設定する場合の計算に有効である。

図 8.41 は実験に使用した M16 のボルト試験片を示している。軸部には軸力測定用のひずみゲージと温度測定用に 3 本の熱電対を装着している。

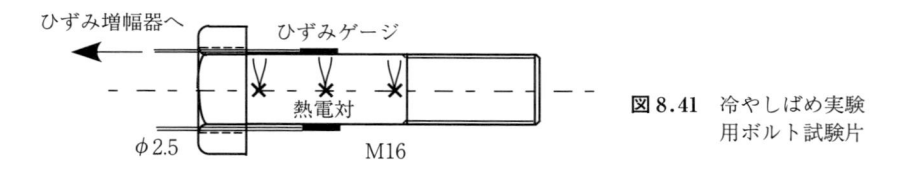

図 8.41 冷やしばめ実験用ボルト試験片

ドライアイスで冷却したメチルアルコール中に浸漬すると，試験片の温度はほぼ -80 ℃ となる。**図 8.42** は実験結果の一例で，軸ひずみと軸部温度の関係を示している。横軸は図 8.41 に示したボルト軸中央部の温度である。

締め付けトルクを与えた時点の温度は約 -35 ℃ であり，室温まで上昇する間にボルト軸応力に対応する軸ひずみは低下している。この場合，室温を 20 ℃ とすると ΔT は 55 ℃ となる。$\Delta \sigma_{rm}$ は 1～2 MPa 程度の値であるから，$\Delta \sigma_{rm}$ と ΔT の積より，ボルト軸応力は 55～110 MPa 程度低下する可能性がある。リーマボルトの軸応力は比較的高いと考えられるので，この程度の軸応力の低下で継手の機能が完全に失われる可能性は低い。しかしながら，軸力低下に伴う疲労強度の低下などの問題から，締結部設計において考慮すべき重要な数値といえる。なお，式（8.11）より求めた温度差 1 ℃ 当りの軸応力低下量 $\Delta \sigma_{rm}$

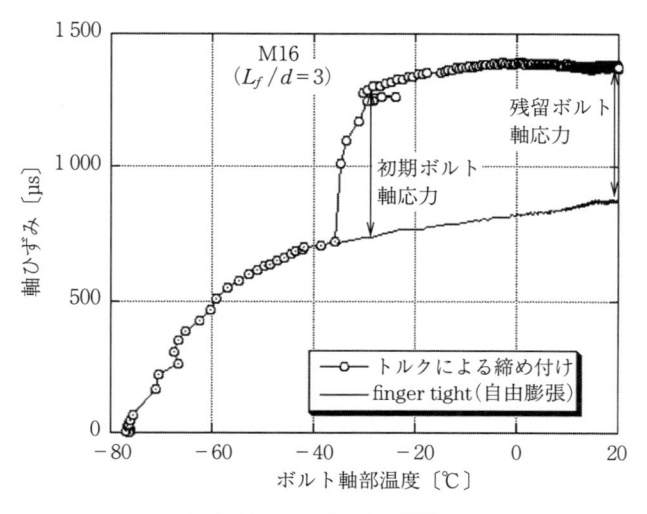

図8.42 軸ひずみと軸部温度

は，実験値とかなりよく一致することが確認されている。

8.6.3 締め付け指針の提案

リーマボルトの冷却には，ドライアイスや液体窒素が使用される。ドライアイスを使用すると−80℃，液体窒素の場合は−196℃までリーマボルトの温度を下げることができる。しめしろが大きな締結部にも対応しやすいなど，作業性の観点からは液体窒素の使用が望ましい。一方，締め付け作業開始前のリーマボルトの温度が非常に低いために，トルクを与えた時点のリーマボルトと被締結体の温度差 ΔT が大きくなるため，作業終了時のボルトの軸力低下も大きくなる。また，作業時間の違いによって締め付け終了までの温度上昇が異なる点にも注意を要する。

以上の理由から，軸力低下量の正確な推定はかなり困難といえる。その対策として，ドライアイスを使用した実験結果に基づき，ΔT の値を「ボルト軸部平均温度とほぼ等しいボルト頭部温度とナットのすぐ横の被締結体表面温度の差」とするという指針が提案されている。この指針は締結部の寸法形状，リー

マボルトの冷却温度が変化すると精度が低下する可能性があるが，作業中に対象部分の温度をスポット式のサーモグラフィで測定して，ΔTの大きさを推定できるという利点がある。

目標軸力F_bに対して締結部強度に余裕がある場合，軸力低下量ΔF_bを見込んで高めに軸力を与えることは有効である。ΔF_bは，以下の手順で求めることができる。

ステップ1：ボルトの呼び径dと締結部のグリップ長さL_fから，式(8.11)により$\Delta \sigma_{rm}$を求める。

ステップ2：次式により，軸力低下量ΔF_bを計算して，それを目標軸力に上乗せしてリーマボルトを締め付ける。

$$\Delta F_b = \Delta \sigma_{rm} \Delta T \times \frac{\pi d^2}{4} \quad (8.12)$$

ここでΔTは，実際の作業においてスポットタイプのサーモグラフィなどを用いて推定する。

詳細な手順は文献160)に記述されている。また，トルクにより所定の軸力を与える方法は3.2節で解説したとおりである。

8.7　油圧機器用シールプラグのシール性能[162]

8.7.1　プラグの締め付け特性と形状誤差

油圧モータをはじめとして，油圧機器は多くの部品から構成されている。このうち，プラグと呼ばれるボルトの頭部高さを低くしたような形状の部品は多数使用されており，頭部座面下からの漏れが問題となることがある。その主たる原因は作動油圧力の上昇である。また，油圧が零から最大圧力まで短時間で上昇するため，その動的効果がシール性能に影響していると推察される。

図8.43(a)，(b)は油圧機器用プラグの形状を示している。通常のボルトに比べて頭部高さがかなり低く，六角プラグと六角穴付きプラグの2種類がある。一般にプラグの寸法精度はそれほど高いものではなく，頭部座面と被締

8.7 油圧機器用シールプラグのシール性能

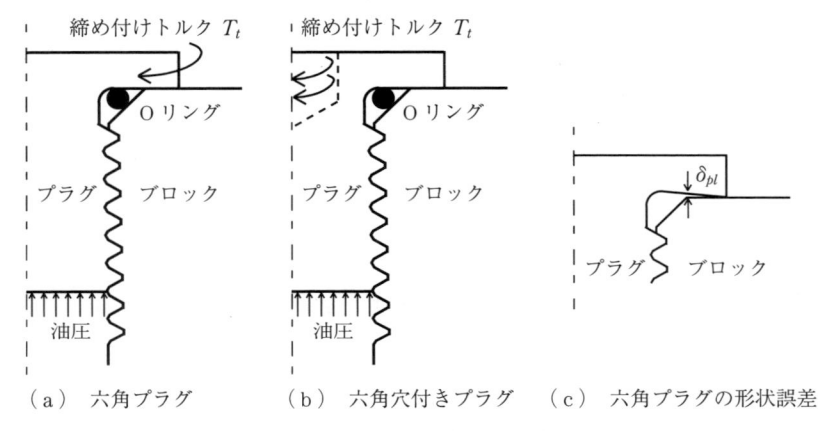

図8.43 油圧機器用プラグの形状

（a）六角プラグ　（b）六角穴付きプラグ　（c）六角プラグの形状誤差

結体表面の間に図8.43（c）に示したように，小さなすきま δ_{pl} が存在することがある。**図8.44**は，有限要素解析により求めたプラグの軸力と締め付けトルクの関係を示している。

パラメータは δ_{pl} である。プラグのねじは管用平行ねじで，呼びはG1/2である。実線で表した $\delta_{pl}=0$ の場合に対して，すきまが存在すると δ_{pl} の大きさにかかわらず，解析結果はほぼ一直線上に並ぶ。δ_{pl} の影響が現れない理由は，プラグは頭部高さが低いために剛性が低く，ある程度以上の軸力を与えると，δ_{pl} の大きさに関係なくプラグ座面と機器本体の表面が密着するためと考えられる。通常のボルト・ナットと同様，トルク係数 K を計算すると以下の式が得られる。

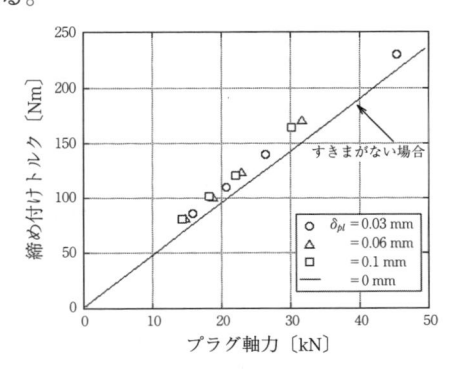

図8.44 トルクと軸力の関係

すきまが存在しない場合

$$K = 1.029\mu + 0.0185 \quad (\text{六角プラグ})$$
$$K = 1.027\mu + 0.0186 \quad (\text{六角穴付きプラグ}) \quad (8.13)$$

すきまが存在する場合

$$K = 1.157\mu + 0.0171 \quad (\text{六角プラグ})$$
$$K = 1.018\mu + 0.0171 \quad (\text{六角穴付きプラグ}) \quad (8.14)$$

ねじ面とプラグ頭部座面の摩擦係数 μ は，等しいと仮定している。プラグと機器本体の加工精度を考慮すると，すきまが存在する場合の式 (8.14) のほうが実用的といえる。すきまが存在しない場合，六角プラグと六角穴付きプラグの差はほとんどないが，式 (8.14) では，六角穴付きプラグのほうがトルク係数 K は低めとなっている。また，式 (8.14) に $\mu = 0.15$ を代入すると，0.190, 0.170 となり，式 (3.18) のボルト・ナットに対するトルク係数に比べて低めとなる。

8.7.2　座面面圧の分布特性とシール性能

図 8.45 は，呼び径 G1/2 のプラグを対象として，締結部材料を線形弾性体と仮定し，軸対称有限要素解析により求めた頭部座面の面圧分布である。プラグの軸力は 25.7 kN である。通常のボルト・ナットとは異なり，座面の内側のみが接触している。そのために内縁部に向かって急激に面圧が上昇している。

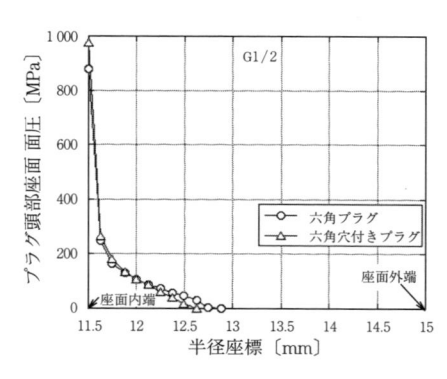

図 8.45　プラグ頭部座面の面圧分布

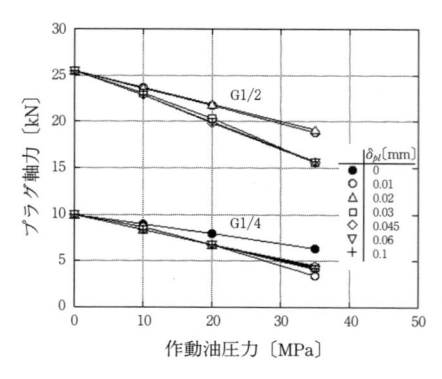

図 8.46　プラグ軸力と作動油圧力

ガスケット面圧が半径方向に高くなる「内圧を受ける平面座の管フランジ」とは逆の現象である。油圧プラグの場合，座面内端に高い油圧が作用するので，この特徴的な面圧分布が漏洩防止に有効に作用していると考えられる。図には示していないが，呼び径の小さいG1/4のプラグでは座面の接触長さが相対的に大きくなり，ピーク面圧は低くなる。

図8.46 は，作動油圧力の上昇に伴ってプラグ軸力が低下する様子を示している。図8.44のトルクー軸力関係と異なり，すきま δ_{pl} の変化に対して複雑な挙動を示している。プラグ軸力は油圧の上昇とともにほぼ直線的に低下しているが，図に示した油圧の範囲で漏洩は発生しないと推察される。一方，実機では油圧が動的に作用して，最大値まで，きわめて短時間で上昇することがある。次項では，一次元ばねモデルを用いて，プラグ軸力に対する油圧の動的効果を評価する。

8.7.3 一次元ばねモデルによる動的効果の評価

粘性の影響を考慮しない場合，解くべき運動方程式は以下のとおりである。

$$[M]\{\ddot{u}\} + [K]\{u\} = \{R\} \qquad (8.15)$$

ここで，$[M]$，$[K]$ は，質量マトリクスと剛性マトリクス，$\{R\}$ は，荷重ベクトル，$\{\ddot{u}\}$ と $\{u\}$ は，加速度ベクトルと変位ベクトルである。**図8.47** では，めねじ側を剛体として，プラグをねじ部と円筒部に分けて，一次元ばねモデルで表している。プラグの全長は約21 mmであり，プラグ軸力を25.7 kN，作動油圧を35 MPaとする。プラグに与える油圧の時間変化は，図の右下に示したようにステップ状に与える。

図8.48 はプラグ軸力の時間変化を示している。なお，めねじ側の剛性の影響を考慮するために，はめあいねじ部の剛性は単純に半分に下げている。解析における時間積分には，Newmarkのβ法を用いている。油圧が動的に作用するために，初期軸力に対してかなり振動している。図8.46と合わせて考えると，油圧が非常に短い時間で上昇すると，その動的効果によって漏れが発生する可能性が高くなることがわかる。プラグのシール性能を高い精度で評価する

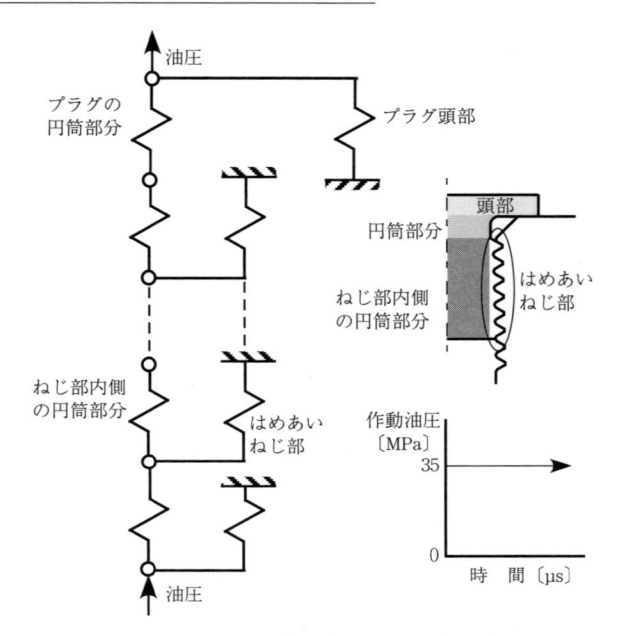

図 8.47 油圧プラグ締結部の一次元ばねモデル

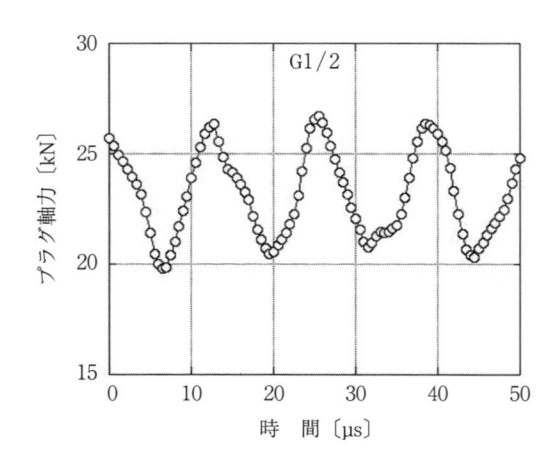

図 8.48 プラグ軸力の時間変化

ためには，二次元あるいは三次元モデルによる解析が必要となるが，簡単な一次元モデルを用いた結果から，油圧の動的効果がシール性能に大きく影響することがわかる。

8.8 ボルト締結体の固有振動解析[53]

8.8.1 ボルト軸力と固有振動数

振動外力を受けて共振している機械構造物において，締結部のボルトをさらに強く締め付けると共振が止まることがある。この現象は，軸力の上昇に伴って固有振動数が高くなったことによる。このメカニズムについては，ボルト軸力が低い状態では接触面の対応表面が**片当り**状態であったが，軸力を上げたことにより，完全に接触したなどの理由が考えられる。

一方，接触面の形状誤差が存在しない場合でも前述の現象が起こることがある。その場合のメカニズムは，「軸力を上げると接触面面圧が上昇し，表面の微小突起の塑性変形が進行して**接触面剛性**が上昇した」と説明できる。以上の考察より，接触面剛性の影響を考慮してボルト締結体の固有振動数を求めることは，振動外力に対して，ロバストな機械構造物を設計するうえで重要といえる。

図 8.49 は，2枚のはりを1本のボルトで締結した構造物における**一次モードの固有振動数**とボルト軸力の関係を模式的に示したものである。比較のため

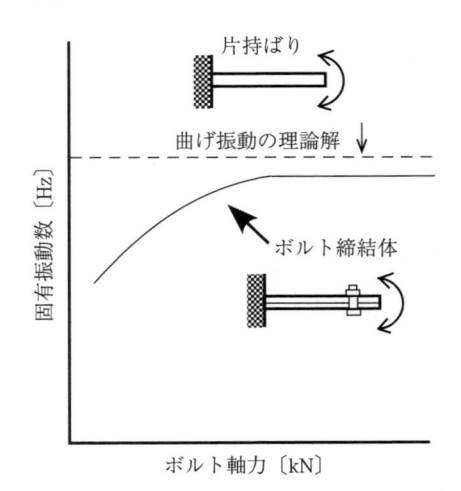

図 8.49 ボルト締結体の固有振動数と軸力

に**一体の片持ばり**の固有振動数も示している。

ボルトの装着による質量の差はなく，ボルトの存在を除いて両者の寸法形状は等しいとする。片持ばりの曲げ振動の固有振動数 f は，次式で計算できる。

$$f = \frac{\lambda_i^2}{2\pi L^2}\sqrt{\frac{EI}{\rho_{dn}A}} \tag{8.16}$$

λ_i は，i 次モードに対する固有値，L，I，A は，それぞれはりの長さ，断面二次モーメントと断面積，E と ρ_{dn} は，ヤング率と密度である。図に示したように，ボルト締結体の固有振動数はボルト軸力とともに高くなるが，接触面の面圧上昇に従って増加率が減少して飽和に向かっている。このことは，式(2.33)に示した接触面の近寄り量 ζ と面圧 p_n の関係を表したオストロフスキーの式から類推できる。

はりの曲げ振動における一次モードの固有振動数は，ひずみゲージを用いて測定できる。2枚のはりをボルトで締結し，一端を固定して試験片の端部に近い表面にひずみゲージを貼り付ける。試験片に一次モードの曲げ振動を与えると，ひずみが引張と圧縮の間で変化するので，その符号変化の周期から固有振動数が計算できる。

図8.50は，長さ400 mm，厚さ3.5 mm，幅30 mm の板を2枚重ねて，M12の並目ねじのボルト・ナットで締結し，上記の方法で測定した一次の固有振動数とボルト軸力の関係を示している。ボルトの取り付け位置は，はりの端部と中央の2か所，2枚のはりの接触面の表面粗さは2通りに変化させている。表面粗さが小さい場合，界面を構成する二つの表面の最大高さ粗さの和 Rzt が 2～6 μm，表面粗さが大きい場合は 18～33 μm である。

ボルト軸力の上昇とともに固有振動数は増加するが，軸力が5 kN を超えるあたりでほぼ飽和している。当然のことながら，その値は破線で示した**一体はり**より低い。軸力が零の場合，固有振動数は一体はりのほぼ1/2となっており，この値は1枚分のはりの高さに相当する振動数である。ボルト取り付け位置については，中央配置の振動数は端部配置に比べて高くなっている。その理由は，中央配置のほうが締結部の剛性が高くなるためと推察される。表面粗さに

8.8 ボルト締結体の固有振動解析　　311

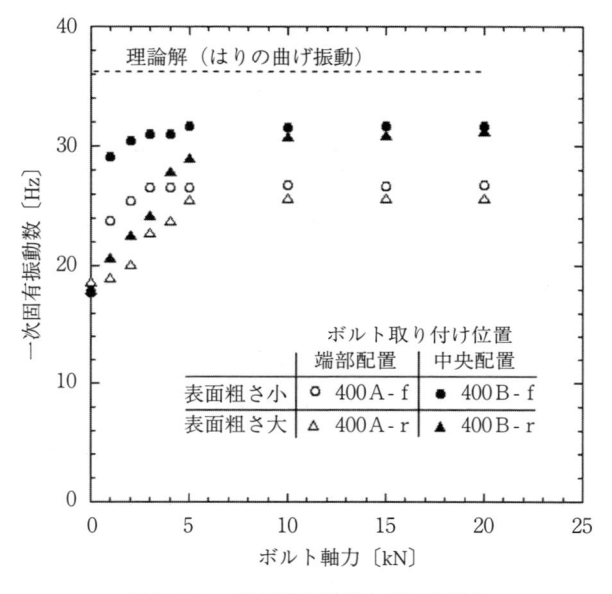

図 8.50　一次固有振動数とボルト軸力

ついては，粗さが大きくなると固有振動数は低下しており，その傾向は軸力が低い場合に顕著である．

8.8.2　接触面剛性を考慮した固有振動解析

接触面を有する機械構造物の固有モードと固有振動数を高い精度で解析するためには，接触面剛性の影響を考慮する必要がある．有限要素法による固有振動解析については，文献163）～165）に詳しく解説されている．2.6.2項では，接触面の表面粗さと面圧が与えられると，接触面剛性を法線方向とせん断方向の2種類のばね定数，k_n，k_tで評価できることを示した．

図 8.51 は，ボルト・ナットを簡単な形状に置き換え，2枚のはりの界面における接触面剛性を一次元ばね定数，k_n, k_tで表した有限要素モデルを示している．

要素分割は3通りに変化させている．解析モデルでは，固有振動数にもっとも影響すると考えられるはりの界面における接触面剛性のみ考慮している．界面における面圧分布は影響円すいの考え方に従って与えている．解析精度につ

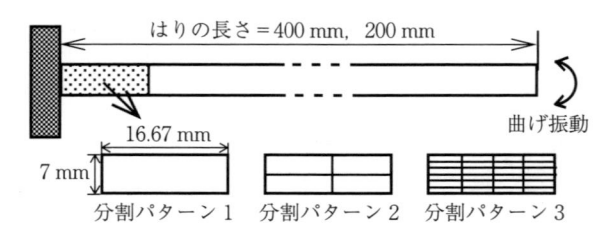

図 8.51　固有振動解析用の有限要素モデル

いて，有限要素の積分スキームとして**完全積分**（full integration）を採用するとパターン3より細かい分割が必要となるが，**選択低減積分**（selective reduced integration）を適用すると，パターン1でもほとんど精度の低下は見られない．**図 8.52** では，図 8.50 の実験条件に合わせて解析を実施して，得られた結果を実験値と比較している．

表中の 5 μm などの数値は対応する表面の最大高さ粗さの和 R_{zt} である．軸力の小さな範囲でやや両者の差が大きくなっているが，接触面の表面粗さを考

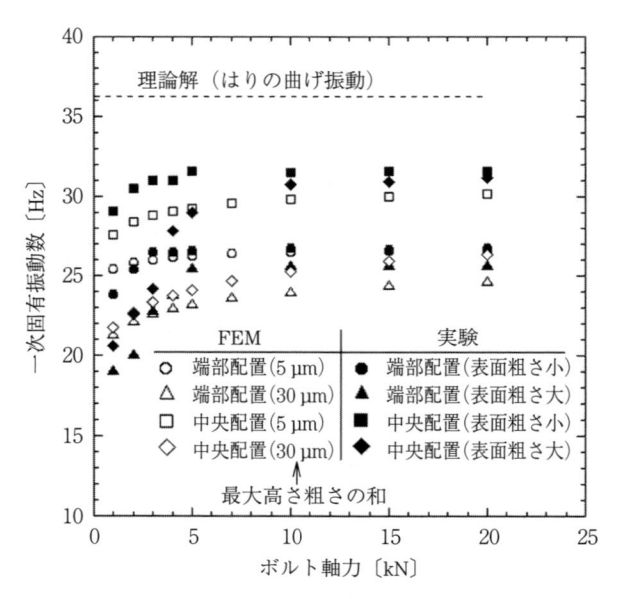

図 8.52　固有振動数の実験値と解析結果の比較

慮した固有振動解析という点から，ここで提案した解析手法は実用的に有効と考えられる．図 8.53 は，はりの長さと最大高さ粗さの和をパラメータとして，解析により得られたボルト締結体の固有振動数と，一体はりの固有振動数の比と固有振動の次数の関係を示している．ボルト締結体の固有振動数は，高次のモードほど一体はりに比べて低くなることがわかる．本節で示した解析手法の応用として，接触面剛性が問題となるさまざまなボルト締結体の固有振動解析が考えられる．

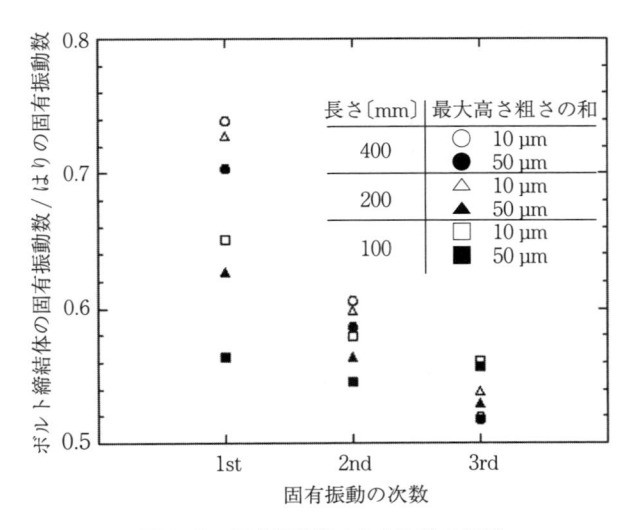

図 8.53 固有振動数の比と次数の関係

8.9 ボルト締結体の効率的な有限要素解析

8.9.1 ボルト締結体の有限要素モデル

1990 年代以降，高速のパーソナルコンピュータ，汎用構造解析ソフトの普及により，有限要素法を中心とする数値解析手法が設計の現場において広く使用されるようになった．締結部の設計にも適用されて大きな成果を上げている．一方，実機の強度を十分な精度で評価できないケースも見受けられる．そ

の主要な原因は，ねじ部品の形状と荷重条件の複雑さである。

ねじ部のらせん形状を再現するためには，2.5節で紹介したようにかなり複雑なモデリング手法が必要となる。ボルト締結体の力学特性，熱挙動を高い精度で評価するためには，らせんモデルを使用した解析が有効であるが，計算時間を含む計算コスト，設計効率の観点からは目的に応じたモデリングが必要といえる。評価の対象がボルトの軸力変化であれば，ねじ部は粗い要素分割で対応可能であり，場合によっては，ねじ山の形状を省略するというモデリング手法も有効である。以下に，一次元モデルから三次元モデルまで，ボルト締結体のさまざまなモデリング手法を紹介する。

(1) **一次元ばねモデルとはり要素**　4.1.3項では，ねじ山荷重分担率を軸対称有限要素解析により求めた。このねじ山荷重分担率は，2.2.2項で説明した一次元ばねモデルを用いて求めることができる[14]。より高度な応用として，8.4.4項で紹介した多数ボルト締結体が，せん断荷重を受けたときの**せん断荷重分担率**の算出，8.7.3項の動的荷重が作用する場合の軸力の時間変化など，さまざまな応用が考えられる。また，多数のボルトを使用した締結部が引張・圧縮，曲げ，ねじりなどの荷重を三次元的に受ける場合，**図8.54**のように，はめあいねじ部を等価な三次元円柱モデルに置き換え，ボルト軸部は**はり要素**を用いてモデル化することにより，解析精度を維持しつつ，解析モデルの節点数，要素数を減らすことが可能となる[166]。

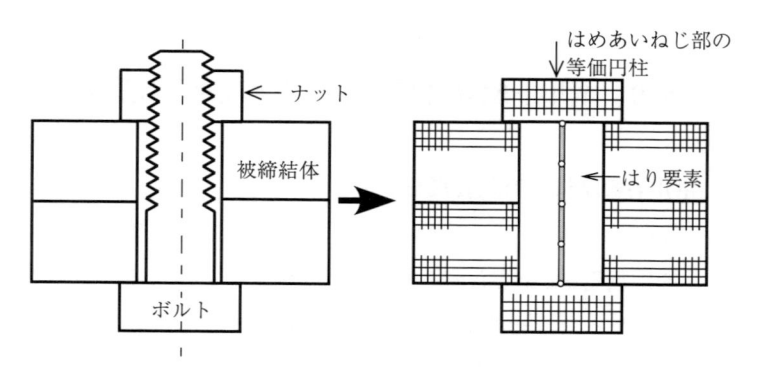

図8.54　計算効率の高い有限要素モデル

（2） **軸対称モデル**　　はめあいねじ部の形状を考慮したねじの力学特性の解析は，1970年代に入って，軸対称有限要素解析により開始された[10),16)]。その後，締め付け特性に対するねじ山の塑性変形の影響[13),95),167)]，外力がボルト軸線に対して環状に作用した場合の軸力変化，内力係数の算出に使用されるようになった[168)]。ねじ谷底の応力集中ではなく，ねじ山の荷重分担率，外力に対するボルト軸力変化を求めることが目的であれば，図8.55（a），（b）に示す程度の分割で実用的な解が得られる。○で囲んだ数字が要素番号を表している。それぞれ圧力側フランクにおいて，おねじとめねじのペアが3組と4組の節点により接触する分割パターンである。この要素分割は，応力集中係数を高い精度で評価するには必ずしも十分ではないが，ボルト締結体の力学特性に対する締め付け条件，荷重条件の影響を定性的かつ，あるレベルで定量的評価する目的には十分対応可能である。

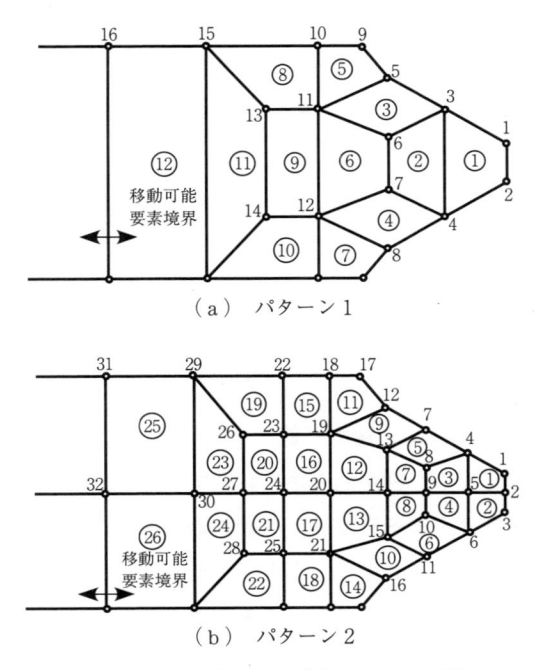

図8.55　ねじ部の要素分割パターンの例

ねじ谷底の応力集中係数について，要素分割の細かさと精度の関係を明確に示すことは困難である。有限要素法で直接計算できるのは節点の変位であり，応力とひずみの値は要素の剛性方程式の数値積分に使用される**ガウス点**と呼ばれる要素内部の点において評価される。すなわち，切欠き底に配置された節点における応力値は，何らかの平滑化処理によって求められたものであり，ある程度の誤差を含んだ値である[33]。要素のタイプを三角形要素に限れば，「最小要素の寸法を切欠き半径の1/10以下にすれば，応力集中係数を2桁程度の精度で評価が可能」という指摘がある。以上のような軸対称モデルは，ボルト締め付け時の力学特性に関して，油圧テンショナやボルトヒータによる締め付け過程の解析に適用可能である。

（3）**ねじり荷重に対応可能な疑似三次元モデル**　トルク法の締め付け過程の解析には，ねじ山のらせん形状を考慮した三次元解析が必要となるが，有限要素法の定式化を工夫することにより，二次元の要素分割モデルでも解析が可能である。具体的な手順は以下のとおりである[45]。

① 二次元の要素分割に対して$r-\theta-z$座標系に対応するために，各節点の自由度を3とする。

② はめあいねじ部の圧力側フランクを構成する節点を対象として，$r-\theta-z$座標系をリード角とフランク角に対応して回転させる。

③ トルクを与えて締め付ける過程に対応して，ナットモデルの外表面上の節点に円周方向荷重を与える。

④ 解析結果として変位の3成分，応力とひずみの各6成分が得られる。

この手法は弾塑性解析にも適用可能であり，図4.12に示したように，トルク法における塑性変形の影響が明らかにされている[94]。

（4）**三次元そろばん玉モデル**　一般の締結部では，外力はボルトに対して非軸対称に作用する。この場合，三次元モデルによる解析が必要となるが，ねじ山のらせん形状の影響を受ける**ゆるみ現象**などを対象としない場合，本書においていくつかの事例を紹介したように，ねじ山形状が軸対称の**三次元そろばん玉モデル**によって有効な解が得られる。その場合のはめあいねじ部の要素

分割は,図8.55に示した軸対称モデルをボルト軸のまわりに回転させて作成すればよい。円周方向の分割については,例えば,図4.39に示した三次元そろばん玉モデルの場合,ボルトねじ山の先端部分で48分割となっている。

（5）**三次元らせんモデル**　ねじのゆるみ現象を解析するためには,ねじ山のらせん形状を再現した有限要素モデルが必要となる。2.5節で紹介した方法により作成したらせんモデルは,ねじ山の形状を忠実に再現し,高い応力集中が発生する部分に細かい要素を配置しているので,ねじ谷底に沿った応力分布や応力振幅の評価が可能である。その結果,4.3節と4.7節に示したように,疲労強度を含めて,ボルト締結体の強度を高い精度で評価する目的に対して有効であり,回転ゆるみ現象のシミュレーションにも使用できる。一方,複雑な形状の締結部に適用するためには,解析モデルの作成がかなり困難という欠点がある。

8.9.2　はめあいねじ部の簡易モデル

はめあいねじ部の剛性の影響を考慮する必要はあるが,評価の対象がねじ部の応力ではなく,ボルトの軸力変化というケースがある。3.6節の多数ボルト締め付けにおける弾性相互作用の問題,8.5節のフランジ形固定軸継手の締め付けボルトの軸力変化と曲げモーメントの評価などがこのケースに相当する。このような場合,複雑な形状のはめあいねじ部を円柱に置き換え,円柱の高さを調整することにより,軸方向あるいはせん断方向の剛性を実際のはめあいねじ部と一致させる。その結果,計算効率が飛躍的に向上するため,多数のボルトが使用された締結部に対して有効な手法といえる。例えば,図3.33に示した有限要素モデルは,20インチの管フランジのボルト締め付けにおける弾性相互作用の解析に使用したものである。要素分割はかなり粗いが,実験値と比較した図3.34（a）を参照すると,軸力の値を十分な精度で評価できることがわかる。

有限要素法による接触問題の解析では,**固着**,**離隔**,**すべり**,という接触状態を定めるために,基本的に繰返し計算が必要となる。そこで,繰返し計算を

回避するために，解析に使用するソフトウェアの機能を利用して，対応する表面を強制的に「固着」状態にすると，大幅に計算時間を短縮することができる。具体的には，はめあいねじ部の圧力側フランクは「固着」，遊び側フランクは接触に無関係な自由表面とする。上記の手法は，締結部まわりの接触面におけるすべりと離隔現象があまり問題とならない場合に有効である。

8.9.3 軸力発生を目的とした二次元ボルトモデル

はめあいねじ部やボルト頭部の形状をモデル化する必要がなく，ボルトとして単に軸力を発生させて，外力を受けたときに，実機と同じように軸力変化するような簡易ボルトモデルが必要なケースがある。中速ディーゼル機関では，図4.46のように大端部の接合部分を斜め割りとして，連接棒の端部とキャップをクランクピンボルトにより締結する方式が広く採用されている。ここで，クランクピンボルトと本体側に切っためねじ部分，および接合部分は疲労破壊が発生しやすい箇所である。また，連接棒端部は**ピストン抜き**ができるように斜め割り構造にして幅を小さくしており，爆発力や慣性力の作用によるせん断荷重を受けるために，接合部分にはギザギザ形状の**セレーション**が加工されている。このセレーション部分の強度評価を目的とする場合，ボルトを板として二次元要素を用いてモデル化し，平面ひずみ問題として解析すると，セレーションまわりの応力分布を比較的簡単に求めることができる[169]。

図8.56は解析に使用した有限要素モデルである。黒丸で示したボルトモデルの両端の節点を，連接棒のボルト頭部座面とねじが加工された部分に接続することにより，ボルト締め付け時と外力が作用したときの挙動を実用的な精度に評価することができる。

このモデリング手法では，ボルトを板に置き換えて要素分割数も少ないため，ボルトモデルの剛性はかなり高めとなる。そこで，少ない要素数で実際のボルトの剛性に合わせるために**選択低減積分**[170]と呼ばれる手法を導入している。

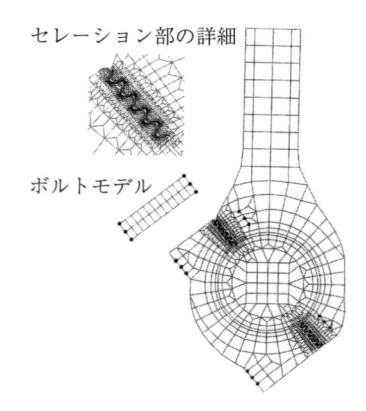

図 8.56 斜め割り連接棒の有限要素モデル

8.9.4 対称性の活用による計算効率の改善[171]

ボルト締結体は同じ形状の繰返しによって構成されているケースが多い。その場合，対称性を考慮したモデリングが有効である。**図 8.57**（a），（b）は管フランジの三次元モデルを示している。

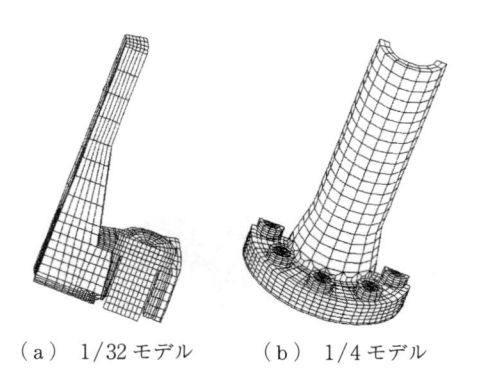

（a） 1/32 モデル　　（b） 1/4 モデル

図 8.57 対称性を考慮した管フランジモデル

2枚のフランジをボルト・ナットで締結すると，それぞれのフランジの表面には，はめあいねじ部あるいはボルト頭部が存在するが，管フランジではガスケット面圧がもっとも重要な因子であることから，ボルト・ナットは簡単な円

柱形状にモデル化している。なお，管フランジの片側のみをモデル化しているため，ガスケット厚さの中央面に対して対称と仮定したことになる。この場合，はめあいねじ部もボルト頭部と同じように円柱にモデル化しており，軸方向の剛性を合わせるために円柱の高さを呼び径 d の 0.27 倍としている[82]。また，締め付けボルトの数が 8 本の場合，締め付け過程と内圧を受けたときの挙動は図 8.57（a）の 1/32 モデル，曲げモーメントを受けた場合は，図 8.57（b）の 1/4 モデルで解析が可能である。これらのモデリング手法は，形状と荷重条件に関する二つの対称性が満足された場合に有効となる。

一方，解析ごとに完全に対称性を考慮すると，作成するモデル数が多くなる場合がある。モデリング時間と解析時間の合計を計算時間とする場合，解析時間がやや長くなっても，対象構造物を比較的モデリングしやすい形状とする方法が考えられる。例えば，図 8.57（a）ではボルトの半分のみをモデル化しているが，ボルト全体をモデル化して 1/16 モデルとする方法がある。また，内圧と曲げモーメントを受けたときの挙動を解析し，さらに両者が同時に作用した場合の挙動を評価する場合，すべて図 8.57（b）の 1/4 モデルで実施するという選択肢もある。8.4 節の多数ボルト締結体の解析は，計算時間がかな

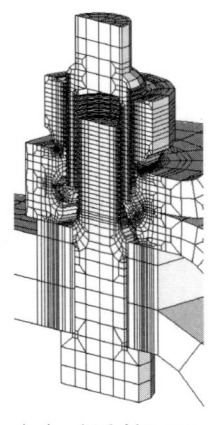

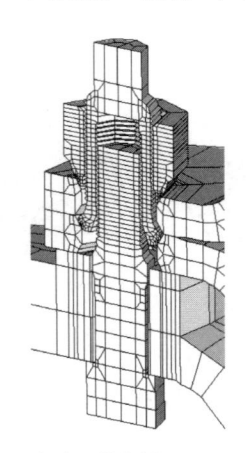

　　　　（a）細分割モデル　　　　（b）粗分割モデル

図 8.58　細分割モデルと粗分割モデル

り長くなるために，図8.25（b）のように一部のボルトは1/2のみモデル化して，継手全体としては，形状と荷重の対称性を完全に考慮した1/4モデルを使用している．

　8.5節のフランジ形固定軸継手の解析では，ボルト締結部が軸の回転中心に対してねじりモーメントを受けることから，**周期対称境界**を利用したモデリング手法を使用している．また，8.2.6項のホイールボルトのねじ谷底に発生する応力振幅の解析では，車輪が1回転する間の軸応力の変化を求める必要があるので，8本のボルトをすべてモデル化している．その場合，計算効率を上げるために，実際にねじ谷底の応力を評価するボルトモデルのみ要素分割を細かくし，残りの7本は比較的粗い要素分割としている．**図8.58**（a），（b）は，それぞれホイールボルト締結部の細分割モデル，粗分割モデルを示している．

あとがき──むすびにかえて

　ねじは，機械要素のなかでもっとも数多く使用されている機械要素である。ねじ以外に広く使われている機械要素として，歯車，軸受，ばね，巻掛け伝動装置，および本書で扱った内容にも深く関係する軸，軸継手などがあり，いずれも機械構造物，機器類における重要な構成部品である。しかしながら，運転状態において作用する荷重に関して，ねじは歯車，軸受などと大きく異なる。歯車や軸受では，曲げやねじりなど，正常な状態で作用する荷重の形態はあらかじめ予測可能である。

　一方，ねじの場合，使用される締結部によって荷重の形態は大きく異なる。さらに，引張・圧縮，曲げ，せん断，ねじりが同時に作用するケースも珍しくない。例えば，デンタルインプラントに使用されているねじは，口腔内におけるヒトの咀嚼運動に対応して，人工の歯の部分からあらゆる形態の荷重を受ける。

　以上の点から，ねじは使用頻度の高さとともに，静的強度，疲労強度，熱負荷に対する強度の予測，評価が難しい機械要素といえる。ねじ締結部の設計については，過去の研究成果を集約して，材料力学をベースとした体系的な計算方法が提案されている[172),173)]。

　その一方で，ねじ締結部の高強度・軽量化に対する要求はとどまるところを知らない状況である。具体的には，複雑な締結部形状，複雑な荷重状態に対応できる設計方法の必要性が高まっており，その有力な手段が有限要素法に代表される数値解析手法である。本書で紹介した数値解析手法と解析例が締結部設計に携わる技術者に有効な情報を提供し，材料力学を基盤とした設計手法と組み合わせることにより，安全性と効率性を兼ね備えた締結部の設計に少しでも役立つことを願っている。

引用・参考文献

1章

1) 山本 晃："ねじのおはなし"，pp.19-32，日本規格協会（1990）
2) 田村 修："ねじの知識"，pp.1-7，養賢堂（2008）
3) A.Thum，石谷清幹（訳）："ねじ接手の疲れ"，コロナ社（1943）
4) F. Rötcher："Die Maschinenelemente (Erster Band)"，Julius Springer（1927）
5) J.N.Goodier："The Distribution of Load on the Threads of Screws", Trans. ASME, Journal of Applied Mechanics, Vol.7, No.1, pp.10-16（1940）
6) D.G.Sopwith："The Distribution of Load in Screw Threads", Proc. Inst. Mech. Engrs., Vol.159, No.45, pp.373-383（1948）
7) 沢 俊行，丸山一男："ねじ結合におけるボルト頭部およびナットの変形について"，日本機械学会論文集（第3部），Vol.41，No.346，pp.1917-1925（1975）
8) 大滝英征："ボルト・ナット結合体のボルトねじ谷底における応力分布（第1報）"，日本機械学会論文集（第3部），Vol.37，No.303，pp.2197-2203（1971）
9) 大滝英征："ボルト・ナット結合体のボルトねじ谷底における応力分布（第2報）"，日本機械学会論文集（第3部），Vol.38，No.311，pp.1885-1894（1972）
10) 丸山一男："有限要素法および銅メッキ法によるねじ結合体の応力解析（第2報）"，日本機械学会論文集（第1部），Vol.39，No.324，pp.2340-2349（1973）
11) J.L.Bretl and R.D.Cook："Modelling the Load Transfer in Threaded Connections by the Finite Element Method", Int. J. Numerical Methods in Eng., Vol.14, pp.1359-1377（1979）
12) D.L.Miller, K.M.Marshek and M.R.Naji："Determination of Load Distribution in a Threaded Connection", Mechanism and Machine Theory, Vol.18, No.6, pp.421-430（1983）
13) 田中道彦，宮澤英夫，朝場栄喜，北郷 薫："ねじ締結体への有限要素法の応用"，日本機械学会論文集（C編），Vol.46，No.410，pp.1276-1284（1980）
14) 田中道彦："ねじの静力学的考察（その2 ねじ締結体のばねモデル）"，日本ねじ研究協会誌，Vol.12，No.8，pp.185-191（1981）
15) M.Hetenyi："Photo Elastic Study of Bolt and Nut Fastenings", Trans. ASME, Journal of Applied Mechanics, Vol.10, No.2, pp.93-100（1943）
16) 丸山一男："有限要素法および銅メッキ法によるねじ結合体の応力解析（第3報）"，日本機械学会論文集（第1部），Vol.41，No.348，pp.2292-2302（1975）
17) 清家政一郎，加賀景行，細野喜久雄，伊藤隆二："銅めっき応力測定法によるねじの応力集中率の精密測定（第2報）"，日本機械学会論文集（第1部），

Vol.38, No.315, pp.2271-2276 (1972)
18) R.C.Juvinall and K.M.Marshek:"Fundamentals of Machine Component Design", pp.395-461, Wiley (2000)
19) 大橋宣俊:"タッピンねじに関する調査研究(2)", 日本ねじ研究協会誌, Vol.30, No.8, pp.230-235 (1999)
20) 北郷 薫:"ねじ総論 —ねじ特集号に寄せて", 設計製図, Vol.15, No.80, pp.281-287 (1980)
21) 福岡俊道, 野村昌孝, 武田洋輔, 森宇一郎:"植込みボルトとねじ込みボルトの締め付け特性と応力振幅の解析", 日本機械学会論文集(A編), Vol.79, No.799, pp.313-326 (2013)
22) 橋村真治:"非鉄金属製ボルトの締付け特性", 日本ねじ研究協会誌, Vol.45, No.6, pp.166-172 (2014)
23) 日本機械学会:"金属材料の弾性係数", (1980)
24) 日本機械学会:"伝熱工学資料(改訂第5版)"(2009)
25) 日本機械学会:"伝熱工学資料(改訂第4版)"(1986)
26) T.Fukuoka, M.Nomura and Y.Takasugi:"Evaluation of Thermal and Mechanical Behaviors of Bolted Joints made of Titanium and Titanium Alloy and Its Application to Robust Joint Design", ASME PVP Conference, CD-ROM, Paper No.97156 (2013)

2章

27) 酒井智次:"増補ねじ締結概論", pp.226, 養賢堂 (2010)
28) 日本ねじ研究協会出版委員会:"ねじ締結ガイドブック", pp.39-63, 日本ねじ研究協会 (2004)
29) 尾田十八, 室津義定:"機械設計学1改訂版", pp.48-51, 培風館 (1999)
30) 日本ねじ研究協会出版委員会:"高強度ねじ締結体の体系的計算法(VDI 2230 Blatt 1 (2003))", pp.45-48, 日本ねじ研究協会 (2006)
31) 矢川元基, 宮崎則幸:"有限要素法による熱応力・クリープ・熱伝導解析", サイエンス社 (1985)
32) 文献27), pp.63-65
33) 福岡俊道:"マリンエンジニアのための有限要素法入門講座(その3)", 日本マリンエンジニアリング学会誌, Vol.49, No.3, pp.381-386 (2014)
34) 福岡俊道:"張力法によるボルト締付け過程の解析(ばねモデルによる検討)", 日本機械学会論文集(A編), Vol.58, No.549, pp.760-764 (1992)
35) 福岡俊道:"張力法によるボルト締付け過程の解析(締結部の形状誤差の影響)", 日本機械学会論文集(A編), Vol.62, No.602, pp.2372-2378 (1996)
36) 福岡俊道:"張力法によるボルト締付け過程の解析(接触面剛性の影響)", 日本機械学会論文集(A編), Vol.61, No.582, pp.429-435 (1995)

37) 文献 30)，pp.20-31
38) 成瀬友博，渋谷陽二："ボルト締結部における負荷時の被締結体の等価剛性評価"，日本機械学会論文集（A編），Vol.75, No.757, pp.1230-1238 (2009)
39) 柴原正雄："ねじ締結体のばね定数計算法"，設計製図，Vol.15, No.80, pp.307-313 (1980)
40) 光永公一："ねじ継手の被締付材の応力分布"，日本機械学会論文集（第3部），Vol.31, No.231, pp.1750-1757 (1965)
41) 福岡俊道，野村昌孝："ねじ谷底の丸みを考慮したねじ断面積の理論式"，日本機械学会論文集（A編），Vol.72, No.714, pp.644-648 (2006)
42) 福岡俊道，野村昌孝，丸尾友輔："各種ねじの断面形状と断面積の数式表示及び多条ねじの力学特性の解析"，日本機械学会論文集（C編），Vol.79, No.808, pp.5045-5059 (2013)
43) K.Yanase and T.Fukuoka："Mathematical Expressions of Helical Thread Geometry and Cross Sectional Areas of Various Shaped Thread Forms and Finite Element Analysis"，ASME PVP Conference, CD-ROM, Paper No.97553 (2013)
44) 泉 聡志，横山 喬，岩崎 篤，酒井信介："ボルト締結体の締付けおよびゆるみ機構の三次元有限要素解析"，日本機械学会論文集（A編），Vol.71, No.702, pp.204-212 (2005)
45) 福岡俊道，山崎直樹，北川 浩，浜田 実："ボルト締め付け時に発生する応力の評価"，日本機械学会論文集（A編），Vol.51, No.462, pp.504-509 (1985)
46) T.Fukuoka and T.Takaki："Elastic Plastic Finite Element Analysis of Bolted Joint During Tightening Process"，ASME Journal of Mechanical Design, Vol.125, No.4, pp.823-830 (2003)
47) 福岡俊道，野村昌孝，森本雄哉："ねじ山らせん形状の高精度なモデリングと有限要素解析"，日本機械学会論文集（A編），Vol.72, No.723, pp.1639-1645 (2006)
48) R.H.Thornley, R.Connolly, M.M.Barash, F.Koenigsberger："The Effect of Surface Topography upon the Static Stiffness of Machine Tool Joints"，Int. J. Mach. Tool Des. Res., Vol.5, pp.57-74 (1965)
49) V.I.Ostrovskii："The Influence of Machining Methods on Sideway Contact Stiffness"，Machines and Tools, Vol.36, No.1, pp.17-19 (1965)
50) 谷口 明，堤 正臣，伊東 誼："構造解析における接触面の取り扱い方法（第1報）"，日本機械学会論文集（C編），Vol.49, No.443, pp.1282-1289 (1983)
51) 福岡俊道："弾性域回転角法の締め付け過程の評価と締付け手順の提案"，日本機械学会論文集（C編），Vol.72, No.716, pp.1370-1377 (2006)
52) N.Back, M.Burdekin, A.Cowley："Analysis of Machine Tool Joints by the Finite Element Method"，14th Int. MTDR Conf., Paper No.210, pp.529-537 (1973)
53) 福岡俊道，野村昌孝，菅野伸国："ボルト締結体の振動特性評価と接触面剛性を考慮した有限要素解析"，日本機械学会論文集（C編），Vol.73, No.734,

pp.2820-2827（2007）
54) V.N.Kirsanova："The Shear Compliance of Flat Joints", Machines and Tooling, Vol.38, No.7, pp.30-34（1967）

3章

55) J.H.Bickford："An Introduction to the Design and Behavior of Bolted Joints, 3rd Ed.", pp.213-268, Dekker（1995）
56) 吉本 勇（編集）："ねじ締結体設計のポイント", pp.159-196, 日本規格協会（1992）
57) 山本 晃："ナット回転角法による塑性域締付けの実施案", 日本ねじ研究協会誌, Vol.21, No.11, pp.333-340（1990）
58) 槇前辰己, 山下 肇："ディーゼルエンジン用塑性域締付けボルトの開発", 日本ねじ研究協会誌, Vol.18, No.5, pp.129-138（1987）
59) 日本舶用機関学会："ディーゼル機関の主要ボルトの締付け基準に関する調査研究", 研究委員会報告 No.259, pp.1-24（1992）
60) 山本 晃："ねじ締結の理論と計算", pp.74-88, 養賢堂（1970）
61) 福岡俊道："各種締め付け形態におけるボルトの力学的特性", 日本機械学会論文集（A編）, Vol.62, No.594, pp.445-451（1996）
62) 福岡俊道："ボルト締め付けの力学と実際（その1）", 日本マリンエンジニアリング学会誌, Vol.46, No.3, pp.406-412（2011）
63) 文献28), pp.77-100
64) 池田 馨, 中川 元, 光永公一："ボルトの締付けについて", 日本機械学会論文集（第3部）, Vol.36, No.290, pp.1735-1744（1970）
65) 酒井智次："ねじ部品の摩擦係数", 日本機械学会論文集（第3部）, Vol.43, No.370, pp.2372-2381（1977）
66) 福岡俊道, 野村昌孝, 福万祥教, 上平貴弘, 杉本吉規："大型車用ホイールボルトの軸力のばらつきと安全性の評価", 日本機械学会論文集（A編）, Vol.75, No.759, pp.1577-1584（2009）
67) T.Fukuoka, M.Nomura, H.Kawabayashi："A New Experimental Approach for Measuring Friction Coefficients of Threaded Fasteners Focusing on the Repetition of Tightening Operation and Surface Roughness", ASME PVP Conference, CD-ROM, Paper No.97606（2013）
68) 萩原正弥："締付終了後のねじ部トルクの挙動", 精密機械, Vol.50, No.8, pp.1278-1282（1984）
69) 林 一夫, 鏡 優, 阿部博之："ねじ締結体の残留ねじり変形と残留トルク", 日本機械学会論文集（C編）, Vol.53, No.489, pp.1096-1101（1987）
70) 福岡俊道, 高木知弘："トルク法によるボルト締付け過程の力学特性について", 日本機械学会論文集（A編）, Vol.63, No.609, pp.1083-1088（1997）

71) A.F.C.Brown, W.McClimont : "Fatigue Strength of Five Types of Stud", Engineering, Vol.20, pp.430 (1960)
72) H.Fessler, P.K.Jobson : "Stresses in a Bottoming Stud Assembly with Chamfers at the Ends of Threads", Journal of Strain Analysis, Vol.18, No.1, pp.15-22 (1983)
73) 山本 晃:"ねじ締結の原理と設計", pp.70-101, 養賢堂 (1995)
74) W.Fabry : "Hydraulishes Shraubenanziehen an Reaktordeckeln", Konstruktion, Vol.23, No.1, pp.13-19 (1971)
75) 福岡俊道, 山崎直樹, 北川 浩, 浜田 実:"張力法によるボルト締付け過程の解析", 日本機械学会論文集 (A編), Vol.53, No.492, pp.1720-1725 (1987)
76) 福岡俊道, 許 全托:"熱膨張法によるボルト締め付け過程の解析 (接触面の熱抵抗を考慮した場合)", 日本機械学会論文集 (A編), Vol.66, No.644, pp.658-664 (2000)
77) 福岡俊道, 許 全托:"熱膨張法によるボルト締め付け過程について", 日本機械学会論文集 (A編), Vol.63, No.607, pp.561-566 (1997)
78) 福岡俊道:"ボルトヒータによるボルト締め付けの基礎的な解析", 日本マリンエンジニアリング学会誌, Vol.40, No.4, pp.541-547 (2005)
79) 福岡俊道, 山崎直樹, 北川 浩, 浜田 実:"中空ボルトにおけるねじ山の荷重分担率の解析", 日本機械学会論文集 (C編), Vol.51, No.465, pp.1026-1033 (1985)
80) 福岡俊道:"横置きにした大型ボルトの締結に対するボルトヒータの適用", 日本マリンエンジニアリング学会誌, Vol.48, No.6, pp.848-853 (2013)
81) 福岡俊道:"ボルト締め付けの力学と実際 (その3)", 日本マリンエンジニアリング学会誌, Vol.46, No.3, pp.419-423 (2011)
82) 福岡俊道, 高木知弘:"管フランジの三次元有限要素解析 (座面形状の影響について)", 日本機械学会論文集 (A編), Vol.64, No.625, pp.2402-2407 (1998)
83) 福岡俊道, 高木知弘:"有限要素解析による管フランジ締結体のボルト締め付け過程の評価 (うず巻き形ガスケットを用いた場合)", 日本機械学会論文集 (A編), Vol.66, No.650, pp.1834-1840 (2000)
84) 高木知弘, 福岡俊道:"管フランジの三次元有限要素解析 (石綿ジョイントシートガスケットを用いた場合)", 日本機械学会論文集 (A編), Vol.68, No.665, pp.8-14 (2002)
85) 高木知弘, 福岡俊道:"管フランジ締結体のボルト抜き取り過程の有限要素解析", 日本機械学会論文集 (A編), Vol.68, No.675, pp.1622-1627 (2002)
86) 福岡俊道, 高木知弘:"三次元有限要素解析による管フランジのボルト締め付け順序の評価", 日本機械学会論文集 (A編), Vol.64, No.627, pp.2734-2740 (1998)
87) 高木知弘, 福岡俊道:"管フランジ締結体の効率的なボルト締付け手順 (有限要素解析と弾性相互作用係数法による検討)", 日本機械学会論文集 (A編), Vol.68, No.668, pp.550-557 (2002)

88) T.Fukuoka, M.Nomura, M.Sasai："Evaluation of Specific Mechanical Behavior of Fine Screw Threads by Finite Element Analysis and Experiments", ASME PVP Conference, CD-ROM, Paper No.28241（2014）

4章

89) 文献60），pp.39-54
90) T.Fukuoka："Mechanical Properties of Threaded Regions in an Eyebolt and an Eyenut", JSME Int. Journal（Series A），Vol.34, No.4, pp.505-511（1991）
91) 西田正孝："応力集中"，森北出版（1967）
92) 稲田重男，川喜田隆，本荘恭夫："機械設計法"，pp.5-11，朝倉書店（1983）
93) 福岡俊道，山崎直樹，北川 浩，浜田 実："ねじ谷底の応力集中"，日本機械学会論文集（A編），Vol.52, No.481, pp.2201-2208（1986）
94) 高木知弘，福岡俊道："ボルト締付け過程の弾塑性有限要素解析"，日本機械学会論文集（A編），Vol.67, No.660, pp.1269-1275（2001）
95) 田中道彦，辺見信彦，石橋寛之："塑性域締め付けにおけるねじの振舞"，日本機械学会論文集（C編），Vol.66, No.650, pp.3483-3488（2000）
96) 服部敏雄，野中寿夫，種田元治ほか："塑性域締付けボルト締結体の強度"，圧力技術，Vol.23, No.1, pp.7-13（1985）
97) E.A.Patterson and B.Kenny："Stress Analysis of Some Nut-bolt Connections with Modifications to the External Shape of the Nut", Journal of Strain Analysis, Vol.22, No.4, pp.187-193（1987）
98) 福岡俊道："ねじ谷底応力集中軽減法の評価"，日本機械学会論文集（A編），Vol.60, No.580, pp.2782-2788（1994）
99) T.Fukuoka and M.Nomura："Proposition of Helical Thread Modeling with Accurate Geometry and Finite Element Analysis", ASME Journal of Pressure Vessel Technology, Vol.130, No.1, Paper No.011204（2008）
100) 日本機械学会："機械・構造物の破損事例と解析技術"，日本機械学会（1984）
101) ねじのゆるみ破壊研究会："各種ねじボルトのゆるみ破壊資料集"，経営開発センター（1980）
102) 綱島貞男，下間頼一："機械設計学"，pp.10-16，オーム社（1973）
103) 村上裕則，大南正瑛："破壊力学入門"，pp.121-161，オーム社（1979）
104) F.Böhm,："Progress in developing M.A.N. two-stroke and four-stroke Diesel-engines", ISME TOKYO '78 Technical Papers, pp.157-169（1978）
105) 文献73），pp.147-178
106) K.H.Kloss and W.Schneider："高い予張力を与えられたねじ結合の疲労強度（独文和訳）"，日本ねじ研究協会誌，Vol.21, No.10, pp.306-318（1990）
107) 沢 俊行，丸山一男，前川泰久："ねじ締結体の内力係数"，日本機械学会論文集（第3部），Vol.43, No.368, pp.1445-1453（1977）

108) O.Zhang and J.A.Poirier："New Analytical Model of Bolted Joints", ASME Journal of Mechanical Design, Vol.126, No.3, pp.721-728（2004）
109) O.Zhang："Discussions on Behavior of Bolted Joints in Tension", ASME Journal of Mechanical Design, Vol.127, No.2, pp.506-510（2005）
110) 北野堅祐，福岡俊道，野村昌孝："ボルト締結体の疲労強度に対する界面分離現象の影響"，日本機械学会関西支部第87期定時総会講演会，講演番号611（2012）
111) 吉本 勇："ねじの疲れ強さに関する一仮説"，精密機械，Vol.49, No.6, pp.111-113（1983）
112) 田中 稔："ばね・はりモデルによるねじ締結体の応力解析（単一ボルトの場合）"，精密機械，Vol.51, No.12, pp.2265-2270（1985）
113) 田中 稔，北郷 薫："ばね・はりモデルによるねじ締結体の応力解析（偏心外力を受ける場合）"，精密機械，Vol.52, No.4, pp.655-660（1986）
114) 田中 稔，北郷 薫："ばね・はりモデルによるねじ締結体の応力解析（締付線図への応用）"，精密機械，Vol.54, No.9, pp.1747-1752（1988）
115) T.Fukuoka and H.Taniuchi：" Evaluation of Stress Amplitude of Bolted Joints by FE analysis and Joint Diagram and a Simple Strategy for its Reduction", ASME PVP Conference, CD-ROM, Paper No.45084（2015）
116) 福岡俊道，野村昌孝，渕上 孝："ねじ山らせんモデルによるボルト締結体の疲労強度評価"，日本機械学会論文集（A編），Vol.75, No.759, pp.1570-1576（2009）

5 章

117) 竹内洋一郎："熱応力"，pp.1-16，日新出版（1971）
118) 福岡俊道，野村昌孝，山田章博："異材界面における接触熱抵抗の評価"，日本機械学会論文集（A編），Vol.76, No.763, pp.344-350（2010）
119) 福岡俊道，許 全托："大気中環境下における接触熱抵抗の評価"，日本機械学会論文集（A編），Vol.65, No.630, pp.248-253（1999）
120) A.M.Clausing："Heat Transfer at the Interface of Dissimilar Materials — The Influence of Thermal Strain", Int. J. Heat Mass Transfer, Vol.9, pp.791-801（1966）
121) 福岡俊道，許 全托，吉田健太郎："ボルト締結体の熱および力学挙動の有限要素解析"，日本機械学会論文集（A編），Vol.68, No.665, pp.1-7（2002）
122) 福岡俊道，野村昌孝，篠 圭一："ボルト締結体まわりの熱流れと軸力変化の解析"，日本機械学会論文集（A編），Vol.74, No.739, pp.399-405（2008）
123) L.Guessous, G.C.Barber, Q.Zou and S.A.Nassar: "A Numerical Investigation of Bolt Underhead Temperature Evolution Under Various Fastening Conditions", Tribology Transactions, Vol.51, pp.494-503（2008）
124) 村木正芳："図解トライボロジー"，pp.48-53，日刊工業新聞社（2007）
125) 山本雄二，兼田楨宏："トライボロジー"，pp.48-56，理工学社（1998）

126) 文献 124), pp.27-37

6 章

127) 文献 27), pp.44-72
128) 文献 73), pp.102-146
129) 文献 1), pp.73-87
130) 酒井智次："ボルトの緩み（第 2 報，回転荷重を受けるボルトの場合）"，日本機械学会論文集（第 3 部），Vol.44, No.377, pp.288-292（1978）
131) J.N.Goodier and R.J.Sweeny: "Loosening by Vibration of Threaded Fasteners", Mechanical Engineering, Vol.67, pp.798-802 (1945)
132) 佐藤 進，細川修二，山本 晃："ボルト・ナット締結体の緩みに関する研究（第 2 報）"，精密機械，Vol.51, No.8, pp.1540-1546（1985）
133) 北郷 薫："ボルト・ナットのゆるみについて"，日本機械学会論文集（第 1 部），Vol.30, No.215, pp.934-939（1964）
134) 古賀一夫："衝撃によるねじのゆるみに関する考察"，日本機械学会論文集（第 3 部），Vol.35, No.273, pp.1104-1111（1969）
135) 磯野宏秋，古賀一夫："衝撃を受けるねじのゆるみに関する研究 ―衝撃摩擦特性を考慮した実験"，精密機械，Vol.51, No.12, pp.2247-2252（1985）
136) 賀勢晋司，小栗秀夫："軸直角衝撃に伴うねじのゆるみ挙動"，昭和 58 年度精機学会春季大会学術講演会論文集，pp.475（1983）
137) 賀勢晋司，孫 培："軸直角方向衝撃によるねじのゆるみ挙動の基礎的考察"，日本機械学会論文集（C 編），Vol.60, No.570, pp.625-631（1994）
138) 文献 2), pp.91-96
139) 文献 56), pp.197-229
140) 田中道彦，宮沢英夫："有限要素法によるダブルナットの解析"，日本機械学会論文集（C 編），Vol.47, No.417, pp.592-601（1981）
141) 文献 60), pp.89-101

7 章

142) 福岡俊道，野村昌孝，西川 隆，朝比奈稔："高温環境下におけるシートガスケット圧縮試験装置の開発"，圧力技術，Vol.46, No.6, pp.363-369（2008）
143) 福岡俊道，野村昌孝，西川 隆："ガスケットの高温圧縮特性を考慮した管フランジ締結体の有限要素解析"，日本機械学会論文集（C 編），Vol.75, No.759, pp.3069-3075（2009）
144) 福岡俊道，野村昌孝，上森佑太朗："プラントシャットダウン時の管フランジ締結用ボルトの軸力変化"，日本機械学会論文集（C 編），Vol.78, No.792, pp.3073-3084（2012）

8章

145) 交通環境安全研究所:"大型車のホイール・ボルト折損による車輪脱落事故に係わる調査検討会報告書",(2004)
146) 鉄道・運輸機構:"運輸分野における基礎的研究推進制度 平成20年度中間評価報告書", pp.13-31 (2008)
147) 福岡俊道,野村昌孝,木澤正彦,福万祥教:"有限要素解析による大型車用ホイールボルトの締め付け特性の評価", 日本機械学会論文集(C編), Vol.75, No.750, pp.446-453 (2009)
148) 福岡俊道,野村昌孝,上平貴弘,北野堅祐:"実機転用試験装置による大型車用ホイールボルトの応力振幅の評価", 日本機械学会論文集(C編), Vol.76, No.772, pp.3768-3775 (2010)
149) 福岡俊道,野村昌孝,上平貴弘:"有限要素解析による大型車用ホイールボルトに発生する応力振幅の評価", 日本機械学会論文集(C編), Vol.77, No.782, pp.3840-3849 (2011)
150) 福岡俊道,野村昌孝,上平貴弘:"トルク制御機能付き大型車用ホイール多軸同時締付け装置の開発", 日本機械学会論文集(C編), Vol.76, No.768, pp.1970-1977 (2010)
151) S.Timoshenko and D.H.Young (前澤成一郎 訳):"改訂 材料力学要論", pp.40-46, コロナ社 (1972)
152) 沢 俊行:"ジェットコースター事故はなぜ起きたか —車軸の壊れ方から推定するある可能性", 日経ものづくり, pp.36-39 (2007)
153) 福岡俊道,野村昌孝,簑田陽星:"せん断荷重を受ける多数ボルト締結体の力学特性の評価", 日本機械学会論文集(A編), Vol.76, No.768, pp.1032-1039 (2010)
154) 文献55), pp.504-526
155) 福岡俊道,野村昌孝,山下正嗣:"数値解析によるリーマボルトの負荷性能と強度の評価", 日本機械学会論文集(A編), Vol.74, No.745, pp.1212-1219 (2008)
156) 福岡俊道,野村昌孝,岡山公一:"数値解析によるフランジ形固定軸継手の負荷容量と強度の評価", 日本機械学会論文集, Vol.80, No.818, pp.1-14 (2014)
157) 日本舶用機関学会軸系研究委員会:"推進軸系仕上げ加工基準", 日本舶用機関学会誌, Vol.23, No.4, pp.273-280 (1988)
158) 佐々木千一,宋 玉中,白木大輔,永山友哉:"推進軸系継手ボルト破断のメカニズム", 第71回マリンエンジニアリング学術講演会, pp.69-70 (2004)
159) J.R.Mancuso:"Couplings and Joints", pp.23-29, Dekker (1999)
160) 福岡俊道,野村昌孝,坂本達也:"冷やしばめによるリーマボルトの締め付け過程の評価", 日本マリンエンジニアリング学会誌, Vol.43, No.5, pp.773-779 (2008)
161) 石原里次:"船舶の軸系とプロペラ", pp.1-3, 成山堂 (2002)
162) 福岡俊道:"数値解析による油圧機器用シールプラグのシール特性の評価", 日

本機械学会論文集（A編），Vol.64, No.625, pp.2395-2401（1998）
163) 戸川隼人："有限要素法による振動解析"，サイエンス社（1975）
164) K.J.Bathe and E.L.Wilson（菊池文雄 訳）："有限要素法の数値計算"，pp.407-587, 科学技術出版社（1979）
165) 矢川元基，青山裕司："有限要素固有値解析"，森北出版（2001）
166) 福岡俊道："マリンエンジニアのための有限要素法入門講座（その1）"，日本マリンエンジニアリング学会誌，Vol.49, No.1, pp.111-118（2014）
167) 砂本大造："ねじ継手におけるねじ山の弾塑性たわみとひずみ集中"，日本機械学会論文集（C編），Vol.45, No.399, pp.1287-1298（1979）
168) 田中道彦，北郷 薫，朝場栄喜："外荷重が作用するねじ締結体の有限要素解析"，日本機械学会論文集（C編），Vol.47, No.418, pp.766-775（1981）
169) 福岡俊道，妹尾吉二実："数値解析による斜め割り連接棒大端部の強度評価"，日本機械学会論文集（A編），Vol.64, No.617, pp.104-110（1998）
170) N.Kikuchi："Finite Element Methods in Mechanics"，pp.218-221, Cambridge University Press（1986）
171) 福岡俊道："マリンエンジニアのための有限要素法入門講座（その2）"，日本マリンエンジニアリング学会誌，Vol.49, No.2, pp.239-246（2014）

あとがき

172) 文献28），再掲
173) 文献30），再掲

索引

【あ】

アイナット	139
アイボルト	139
アクメねじ	5
遊び側フランク	14, 137
遊びねじ部	28
圧縮応力	97
圧力側フランク	14, 137

【い】

一次モードの固有振動数	309
1条ねじ	11
一体の片持ばり	310
一体はり	310
インチねじ	6

【う】

植込みボルト	16
上ナット正転法	246
うねり	66
運動伝達用ねじ	3

【え】

影響円すい	2, 20, 218

【お】

応力集中	143
応力集中係数	143
応力振幅	166
遅れ破壊	29
おねじ	6
——の外径	6
——の谷の径	6

【か】

回転角法	74
回転ゆるみ	30, 236
回転ゆるめトルク	241
ガウス点	316
ガスケット要素	258
片当り	309
完全積分	312

【き】

機械的まわり止め方式	245
基準山形	6
切欠き	143
切欠き感度係数	168
切欠き係数	168

【く】

管フランジ	26
管フランジ締結体	35
管用テーパねじ	4
管用ねじ	4
管用平行ねじ	4
口開き変形	127
クリープ	30
グリップ長さ	16

【こ】

剛性	33
降伏応力	22
国際標準化機構	5
固着	31, 317

【さ】

座面の陥没	246

【三】

三角ねじ	3
三次元そろばん玉モデル	61, 316
3条ねじ	11

【し】

四角ねじ	4
軸方向剛性	36
下ナット逆転法	246
しまりばめ	290, 293
しめしろ	303
締め付け三角形	176
周期対称境界	321
自由膨張	208
真実接触面積	233

【す】

すきまばめ	290
スナグトルク	74
すべり	31, 317
すべり面温度	233
寸法効果	168

【せ】

接触熱抵抗	30, 71
接触熱伝達率	71
接触面剛性	66, 102, 309
接触面の近寄り量	67
接触面面圧	67
セレーション	318
選択低減積分	312, 318
せん断荷重分担率	284, 314
せん断力分担率	293
線膨張係数	22

【そ】

相対すべり 238, 239, 245
塑性域回転角法 74

【た】

対角距離 18
台形ねじ 3
多条ねじ 11
多条の三角ねじ 13
多数ボルト締結体 125, 296
タッピンねじ 5
谷 底 4
弾性域回転角法 74, 100
弾性域締め付け 101
弾性相互作用 125, 272
弾性ねじれ 239

【ち】

着座トルク 109
中空のらせん形状のねじ山 62
超細目ねじ 194
張力法 29, 70, 74, 108

【つ】

つる巻線 6

【て】

締結用ねじ 3
定常状態 213

【と】

等価長さ 37
通しボルト 16
とがり山の高さ 7
共あけ 292
トルク係数 81
トルク勾配法 73
トルク法 73

【な】

内力係数 177

ナット座面の等価摩擦直径 19, 77
ナットの高さ 14
並目ねじ 10

【に】

2条ねじ 11
日本工業規格 5
二面幅 18

【ね】

ねじ込みボルト 16, 33
ねじの効率 88
ねじの自立条件 88
ねじの真の断面形状 62
ねじ部品 15
ねじ山荷重分担率 139
ねじ山の角度 4
ねじ山らせんモデル 158
熱伝導率 22
熱ひずみ 209
熱膨張法 29, 75
熱流束 71

【の】

のこ歯ねじ 4
伸びボルト 280

【は】

ばね定数 34
ばねモデル 2
はり要素 314

【ひ】

非回転ゆるみ 30, 236, 248
ヒステリシス特性 52
ピストン抜き 318
非線形ばね 112
ひっかかり高さ 7
ピッチ 7
引張応力 97
引張強さ 22
被締結体 16

非定常状態 213
比 熱 24
冷やしばめ 263
表面粗さ 66
疲労強度 166
疲労限度 167
疲労破壊 166

【ふ】

フックの法則 34
太円筒 20
フランク角 14
フランジ付き六角ナット 85, 244
フランジ付き六角ボルト 244
フランジローテーション 127
フリースピニング形 244
プリベイリングトルク形ナット 244

【へ】

平 板 20
へたり 31, 41, 236, 246, 248
へたり係数 251
ヘルツの接触問題 274

【ほ】

ポアソン比 22
細円筒 20
細目ねじ 10
ボトミングスタッド 17, 95
ボルト軸応力 28
ボルト軸力 28
ボルト軸力−外力線図 182
ボルト締め付け線図 34, 175
ボルトヒータ 75
本体側はめあいねじ部 17, 41
本体側めねじ 17

索引 335

【ま】

丸ねじ	4
丸み半径	8

【み】

見かけの接触熱伝達率	72, 220
見かけの接触面積	233
密度	22

【め】

メートルねじ	6
めねじ	6
——の谷の径	6
——の内径	7
面のあたり	272

【や】

山の頂	4
ヤング率	22

【ゆ】

油圧テンショナ	74
有効径	6
有効断面積	7
有効断面積の直径	7
有効張力係数	110
ユニファイねじ	6
ゆるみ	236
ゆるみ現象	316
ゆるみ止め	243
ゆるみ止め性能	237
ゆるみにくさ	243

【よ】

呼び径	6

【ら】

らせん	9

【り】

リード	10
リード角	6, 10
リード差利用方式	244
離隔	32, 317

【る】

ルーズボルト	291

【ろ】

六角低ナット	18
六角ナット	18
六角ボルト	18

【英字】

ANSI	5
bolted joints	3
complete slip	287
ISO	5
JIS	5
partial slip	287
power screw	3
S-N 曲線	1, 166

―― 著者略歴 ――

- 1975年　神戸商船大学商船学部機関学科卒業
- 1978年　神戸商船大学大学院修士課程修了（機関学専攻）
- 1978年　神戸商船大学助手
- 1984年　神戸商船大学助教授
- 1987年　工学博士（大阪大学）
- 1997年　神戸商船大学教授
- 2003年　神戸大学教授
- 2018年　神戸大学名誉教授

技術者のための ねじの力学
― 材料力学と数値解析で解き明かす ―
Threaded Fasteners for Engineering and Design
―Solid Mechanics and Numerical Analysis―

© Toshimichi Fukuoka　2015

2015年10月7日　初版第1刷発行　★
2022年4月10日　初版第3刷発行

検印省略	著　者	福　岡　俊　道
	発行者	株式会社　コロナ社
		代表者　牛来真也
	印刷所	萩原印刷株式会社
	製本所	有限会社　愛千製本所

112-0011　東京都文京区千石4-46-10
発行所　株式会社　コロナ社
CORONA PUBLISHING CO., LTD.
Tokyo Japan
振替00140-8-14844・電話(03)3941-3131(代)
ホームページ https://www.coronasha.co.jp

ISBN 978-4-339-04644-1　C3053　Printed in Japan　　（安達）

<出版者著作権管理機構　委託出版物>
本書の無断複製は著作権法上での例外を除き禁じられています。複製される場合は、そのつど事前に、出版者著作権管理機構（電話 03-5244-5088, FAX 03-5244-5089, e-mail: info@jcopy.or.jp）の許諾を得てください。

本書のコピー、スキャン、デジタル化等の無断複製・転載は著作権法上での例外を除き禁じられています。購入者以外の第三者による本書の電子データ化及び電子書籍化は、いかなる場合も認めておりません。
落丁・乱丁はお取替えいたします。